普.通.高.等.学.校
计算机教育“十二五”规划教材

计算机网络应用基础实验指导

（第3版）

EXPERIMENT INDTRUCTIONS FOR BASIC APPLICATIONS OF COMPUTER NETWORK
(3rd edition)

王建珍 ◆ 主编
刘飞飞 蔺婧娜 ◆ 副主编

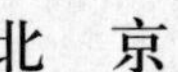

人民邮电出版社
北京

图书在版编目（CIP）数据

计算机网络应用基础实验指导 / 王建珍主编. -- 3版. -- 北京 : 人民邮电出版社, 2013.9
普通高等学校计算机教育“十二五”规划教材
ISBN 978-7-115-32693-5

Ⅰ. ①计… Ⅱ. ①王… Ⅲ. ①计算机网络—高等学校—教学参考资料 Ⅳ. ①TP393

中国版本图书馆CIP数据核字(2013)第194080号

内 容 提 要

本书是《计算机网络应用基础（第3版）》的配套实验教材，全书通过33个实验分别进行计算机网络应用技术和网络基本操作训练。实验1到实验13包括计算机网络的认识、局域网的组网、网络FTP/Web /DNS服务器配置、NetMeeting应用和接入Internet等基本网络技术实验；实验14到实验17主要进行Dreamweaver中站点建立管理及网页制作的训练；实验18到实验21针对用户账户、文件、数据安全进行了操作训练；实验22到实验33针对当今比较常见的各种网络应用，如IE浏览器、电子邮件、QQ、网购等进行了相关的操作实训。本书图文并茂、通俗易懂，实用性与可选性强。

本书可作为大学本科非计算机专业“计算机网络应用基础”课程的辅助实验教材，也可作为计算机网络应用技术爱好者的参考书。

◆ 主　　编　王建珍
副 主 编　刘飞飞　蔺婧娜
责任编辑　邹文波
责任印制　彭志环　焦志炜

◆ 人民邮电出版社出版发行　北京市崇文区夕照寺街14号
邮编　100061　电子邮件　315@ptpress.com.cn
网址　http://www.ptpress.com.cn
北京艺辉印刷有限责任公司印刷

◆ 开本：787×1092　1/16
印张：12.5　2013年9月第3版
字数：321 千字　2013年9月北京第1次印刷

定价：29.80 元

读者服务热线：(010)67170985　印装质量热线：(010)67129223
反盗版热线：(010)67171154

第3版前言

《计算机网络应用基础实验指导（第3版）》是《计算机网络应用基础（第3版）》的配套实验教材。本书坚持"重基础，重技能，重应用，面向非计算机专业实施计算机素质教育"的原则，在第2版的基础上，更新了实验环境，充实了实验内容，使其与《计算机网络应用基础（第3版）》教材的结合更加的紧密，更加有利于计算机网络应用能力的培养。

与前一版比，本书做了如下改进。

（1）更新了实验环境。服务器操作系统更新为Windows 2003，桌面操作系统更新为Win XP/7，浏览器采用IE 8.0。

（2）调整了实验顺序。使知识前后具有更好的衔接，从而使得实验教学能够更好地展开，获得更好的教学训练效果。

（3）充实了实验内容，在"网线制作"实验中，对网线的制作和测试进行了更加详尽的介绍，更具有可操作性及指导作用。

（4）增加了"子网划分"实验，有利于学生实际网络实践应用能力的训练。

（5）增加了Dreamweaver站点建立管理及网页制作的经验。使学生具备简单网站制作和使用的能力。

（6）新增了文件、账户安全管理的实验。使学生对常见的计算机安全问题有了较好的认识，掌握基本的安全维护知识。

（7）补充了微信、微博、电子支付及网上购物等实验。让学生掌握常见的各种网络应用，以便于更加有效地利用网络资源。

全书每个实验都有实验目的、实验理论、实验条件、实验内容、实验步骤及实验报告六部分，其中实验理论部分对实验中涉及的相关技术知识进行了详细的讲解，让学生充分了解实验的操作原理；实验报告部分，除了要求学生实事求是地记录实验的过程和结果，还提出了很多与实验相关的思考题，让实验者思考，用来扩展思路、巩固知识。

建议《计算机网络应用基础实验指导（第3版）》的学时数为28~36个学时。在内容安排上，可以根据各专业特点和对学生的不同要求，进行适当选择。本书可以作为"计算机网络应用基础"课程的辅助实验教材，也可以作为计算机网络技术爱好者的参考书。

本书主编王建珍，副主编刘飞飞、蔺婧娜。实验1、2、4、5、12由王建珍编写，实验3由苏晋荣编写，实验6、7、8、9、10、11、13由刘飞飞编写，实验14到实验17由杨森编写，实验18到实验21由靳燕编写，实验22到实验27由蔺婧娜编写，实验28到实验33由刘潇潇编写。全书由王建珍统稿，在本书的修订过程中，得到了徐仲安教授、杨继平教授、石冰教授、相万让教授的支持与帮助，在这里一并表示感谢。

编　者

2013年7月

目 录

实验 1 认识计算机网络 ……1
一、实验目的……1
二、实验理论……1
三、实验内容……1
四、实验步骤……1
五、实验报告……3

实验 2 网线的制作 ……4
一、实验目的……4
二、实验理论……4
三、实验条件……6
四、实验内容……6
五、实验步骤……6
六、实验报告……8

实验 3 认识物联网 ……9
一、实验目的……9
二、实验理论……9
三、实验条件……10
四、实验内容……10
五、实验步骤……10
六、实验报告……11

实验 4 局域网的组建 ……13
一、实验目的……13
二、实验理论……13
三、实验条件……14
四、实验内容……15
五、实验步骤……15
六、实验报告……18

实验 5 局域网连通性测试 ……19
一、实验目的……19
二、实验理论……19
三、实验条件……21
四、实验内容……21
五、实验步骤……21
六、实验报告……22

实验 6 局域网资源的共享 ……23
一、实验目的……23
二、实验理论……23
三、实验条件……24
四、实验内容……24
五、实验步骤……24
六、实验报告……30

实验 7 子网规划 ……32
一、实验目的……32
二、实验理论……32
三、实验条件……33
四、实验内容……33
五、实验步骤……33
六、实验报告……34

实验 8 配置 Windows 2003 DNS 服务器……35
一、实验目的……35
二、实验理论……35
三、实验条件……36
四、实验内容……36
五、实验步骤……36
六、实验报告……41

实验 9 创建 Windows 2003 域 ……42
一、实验目的……42
二、实验理论……42
三、实验条件……43

四、实验内容……43
五、实验步骤……43
六、实验报告……48

实验10　实现Windows 2003文件服务……49
一、实验目的……49
二、实验理论……49
三、实验条件……49
四、实验内容……49
五、实验步骤……49
六、实验报告……56

实验11　配置Windows 2003 Web服务器……57
一、实验目的……57
二、实验理论……57
三、实验条件……58
四、实验内容……58
五、实验步骤……58
六、实验报告……62

实验12　NetMeeting在局域网上的应用……63
一、实验目的……63
二、实验理论……63
三、实验条件……64
四、实验内容……64
五、实验步骤……64
六、实验报告……69

实验13　ADSL接入Internet……70
一、实验目的……70
二、实验理论……70
三、实验条件……71
四、实验内容……71
五、实验步骤……71
六、实验报告……75

实验14　建立和管理本地站点……76
一、实验目的……76
二、实验理论……76
三、实验条件……78
四、实验内容……78
五、实验步骤……79
六、实验报告……81

实验15　图文混排网页的制作……82
一、实验目的……82
二、实验理论……82
三、实验条件……84
四、实验内容……84
五、实验步骤……85
六、实验报告……87

实验16　在网页中添加Flash元素……88
一、实验目的……88
二、实验理论……88
三、实验条件……90
四、实验内容……90
五、实验步骤……90
六、实验报告……92

实验17　给文本和图像添加超级链接……93
一、实验目的……93
二、实验理论……93
三、实验条件……95
四、实验内容……95
五、实验步骤……96
六、实验报告……97

实验18　EasyRecovery数据恢复工具的使用……98
一、实验目的……98
二、实验理论……98
三、实验条件……98
四、实验内容……98
五、实验步骤……99
六、实验报告……101

实验 19 日常文件的安全保护技巧……102
一、实验目的……102
二、实验理论……102
三、实验条件……102
四、实验内容……103
五、实验步骤……103
六、实验报告……106
实验 20 用户账户的安全管理……107
一、实验目的……107
二、实验理论……107
三、实验条件……107
四、实验内容……108
五、实验步骤……108
六、实验报告……110
实验 21 漏洞扫描工具的使用……111
一、实验目的……111
二、实验理论……111
三、实验条件……111
四、实验内容……112
五、实验步骤……112
六、实验报告……114
实验 22 IE 浏览器和搜索引擎的使用……115
一、实验目的……115
二、实验理论……115
三、实验条件……117
四、实验内容……117
五、实验步骤……117
六、实验报告……122
实验 23 电子邮箱的使用……123
一、实验目的……123
二、实验理论……123
三、实验条件……124
四、实验内容……124
五、实验步骤……124
六、实验报告……131
实验 24 使用文件传输工具……132
一、实验目的……132
二、实验理论……132
三、实验条件……132
四、实验内容……133
五、实验步骤……133
六、实验报告……141
实验 25 使用网络寻呼工具 QQ……142
一、实验目的……142
二、实验理论……142
三、实验条件……142
四、实验内容……142
五、实验步骤……143
六、实验报告……146
实验 26 博客与微博的使用……147
一、实验目的……147
二、实验理论……147
三、实验条件……147
四、实验内容……147
五、实验步骤……147
六、实验报告……150
实验 27 微信的使用……151
一、实验目的……151
二、实验理论……151
三、实验条件……151
四、实验内容……152
五、实验步骤……152
六、实验报告……153
实验 28 酷我音乐盒的使用……154
一、实验目的……154
二、实验理论……154
三、实验条件……155
四、实验内容……155
五、实验步骤……155
六、实验报告……161
实验 29 PPS 的使用……162
一、实验目的……162

二、实验理论……162
三、实验条件……162
四、实验内容……163
五、实验步骤……163
六、实验报告……166

实验30　网上欣赏音乐……167
一、实验目的……167
二、实验理论……167
三、实验条件……167
四、实验内容……168
五、实验步骤……168
六、实验报告……170

实验31　使用Skype在网上打电话……171
一、实验目的……171
二、实验理论……171
三、实验条件……172
四、实验内容……172
五、实验步骤……172
六、实验报告……176

实验32　电子支付与网上银行……177
一、实验目的……177
二、实验理论……177
三、实验条件……178
四、实验内容……178
五、实验步骤……178
六、实验报告……183

实验33　网上购物……184
一、实验目的……184
二、实验理论……184
三、实验条件……184
四、实验内容……185
五、实验步骤……185
六、实验报告……190

实验 1 认识计算机网络

一、实验目的

1. 初步掌握计算机网络的定义。
2. 认识计算机网络的拓扑结构。
3. 了解计算机网络的功能。

二、实验理论

计算机网络是将分散在不同地点且具有独立功能的多个计算机，利用通信设备和线路相互连接起来，在网络协议和软件的支持下进行数据通信，实现资源共享的计算机的集合。计算机网络按地理覆盖范围，可划分为局域网、城域网和广域网。

通过组建计算机网络可实现各计算机之间的数据通信、资源共享、分布与协同处理等功能。

常用的网络拓扑结构有：总线型、星型、树型、环型和网状型。在局域网中常用的拓扑结构有总线型、星型和环型。一般来说，一个较大的网络都不是单一的网络拓扑结构，而是由多种拓扑结构混合构成的。

三、实验内容

1. 到学校计算机中心、电子图书馆或计算机公司，了解其计算机网络的组成结构，并画出拓扑结构图，分析属于什么样的网络拓扑结构。
2. 观察每台计算机是如何进行网络通信的，了解计算机网络中的网络设备。
3. 了解计算机网络的功能。

四、实验步骤

将学生每 10 人分为一个小组，组织成若干小组，分别到计算机中心、电子图书馆或计算机公司，完成本次实验的内容，并写出实验报告。

1. 观察计算机网络的组成。

本书是以某大学的校园网为例，对其组成进行了观察，并画出了网络拓扑结构图，如图 1-1 所示。学生可根据实际的情况，进行本实验。

（1）记录组网计算机的数量和配置、使用的网络操作系统、网络拓扑结构以及建成的时间等数据。

（2）认识并记录网络中所使用硬件设备的名称、用途及连接方法。

（3）画出网络的拓扑结构图。

（4）分析网络使用的拓扑结构及其所属类型。

（5）了解网络各部分的用途和功能。

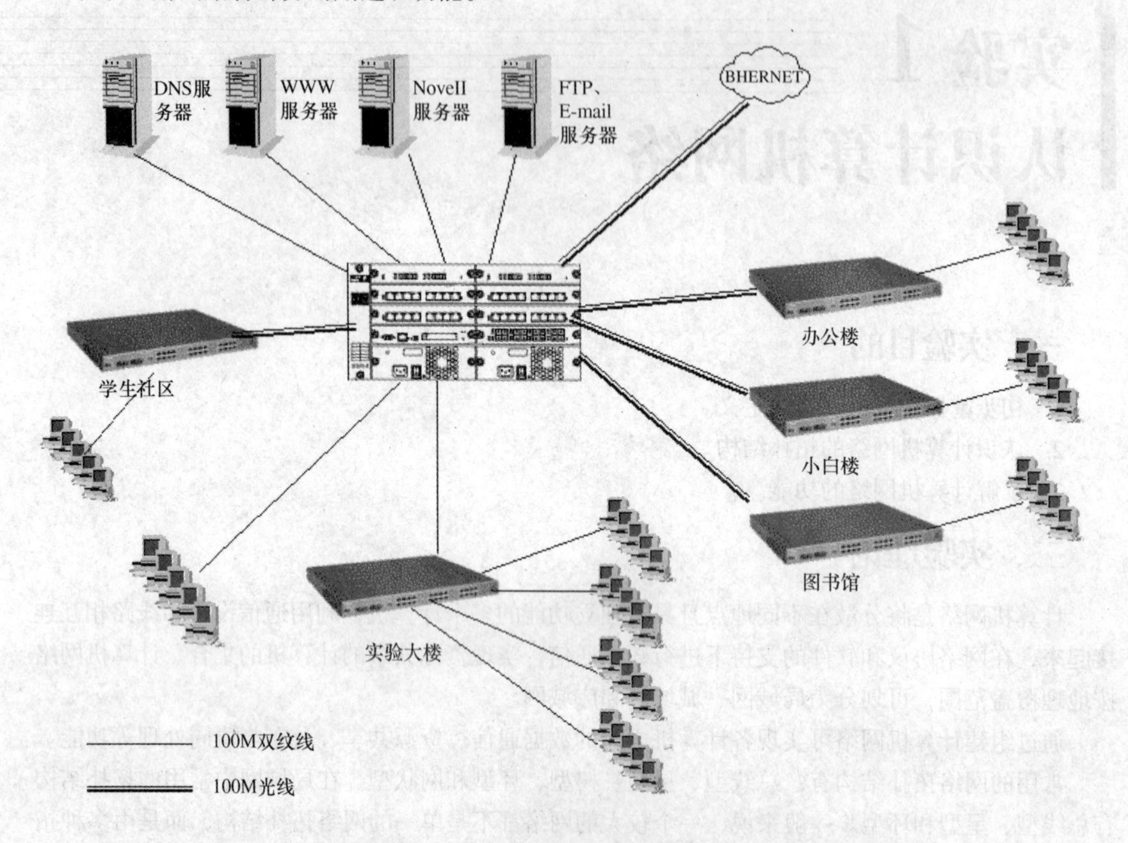

图1-1　某大学校园网的拓扑结构示意图

2. 查看网络中计算机的“计算机名”参数并认识其在网络中的作用。

征得网络管理人员许可后，开启网络中的计算机，查看它的“计算机名”参数，并记录。具体步骤如下。

第1步　在Windows XP系统的桌面上右击“我的电脑”图标，在弹出的快捷菜单中单击“属性”选项；或单击“开始”→“设置”→“控制面板”→“性能和维护”→“系统”图标，即出现“系统属性”对话框，如图1-2所示。

第2步　单击“计算机名”标签，记下计算机名称、工作组名和计算机说明，如图1-3所示。

第3步　开启另一台网络中的计算机，双击桌面上的“网上邻居”图标，进入“网上邻居”窗口。查看其中有几个工作组，并记录工作组名；双击与上一台计算机的工作组名相同的工作组图标，进入该工作组窗口，查找上一台计算机的计算机名称。

3. 以网络成员的身份登录服务器，并查看网络资源。

在Windows系统的桌面上双击“网上邻居”图标，进入网络中的某个域或网络的服务器，可以看到服务器的资源。进入自己的文件夹，在此文件夹中，建立一个新的文件夹，将服务器上的一些背景图片复制到新建文件夹中，将某些应用软件复制到本地计算机上，体会网络资源共享的好处。

4. 尝试网络访问权限。

在网络的某个域内，进入其他用户的文件夹，看是否允许进入，如能进入，尝试能否建立自己的文件夹，能否复制文件，记录实际情况。

图 1-2 “系统属性”对话框

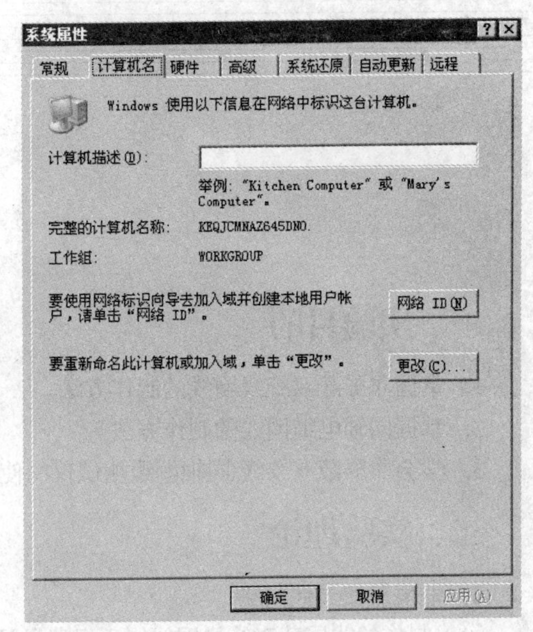

图 1-3 计算机网络标识

五、实验报告

根据实验情况完成实验报告，实验报告应包括以下内容。

1. 实验地点，参加人员，实验时间。

2. 实验内容：将实际观察到的情况作详细记录。

3. 实验分析。

（1）根据了解到的网络结构，分析网络的各部分属于什么网络类型？为什么使用此种类型？

（2）网络中各部分使用的网络设备是什么？起什么作用？

（3）网络中计算机的“计算机名”由几部分构成？在网络中各起什么作用？

（4）以一般用户身份登录网络系统时，共享网络资源，能否在其他账户中建立文件夹？为什么？

4. 实验心得：写出自己对计算机网络的认识和自己在网络知识上的提高。

实验2 网线的制作

一、实验目的

1. 掌握非屏蔽双绞线网线的制作方法。
2. 掌握同轴电缆网线的制作方法。
3. 学会非屏蔽双绞线/同轴电缆测试仪的使用方法。

二、实验理论

1. 非屏蔽双绞线网线

（1）制作的非屏蔽双绞线网线用于组建星型局域网，如图 2-1 所示。

（2）制作非屏蔽双绞线网线使用的是 8 芯的双绞线，如图 2-2 所示，使用的连接头是 8 根插脚（金属片）的 RJ-45 水晶头，如图 2-3 所示。此外，制作网线的过程中，还要用到压线钳，如图 2-4 所示。

图 2-1 非屏蔽双绞线网线

图 2-2 8 芯的双绞线

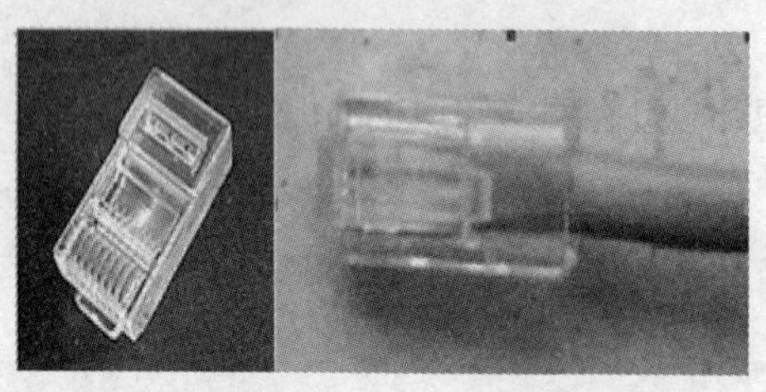

图 2-3 RJ-45 水晶头

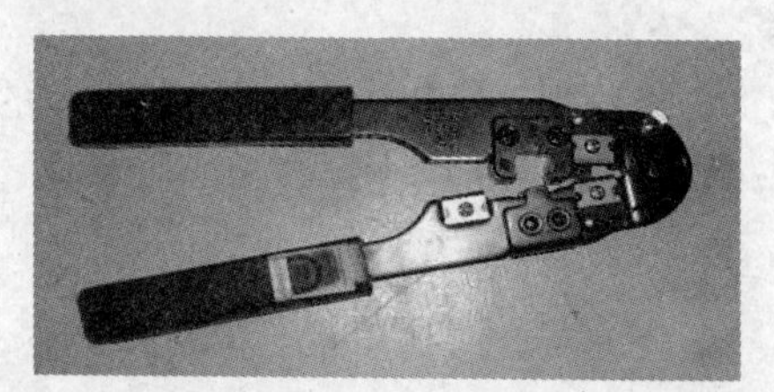

图 2-4 压线钳

（3）对于 10Base-T 局域网，选用 3 类非屏蔽双绞线；对于 100Base-TX 局域网，则选用 5 类非屏蔽双绞线。

（4）如果将 RJ-45 水晶头的头朝外，有卡榫的一端朝下，带金属片的一端朝上，那么各插脚的编号从左到右依次就是 1 ~ 8，各插脚的用途如表 2-1 所示，其中 8 根芯线只使用了 4 根。

表 2-1　　双绞线对应 RJ-45 水晶头每根芯线的作用

插脚编号	作　用	插脚编号	作　用
1	输出数据（+）	2	输出数据（–）
3	输入数据（+）	4	保留为电话使用
5	保留为电话使用	6	输入数据（–）
7	保留为电话使用	8	保留为电话使用

（5）制作非屏蔽双绞线网线就是给非屏蔽双绞线的两端压接上 RJ-45 水晶头。通常，每条非屏蔽双绞线的长度不超过 100m。

（6）非屏蔽双绞线与 RJ-45 水晶头的连接方法有两种：正常连接和交叉连接。

正常连接两端线序相同,通常双绞线的两端均采用 EIA/TIA 568B 连接标准（它是当前公认的 10Base-T 及 100Base-TX 双绞线的制作标准），也就是将非屏蔽双绞线的两端分别依次按白橙、橙、白绿、蓝、白蓝、绿、白棕、棕色的顺序对应 RJ-45 水晶头的 1 到 8 插脚压入水晶头内。主要适用于计算机与集线器（交换机）普通口相连，集线器（交换机）普通口与另一集线器（交换机）级联口相连。

可以不按上述颜色排列芯线，只要保持双绞线两端接头的芯线顺序一致即可。但这样做不符合国际压线标准，与其他人合作时，容易出错。

交叉连接是将双绞线的一端按国际压线标准 EIA/TIA 568B，即白橙、橙、白绿、蓝、白蓝、绿、白棕、棕，对应 RJ-45 水晶头的 1 ~ 8 插脚压入水晶头内；另一端将芯线 1 和 3、2 和 6 对换，按国际压线标准 EIA/TIA 568A，即依次按白绿、绿、白橙、蓝、白蓝、橙、白棕、棕色的顺序压入 RJ-45 水晶头内。主要适用于两台计算机互连，集线器（交换机）普通口与另一个集线器（交换机）普通口连接，集线器（交换机）级联口与另一个集线器（交换机）级联口连接。

2. 同轴电缆网线

（1）制作的同轴电缆网线用于组建总线型局域网。

（2）制作同轴电缆网线使用的是 50ΩRG-58A/U 同轴电缆，使用的连接头是 BNC 连接头。

（3）如图 2-5 所示，同轴电缆由外向内分别由保护胶皮、金属屏蔽线（接地屏蔽线）、乳白色透明绝缘层和芯线（信号线）组成。芯线由一根或几根铜线构成，金属屏蔽线是由金属线编织的金属网，内外层导线之间是由乳白色透明绝缘物填充的绝缘层。

（4）如图 2-6 所示，BNC 接头由本体、屏蔽金属套筒和芯线插针组成。芯线插针用于连接同轴电缆芯线，本体用来与 T 型头连接、固定。

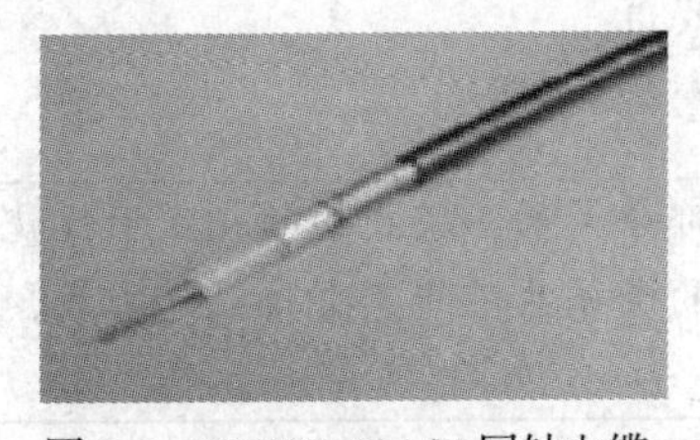

图 2-5　50ΩRG-58A/U 同轴电缆

图 2-6　BNC 接头

（5）制作同轴电缆网线其实就是将两个 BNC 接头安装在同轴电缆的两端。通常，每条同轴电缆的长度最短不少于 0.5m，至于最长则要根据连接的计算机之间的距离而定，但整个网端（两个终结器之间的网络区域）最长不超过 175m。

3. 双绞线/同轴电缆测试仪

双绞线/同轴电缆测试仪（图 2-7 所示为“能手”牌双绞线/同轴电缆测试仪的示意图）既可用来测试双绞线网线，也可用来测试同轴电缆网线。测试仪有两个可以分开的主体（一大一小），每个主体都有一个连接 RJ-45 水晶头的插槽和一个连接 BNC 接头的 BNC 接口。每个主体的面板上都有两排指示灯，左边一排是两个指示灯，用来测试同轴电缆网线的芯线和金属屏蔽线的连通情况；右边一排是 8 个指示灯，用来测试双绞线网线的 8 根芯线的连通情况。两个主体对应的指示灯同时亮，表示对应的那根线连接正常。如果一根网线的每条线（指芯线或金属屏蔽线）都连接正常，则表示这根网线制作成功；否则，必须剪掉连接头重新制作这根网线。

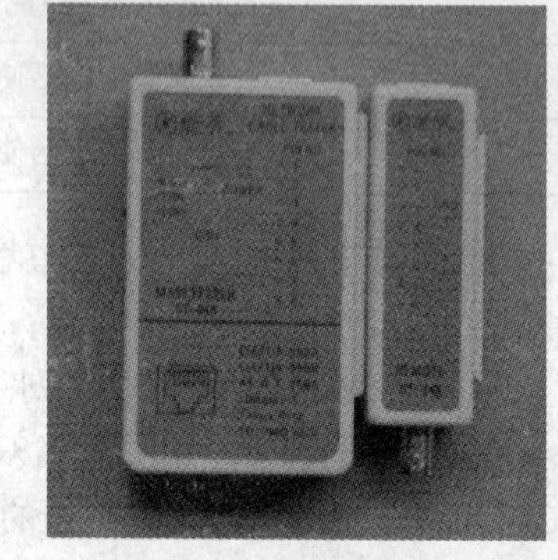

图 2-7 双绞线/同轴电缆测试仪示意图

三、实验条件

实验工具主要有双绞线压线钳、同轴电缆压线钳和双绞线/同轴电缆测试仪。

2. 实验材料

5 类非屏蔽双绞线、RJ-45 水晶头、50Ω RG-58A/U 同轴电缆和 BNC 接头。

四、实验内容

1. 制作非屏蔽双绞线网线并测试。
2. 制作同轴网线并测试。

五、实验步骤

将学生每 2 人分为一个小组，组织成若干小组，完成本次实验的内容，并写出实验报告。

1. 制作双绞线网线并测试

（1）非屏蔽双绞线网线的制作。

第 1 步 剪一段适当长度的非屏蔽双绞线。

第 2 步 用非屏蔽双绞线压线钳将双绞线一端的外皮剥去约 2.5cm，并将 4 对芯线成扇形分开，从左到右顺序为白橙/橙、白蓝/蓝、白绿/绿、白棕/棕。这是刚刚剥开线时的默认顺序。

第 3 步 将非屏蔽双绞线的芯线按连接要求的顺序排列。

第 4 步 将 8 根芯线并拢，要在同一平面上，而且要直。

第 5 步 将芯线剪齐，留下大约 1.5cm 的长度。

剪取芯线时不要太长或太短。如果平行的部分太长，芯线间的相互干扰就会增强，在高速网络下会影响效率；如果太短，水晶头的金属片不能完全接触到芯线，就会导致接触不良，使故障率增加。

第 6 步 将双绞线插入 RJ-45 水晶头中。

将水晶头的卡榫朝下，金属片朝上，插入双绞线的空心口对准自己，左边的第 1 个线槽即为第 1 插脚。

第 7 步　检查 8 根芯线是否已经全都充分、整齐地排放在水晶头的里面。

第 8 步　用压线钳用力压紧水晶头后取出即可。

第 9 步　重复上面的步骤，压接另一端的水晶头。

至此，一根非屏蔽双绞线网线就制作成功了。

（2）非屏蔽双绞线网线的测试。

第 1 步　将一根制作好的非屏蔽双绞线网线一端的 RJ-45 水晶头插入双绞线/同轴电缆测试仪的其中一个主体的 RJ-45 水晶头的插槽。

第 2 步　将这根非屏蔽双绞线网线另一端的 RJ-45 水晶头插入双绞线/同轴电缆测试仪的另一个主体的 RJ-45 水晶头的插槽。

第 3 步　将双绞线/同轴电缆测试仪的电源开关（在大一点的主体侧面）打开。

第 4 步　观察两个主体上的 8 个指示灯。如果两个主体的指示灯是成对绿色闪过，则表示双绞线与两端的 RJ-45 水晶头连接正常，然后，再核对线序是否与自己选择的连接方法一致。如果制作的是正常连接的非屏蔽双绞线网线，测试仪的两个主体的亮灯顺序相同，都为 1-2-3-4-5-6-7-8；如果制作的是交叉连接的非屏蔽双绞线网线，测试仪的大主体的亮灯顺序为 1-2-3-4-5-6-7-8，小主体的亮灯顺序则为 3-6-1-4-5-2-7-8。

如果出现任何一个灯为红灯、黄灯或不亮，都说明存在断路或者接触不良现象，此时最好先对两端水晶头再用压线钳压一次，再测。如果故障依旧，此时需要将原来做好的水晶头剪掉，重新制作水晶头，重新测试。如果依然存在故障，再检查一下两端芯线的排列顺序是否正确，如果不正确，则剪掉重新按正确的芯线排列顺序制做水晶头。直到测试全为绿色指示灯闪过为止。

2. 制作同轴电缆网线并测试

（1）同轴电缆网线的制作。

第 1 步　剪一段适当长度的同轴电缆。

第 2 步　将同轴电缆的一端外层保护胶皮剥去约 1.5cm，小心不要割伤金属屏蔽线，再将芯线外的乳白色透明绝缘层剥去约 0.6cm。

第 3 步　将芯线插入芯线插针尾部的小孔中，用同轴电缆压线钳前部的小槽用力夹一下，使芯线压紧在小孔中，也可以用电烙铁焊接芯线与芯线插针。

第 4 步　将 BNC 接头的屏蔽金属套筒套入同轴电缆，再将芯线插针从 BNC 接头本体尾部孔中向前插入，使芯线插针从前端向外伸出，然后将屏蔽金属套筒向前推，使套筒将外层金属屏蔽线卡在 BNC 接头本体尾部的圆柱体内。

第 5 步　保持套筒与金属屏蔽线接触良好，用同轴电缆压线钳上的六边形卡口用力夹，使套筒变为六边形。

再将同轴电缆的另一端也按照上述方法安装上 BNC 接头。这样，一根同轴电缆网线就制作完成了。

（2）同轴电缆网线的测试。

第 1 步　将一根制作好的同轴电缆网线一端的 BNC 阴性接头插到双绞线/同轴电缆测试仪其中一个主体的 BNC 阳性接头上，旋转 90°卡好。

第 2 步　将这根同轴电缆网线另一端的 BNC 阴性接头插到双绞线/同轴电缆测试仪的另一个主体的 BNC 阳性接头上，旋转 90°卡好。

第 3 步　将双绞线/同轴电缆测试仪的电源开关（在大一点的主体侧面）打开。

第 4 步　观察两个主体左边一排的两个指示灯。如果两个主体的指示灯是成对亮，则表示同轴电缆与两端的 BNC 接头连接正常。

六、实验报告

根据实验情况完成实验报告，实验报告应包括以下内容。

1. 实验地点，参加人员，实验时间。

2. 实验内容：将实际观察到的情况做详细记录。

3. 实验分析。

（1）在制作双绞网线时，为什么要将双绞线一端的外皮先剥去约 2.5cm，当芯线按连接要求的顺序排列好后，芯线剪得只留下大约 1.5cm 的长度？

（2）制作同轴网线时，为什么芯线外的乳白色透明绝缘层要剥去约 0.6cm？

（3）用双绞线/同轴电缆测试仪测试网线的连通情况，当发现两个主体的指示灯不是成对亮时，说明了什么？

（4）当发现制作的网线有问题时，网线两端的 RJ-45 水晶头和 BNC 接头能否再用？

（5）正常连接的双绞线网线和交叉连接的双绞线网线，用双绞线/同轴电缆测试仪测试网线的连通情况时，指示灯亮的顺序有什么不同？为什么？

（6）对已经把网线布入墙内，将主测器和远程测试器不能放在一起时，应如何测试？

4. 实验心得：写出制作网线的经验和使用双绞线压线钳、同轴电缆压线钳的技巧。

实验3 认识物联网

一、实验目的

1. 理解物联网的概念。
2. 认识物联网的框架结构。
3. 了解物联网的功能与当前的应用领域。

二、实验理论

1. 物联网概念

物联网即“物品的互联网”，其英文名称为“The Internet of things”，主要解决物品到物品（Thing to Thing，T2T）、人到物品（Human to Thing，H2T）以及人与人（Human to Human，H2H）之间的互连。

目前，不同领域研究者对物联网的定义侧重点不同，短期内还没有达成共识，物联网还没有一个精确且公认的定义。温家宝总理在2010年政府工作报告中对物联网做了如下定义：物联网指通过信息传感设备，按照约定的协议，把任何物品与互联网连接起来，进行信息交换和通信，以实现智能化识别、定位、跟踪、监控和管理的一种网络。它是在互联网基础上延伸和扩展的网络。

物联网的核心是人与物以及物与物之间的信息交互，实现对物品的智能化管理。物联网将传统互联网的用户终端由个人电脑延伸到任何需要实时管理的物品，以加强人与物品的信息交流，提高工作效率，节省操作成本。

2. 物联网关键技术与模型

通过分析物联网的概念得知，物联网应该具备信息获取、信息传输、信息处理以及策略实施功能。信息的获取通过识别和感知技术来实现，信息传输则需要可靠高效的有线、无线通信网络，识别和感知将会产生多种格式的海量数据，处理这些数据则要用到云计算、模式识别等智能技术。

目前，物联网体系结构模型以三层模型和四层模型为主，虽然分层方式有所不同，但两种分层模型本质基本相同。三层模型是指感知层、网络层（或称为传输层）和应用层。感知层是物联网发展和应用的基础，RFID技术、传感和控制技术、短距离无线通信技术（蓝牙、WiFi、Zigbee等）是感知层的主要技术。传输层是物联网的神经中枢，建立在现有的移动通信网和互联网基础上，包括各种通信设备、接入设备等，以实现“物与物”、“物与人”之间的通信。应用层利用经过分析处理的感知数据，为用户提供丰富的特定服务。

判断一个应用系统是否属于物联网范畴，应该根据其系统框架和关键技术来判断，只有感知、控制，没有通过移动网或 Internet 实现异地访问和控制则不能成为物联网。例如自适应农田灌溉系统、智能红绿灯、无人驾驶车辆等，他们虽然能够感知环境相关信息并能自适应地对系统进行控制，但并没有实现物物相连，不具有物联网的三层结构，因此并不是物联网。

三、实验条件

实验设备主要有校园一卡通相关设备若干，二维码查询设备或装有相应软件的智能手机。

四、实验内容

1. 了解校园一卡通服务，判断该系统是否属于物联网。

2. 生活中到大型超市、商场、停车场、公交车、物流中心、医院等场合时，观察、了解其运营方式、货物管理方式等，根据所学物联网相关知识，判断其中是否用到了物联网技术，是否属于物联网范畴。如果是，分析并画出其框架结构图。

五、实验步骤

1. 了解校园一卡通服务，判断是不是物联网。

以某大学校园为例，该校园一卡通可以支持学生在校园食堂就餐，到开水房打开水，在校园机房上网，在校园综合服务楼购物时进行刷卡支付，学生可以到校园一卡通服务中心进行充值、查询等。

第1步　观察一卡通进行支付时所使用的设备，分析该设备是否属于物联网中感知层的感知设备。

第2步　了解一卡通系统的数据传输方式以及其中用到的主要设备和关键技术。

第3步　分析一卡通可提供的服务范围及其体系框架，判断其是否属于物联网范畴。

本例中的校园一卡通服务只是校园内部使用，校外公共场合无法使用，且无法实现家长对孩子的实时监管等功能，并未实现真正的物物相连，故不能将其列入物联网范畴。

2. 观察、了解超市、商场、停车场、公交车、物流中心、医院等场合的运营方式、货物管理方式等，判断是不是物联网的应用。

本书以某大型超市为例，了解食品溯源体系，判断其是否为物联网的应用。

第1步　观察超市可溯源食品上的二维码，例如图3-1为某品牌可溯源燕窝及其二维码标识，用二维码查询设备或装有相应软件的智能手机来扫描二维码，观察扫码后得到的信息。图3-2所示是通过使用带有特定软件的智能手机对该燕窝二维码扫描后得到的信息。

第2步　了解食品溯源体系的运作流程及其用到的关键技术。

“食品溯源”是“食品质量安全溯源体系”的简称，最早是1997年欧盟为应对“疯牛病”问题而逐步建立并完善起来的食品安全管理制度。这套食品安全管理制度由政府进行推动，覆盖食品生产基地、食品加工企业、食品终端销售等整个食品产业链条的上下游，通过类似银行取款机系统的专用硬件设备进行信息共享，服务于最终消费者。食品溯源体系的建立由政府主导推动，通过食品产业链上的各方参与来进行实现。其中主要包括：农产品生产基地、肉牛养殖基地、屠宰加工企业、食品加工企业、流通企业、零售企业、最终的食品消费者。食品溯源体系用到的关键技术有WSN无线传感网技术、RFID信息采集技术、EPC产品电子代码体系、物流跟踪定位技术等。

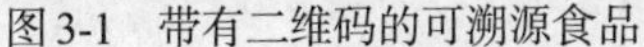

图3-1 带有二维码的可溯源食品

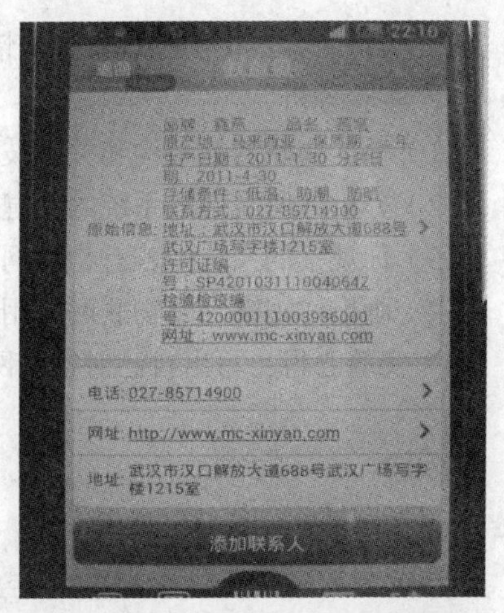

图3-2 用智能手机扫描二维码后得到的信息

第3步 判断食品溯源体系是否属于物联网的应用，试着画出其系统框架图。

分析食品溯源体系运作流程及关键技术，可知其中农产品生产基地、养殖基地中对生产、养殖过程进行感知、控制对应于物联网的感知层，例如通过无线传感器网络实现对农作物生长环境的检测（包括温度、湿度、土壤酸碱度等）来自动控制灌溉、施肥、日照并记录这些信息。食品信息通过专网或 Internet 等方式传输到溯源管理系统并进行信息发布，用户则可通过溯源查询终端、智能手机、溯源查询网站、短信等途径进行食品信息查询。显然，食品溯源体系是物联网的应用。简单的画出其体系结构图，如图 3-3 所示。

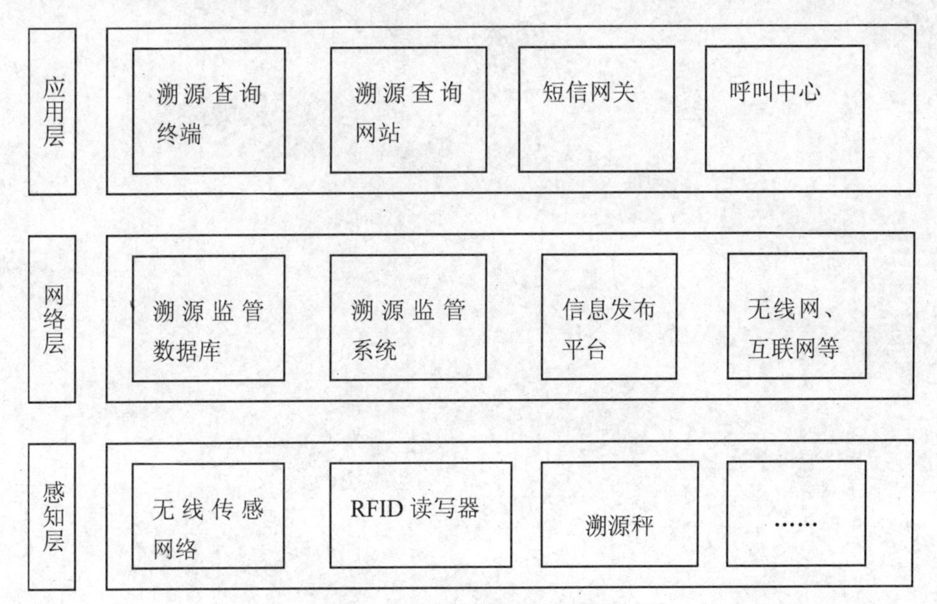

图 3-3 食品溯源体系结构图

六、实验报告

根据实验情况完成实验报告，实验报告应包括以下内容。

1. 实验地点，实验人员，实验时间。

2. 实验内容：将实际观察到的情况做详细记录。

3. 实验分析。

（1）根据物联网的结构和关键技术，判断你所观察的应用系统是不是物联网。

（2）分析你所观察的系统的关键设备和关键技术。

（3）你观察的系统中若有物联网，分析其感知层、网络层和应用层分别如何实现。

（4）画出你观察到的物联网应用系统的框架结构图。

4. 实验心得：写出自己对物联网的认识以及自己对物联网的想法、期待。

实验 4
局域网的组建

一、实验目的

1. 掌握星型局域网连接的方法。
2. 掌握添加协议的方法。
3. 掌握 IP 地址的设置方法。
4. 掌握网络标识的设置方法。

二、实验理论

Windows 局域网是我们日常工作学习接触最多的网络。Windows 局域网有两种工作模式：一种是工作组模式，另一种是客户机/服务器（C/S）模式。无论哪一种模式的网络，其中的多数成员是工作站（或客户机）。组建局域网一般要有两个重要的步骤，首先通过网线及互连设备集线器、交换机等将计算机连接在一起；其次，对连入局域网的各个计算机进行网络配置。

网络配置是在已经安装了网络操作系统和网卡的计算机上，添加通信协议，设置 IP 地址，设置网络标识，设置共享资源，建立用户账户等。

1. 星型局域网

（1）如图 4-1 所示，星型局域网的拓扑结构由中央节点和若干外围节点组成，每个外围节点都直接与中央节点连接，中央节点对各外围节点间的通信和信息交换进行集中控制和管理。实际上，一个外围节点就是一台计算机，中央节点就是一台集线器（Hub），或是交换机。

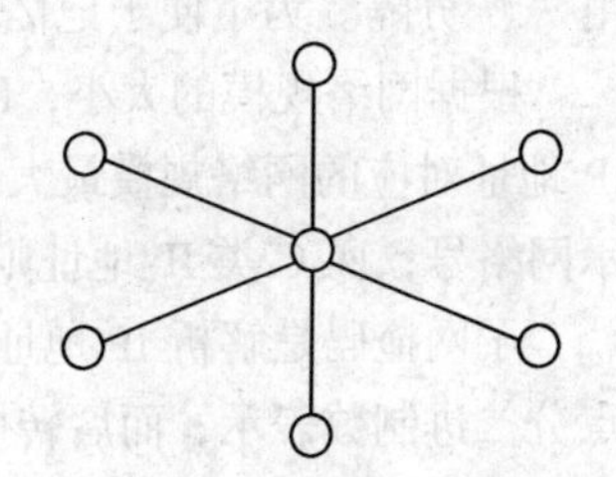

图 4-1　星型局域网的拓扑结构

（2）连接星型局域网使用的是双绞线网线。

（3）准备连入星型局域网的计算机必须安装有网卡且网卡的驱动程序要安装好。网卡的接口是 RJ-45 的插槽。

（4）组建小型星型局域网，中央节点常用的是集线器（Hub）或交换机。集线器（Hub）或交换机的端口数决定了连入局域网的计算机数，如果一台集线器（Hub）或交换机的端口数不能满足要求，可考虑将多台集线器（Hub）或交换机级联或堆叠。

2. 网卡

（1）网卡的作用。

网卡是局域网中提供各种网络设备（如服务器、工作站）与网络通信介质相连的接口，其品种和质量的好坏，直接影响网络的性能和网上所运行软件的效果。

网卡主要实现数据的发送与接收、帧的封装与拆封、编码与解码、介质访问控制等功能。其功能涵盖了 OSI 的物理层与数据链路层，所以通常将网卡归于数据链路层的设备。

（2）网卡地址。

每一网卡在出厂时都被分配了一个全球唯一的地址标识，该标识被称为网卡地址，又称 MAC 地址、物理地址或硬件地址。网卡地址由 48bit 长度的二进制数组成。其中，前 24bit 表示生产厂商，后 24bit 为生产厂商所分配的产品序列号。若采用 12 位的十六进制数表示，前 6 个十六进制数表示厂商，后 6 个十六进制数表示该厂商网卡产品的序列号。如网卡地址 00-90-27-99-11-cc，其中前 6 个十六进制数表示该网卡由 Intel 公司生产，相应的网卡序列号为 99-11-cc。网卡地址主要用于设备的物理寻址，与下面所介绍的 IP 地址所具有的逻辑寻址作用有着截然不同的区别。

3. 网络通信协议

数据通信是网络中的基本活动，也是资源共享的基础。凡是通信，通信的双方就必然要遵守一定的规则。网络通信协议就是网络中的计算机进行数据传送时共同遵守的规则或标准。

常用的通信协议有 3 类：TCP/IP、NetBEUI 协议和 IPX/SPX 协议。在组建网络时，应根据不同的需要选用不同的协议。

TCP/IP 是传输控制协议/网际协议，它是一个协议集，TCP 和 IP 是其中最重要的两个。TCP/IP 是 Internet 的标准，支持网络的互连。凡与 Internet 连接的网络或主机，都必须安装、配置该协议。但它也支持独立的局域网。

NetBEUI 是"网络基本输入/输出系统扩展用户接口"。它的特点是小型、高效、占用资源少、运行速度快，适用于不进行网络互连的场合使用。

IPX/SPX 是"网际包交换/顺序包交换"协议，它是 Novell 公司开发的支持 Netware 网络操作系统的一组协议。

4. IP 地址和子网掩码

IP 地址是在使用 TCP/IP 的网络中，计算机或通信设备使用的 32 位地址号。它实质上标识的是哪个网络中的哪台计算机，所以 IP 地址由网络号与主机号构成。一般每一个 IP 地址，对应网络中的一台计算机。目前使用的是 IPv 4 版本的 IP 地址，它由 32 位的二进数组成，分为四节，用"."分隔。为了便于记忆和使用，用"点分十进制数"表示，例如：202.99.192.168。

根据网络规模的大小，IP 地址分 A、B、C、D、E 五类，其中 A、B、C 类是主要的。A 类 IP 地址对应的网络规模最大，C 类最小。因此 A 类 IP 地址中用后三节数表示主机号，前一节表示网络号；而 C 类 IP 地址则用前三节数表示网络号，最后一节表示主机号。

子网掩码是解析 IP 地址的数字中，哪些数表示网络号，哪些数表示主机号，它也是用 32 位点分二进制数表示，而后转换为点分十进制数表示的。IP 地址中凡表示网络号的，对应的子网掩码中全用二进制数"1"表示；IP 地址中凡表示主机号的，对应的子网掩码中全用二进制数"0"表示。这样，C 类的 IP 地址对应的子网掩码，转换为点分十制数表示，就是 255.255.255.0，B 类 IP 地址对应子网掩码是 255.255.0.0，A 类 IP 地址对应的子网掩码是 255.0.0.0。

三、实验条件

1. 计算机 4 台（已安装 Windows XP 操作系统）。
2. 网卡 4 张。
3. 正常连接的双绞线网线 4 条。
4. 集线器或交换机一台。

四、实验内容

1. 安装网卡。
2. 物理连接星型局域网。
3. 安装通信协议。
4. 设置 IP 地址。
5. 设置网络标识。

五、实验步骤

将学生每 4 ~ 8 人分为一个小组，组织成若干小组，每个小组独立完成本次实验的内容，并写出实验报告。具体步骤如下。

1．安装网卡

一般情况，品牌计算机都内置有网卡。如果没有就需自己购买来安装，最好购买即插即用的 PCI 网卡。安装过程如下。

（1）安插网卡。

安插网卡与安插其他接口卡（如显示卡、声卡）一样，最主要的是要胆大心细。具体操作的步骤如下。

第 1 步　用双手触摸一下其他金属物体，释放身上的静电，避免静电的副作用，以防烧坏主板和网卡。

第 2 步　关闭计算机及其他外设的电源，将计算机背面的接线全部拔掉。

不要带电操作。

第 3 步　卸掉主机外壳螺丝，缓缓将外壳向外拉出，打开主机机箱。

第 4 步　从防静电袋中取出网卡，将网卡插入空的、与其相匹配的主板插槽中，使网卡上面的一个螺丝孔正好贴在机箱的接口卡固定面板上，而且与接口卡固定面板上的孔也很接近，拧上螺丝固定牢。

ISA 网卡的插槽是黑色的长槽，PCI 网卡的插槽是白色的短槽，AGP 网卡的插槽是暗红色的。

第 5 步　装上机壳，拧上螺丝，并将先前拆下的机箱后面的接线连接好。

这样，网卡就安装完了。

（2）安装网卡驱动程序。

网卡安装完成后，在正常的情况下，重新开机进入 Windows 时便会自动出现“找到新硬件”的提示框；接着，系统会提示插入 Windows 光盘；插入 Windows 光盘后，系统会自动完成网卡驱动程序的安装。

另一种情况是网卡无法被系统识别，重新开机时没有找到。这时可以手工添加网卡驱动程序，方法如下。

第 1 步　从“开始”菜单的“设置”中，选中“控制面板”命令，进入“控制面板”窗口，双击“添加新硬件”图标，就会出现“添加新硬件向导”对话框。

第 2 步　一直单击“下一步”按钮，直到出现对话框提示“需要 Windows 搜索新硬件吗？”，这时应选择第二项“否，希望从列表中选择硬件”。

第 3 步　单击“下一步”按钮，在“请选择要安装的硬件类型”下面的“硬件类型”列表中选择“网络适配器”选项。

第 4 步　将商家提供的网卡驱动程序光盘放入光盘驱动器，单击“下一步”按钮，在接下来的对话框中单击“从磁盘安装”按钮，系统会自动读取驱动程序盘上的硬件信息，按照提示即可完成安装。在这个过程中，系统还可能提示插入 Windows 光盘，按照提示插入即可。

重新启动系统后，网卡驱动程序安装完毕。

2. 连接星型局域网

连接星型局域网就是使用制作好的双绞网线将所有的计算机同集线器（或交换机）连接在一起构成网络的过程。具体步骤如下。

第 1 步　用双绞线/同轴电缆测试仪测试每根双绞网线的连通性。

第 2 步　给每根双绞网线编号，即在每根网线的两端贴上标号一样的标签纸。

第 3 步　每台计算机都用一根双绞网线同集线器（或交换机）连接，即用双绞网线一端的 RJ-45 水晶头插入计算机背面网卡的 RJ-45 插槽内，用另一端的 RJ-45 水晶头插入集线器（或交换机）的空余 RJ-45 插槽内。在插的过程中，听到“喀”的一声，即表示 RJ-45 水晶头已经插好了。

第 4 步　检查网络的物理连通性。将集线器（或交换机）和所有计算机的电源打开，观察集线器（或交换机）和网卡上的指示灯。亮绿灯表示正常，亮红灯表示异常（只有一个指示灯的集线器（或交换机）和网卡，则是灯亮正常，灯不亮异常）。如果异常就要检查 RJ-45 水晶头是否插好，网卡是否正常等。

计算机通过双绞网线及集线器（或交换机）物理连接成为一个网络以后，还需要对每台计算机按照以下 3、4、5 的内容进行配置后，才可以相互传输数据，进行文件夹、硬盘、打印机等资源的共享。

3. 安装 TCP/IP 和 NetBEUI 协议

第 1 步　鼠标右键单击“网上邻居”，弹出“属性”对话框，鼠标右键单击“本地连接”，弹出“本地连接属性”对话框，如图 4-2 所示。

第 2 步　在“本地连接属性”对话框中，查看“连接时使用”的网卡描述，并单击“配置”→“常规”，查看“设备状态”，查看是否工作正常，如图 4-3 所示。

第 3 步　在图 4-3 中，单击“确定”按钮，返回“本地连接属性”对话框，查看“此连接使用下列选定的组件”中，如果已选中“Internet 协议（TCP/IP）”复选框，说明 TCP/IP 已安装；如果未选中，说明未安装。默认在典型安装 Windows XP 后，TCP/IP 已安装。

第 4 步　添加“NetBEUI”协议：单击“安装”按钮，选择“协议”选项，如图 4-4 所示。单击“添加”按钮，选择“NetBEUI Protocol”，单击“确定”按钮，根据提示插入安装盘，复制文件后，完成协议的安装。

Microsoft 在 Windows XP 中不再对 NetBIOS 扩展用户接口（NetBEUI）网络协议提供支持。在 Windows XP 上安装 NetBEUI 协议所必需的文件是 Netnbf.inf 和 Nbf.sys。若要安装 NetBEUI，请完成以下步骤：将 Windows XP 光盘插到 CD-ROM 驱动器中，浏览到 Valueadd\MSFT\Net\NetBEUI 文件夹；将 Nbf.sys 复制到 %SYSTEMROOT%\System32\Drivers 目录中；将 Netnbf.inf 复制到 %SYSTEMROOT%\Inf 隐藏目录中。然后 NetBEUI 才会显示在可安装的网络协议列表中。

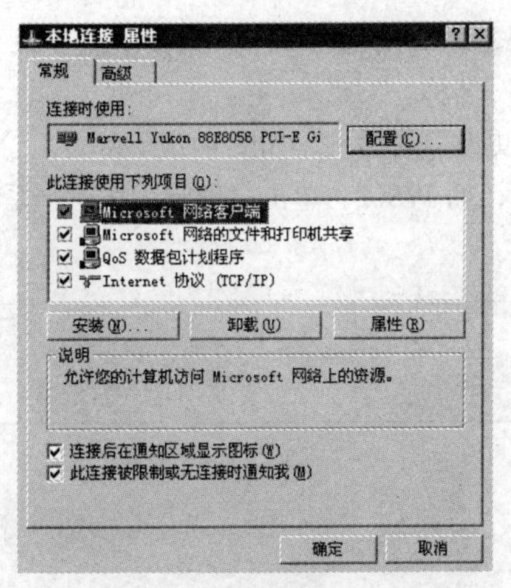

图 4-2　“本地连接属性”对话框

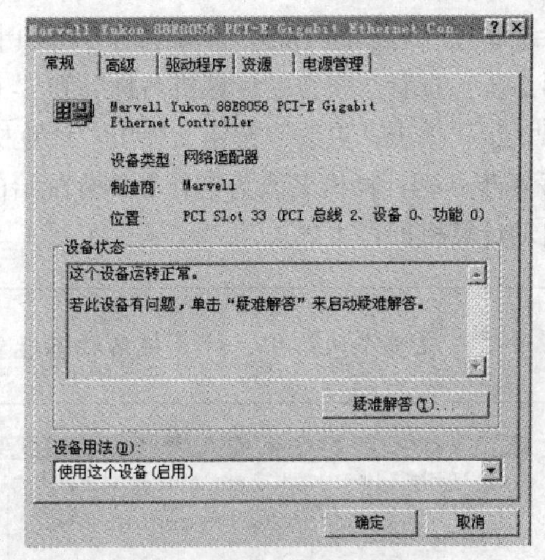

图 4-3　“网卡属性”对话框

4. 设置 IP 地址

第 1 步　在“本地连接属性”对话框中，选中“Internet 协议（TCP/IP）”，单击“属性”按钮，显示“Internet 协议（TCP/IP）属性”对话框，如图 4-5 所示。

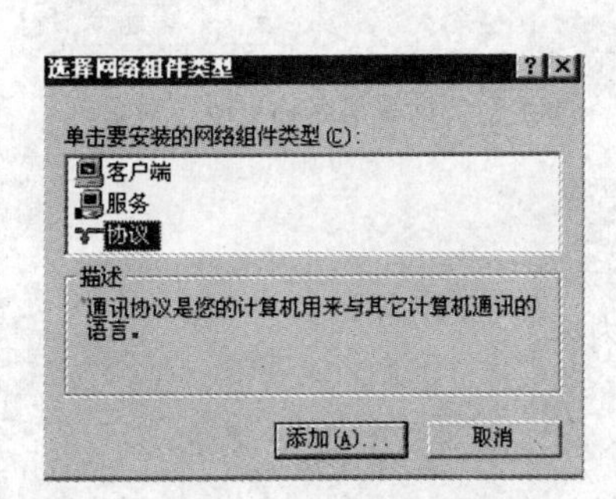

图 4-4　选择“网络协议”对话框

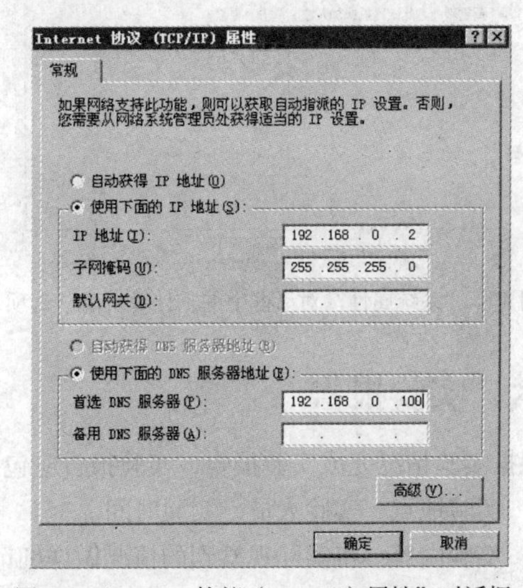

图 4-5　“Internet 协议（TCP/IP）属性”对话框

第 2 步　在图 4-5 中，单选“使用下面的 IP 地址”，并输入指导教师分配的 IP 地址（如 192.168.0.2）和子网掩码（如 255.255.255.0）。

第 3 步　在“使用下面的 DNS 服务地址”中，“首选 DNS 服务器”后的文本框中输入指导教师指定的 DNS 服务器的 IP 地址（如 192.168.0.100），然后单击“确定”按钮。

对于连接在同一集线器（或交换机）上的其他 3 台计算机，要与本机在同一个局域网，设置 IP 地址时，则需要 IP 地址与本机 IP 地址的网络地址相同，并且子网掩码也要相同。如果网络支持自动获取 IP 地址，可以选“自动获取 IP 地址”和“自动获取 DNS 服务器地址”。

5. 设置计算机名

第 1 步　在桌面上右键单击“我的电脑”，弹出“系统属性”对话框，选择“计算机名”，显示“系统属性”对话框中的“计算机名”选项卡，如图4-6所示。

第2步　查看“完整的计算机名称”和“工作组”名称。

第3步　单击“更改”按钮，弹出“计算机名称更改”对话框，如图4-7所示。

第4步　把计算机名改为指导教师分配给的名字，如WS02，单击“确定”按钮。系统提示重新启动计算机即可生效。

提示

在整个网络中，计算机名称不能重复。

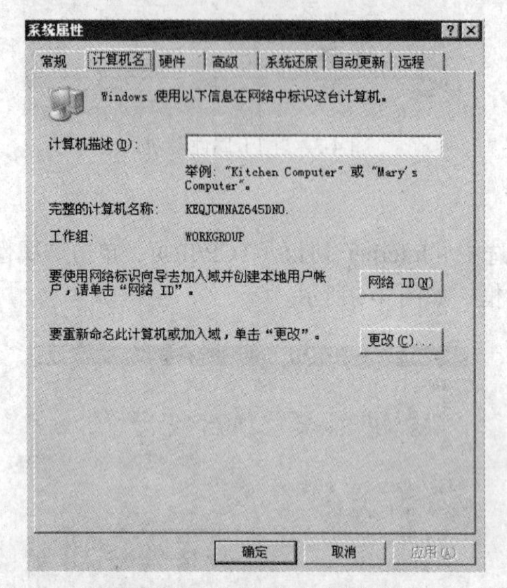

图4-6　“系统属性”对话框中的“计算机名”选项卡

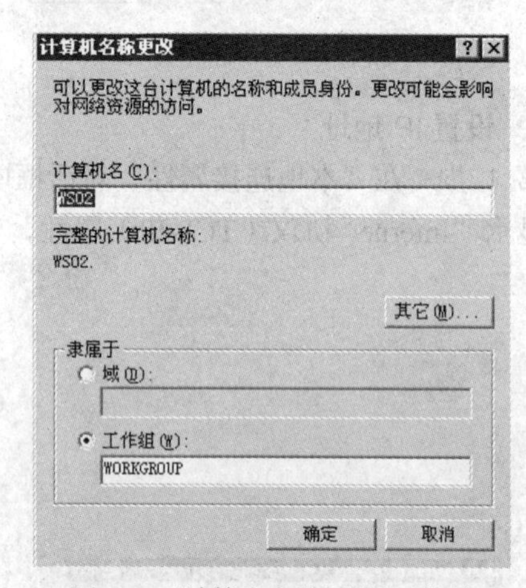

图4-7　“计算机名称更改”对话框

六、实验报告

根据实验情况完成实验报告，实验报告应包括以下内容。

1. 实验地点，实验人员，实验时间。

2. 实验内容：将实际观察到的情况做详细记录。

3. 实验分析。

（1）安装网卡之前，为什么要用双手触摸一下其他金属物体？

（2）你选用的网卡是什么型号的？应将它插入什么样的扩展槽中？为什么一般要选用PCI网卡？

（3）在连接局域网前，为什么要先测试网线的连通性？

（4）用双绞网线连接星型局域网时，为什么要给网线编号？

（5）怎样才能说明RJ-45水晶头很好地插入到了RJ-45插槽内？

（6）用什么样的方法能证明网卡是坏的？为什么？

（7）选择安装协议时，一般应根据需要添加，如果多添加了协议，能否正常工作？

（8）如何删除不需要的协议？

（9）在设置IP地址时，如果某主机的IP地址为192.168.0.200，对应的子网掩码设置为255.0.0.0可以吗？为什么？

4. 实验心得：写出局域网组建的方法、技巧和体会。

实验5 局域网连通性测试

一、实验目的

1. 学习用Ipconfig命令测试局域网的配置参数。
2. 学习用Ping命令测试局域网的连通性。
3. 学习用Ping命令测试网络的配置状况。

二、实验理论

局域网组建起来之后，能否正常运行需要进行测试，即使原来能正常运行的局域网，也可能由于各种原因，出现故障，要排除故障也需要测试。

在对局域网进行测试时，可以测试的内容很多，但一般需要测试的是网络的配置是否正确、连通性是否良好。测试的方法有多种，一般用网络操作系统集成的TCP/IP测试工具：Ping和Ipconfig。只要能熟练地使用这些工具软件，一般都能对网络做出快速诊断。

1. 关于网络的连通性

网络是由若干台计算机用通信线路和设备连接起来的一个大系统，网络的运行需要网络操作系统、协议、设备驱动程序的正确安装和配置。“连通性”有两个含义：一是物理连通，二是逻辑连通。物理连通可以用万用表、线缆测试仪测试；逻辑连通性由正确的软件设置确定。测试的方法是用工具软件。网络要正常工作，既要物理连通，又要逻辑连通。

2. IP测试工具Ping

Ping命令是Windows系统集成的网络测试工具，凡使用TCP/IP协议簇的网络，均可用它来测试主机的配置状况、名称解析功能和节点之间的连通性。它的基本测试原理是利用网际消息控制协议（ICMP），发送数据包到目的节点，而后在屏幕上显示对方响应的应答信息（如发送数据包的大小、重复发送的次数、信息往返的时间等）来表明网络的连通特性，或者显示连接超时、找不到主机等不能连通的信息。

（1）Ping工具的使用格式。

在命令提示符窗口输入：Ping<IP地址>/<计算机名> ［参数1］［参数2］……

（2）Ping的主要参数。

-a：解析主机地址。

-n：数值——发送的测试包的个数，缺省值为4。

-t：不停地执行Ping命令，直到用户用Ctrl+C组合键终止。

Ping命令的全部参数，可在命令提示符窗口下运行Ping -? 命令查看。

（3）主要测试内容。

Ping 本机的 IP 地址（127.0.0.1），测试 TCP/IP 协议簇安装配置是否正常，如图 5-1 所示。Ping 本机网卡的 IP 地址，测试网卡及其驱动程序等安装配置是否正确，如图 5-2 所示。Ping 计算机域名，测试 DNS 服务器的域名解析功能。Ping 其他计算机的 IP 地址/计算机名称，测试本机与其他节点能否连通。Ping 远程主机的域名/IP 地址，测试与远程节点的连通性及连接速度。

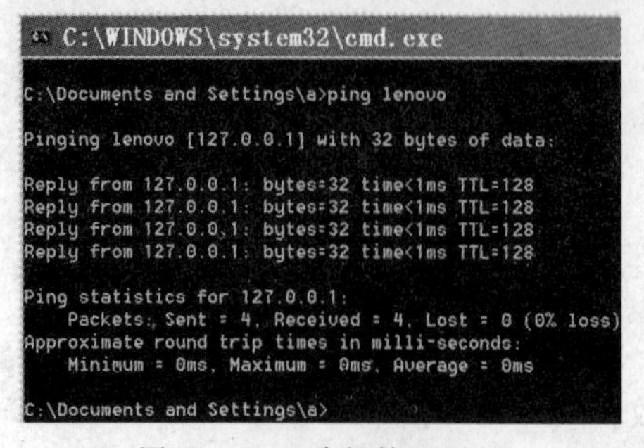

图 5-1　Ping 本机的 IP 地址

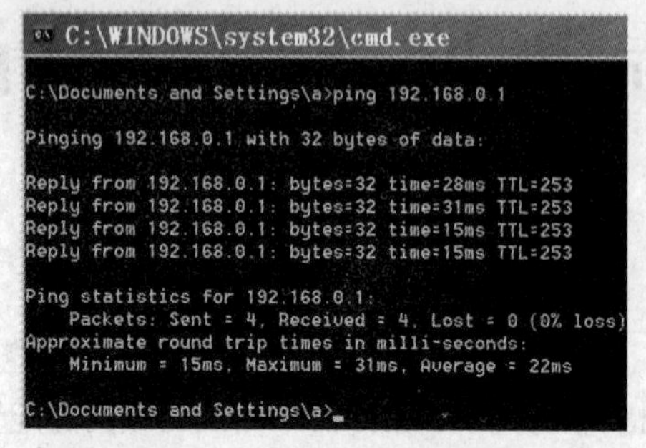

图 5-2　ping 本机网卡的地址

3. 测试网络配置的工具 Ipconfig

IPconfig 是查看、修改网络中 TCP/IP 协议簇有关配置的软件工具，它们集成在 Windows 操作系统中。

（1）Ipconfig 工具的命令格式。

在命令提示符窗口输入：Ipconfig［/参数 1］［参数 2］……

（2）Ipconfig 的主要参数。

/all：显示与 TCP/IP 有关的所有配置细节。

/Batch［文本文件名］：把测试结果保存在指定的文本文件中。

命令“ipconfig/all”可显示全部配置状况，如图 5-3 所示。

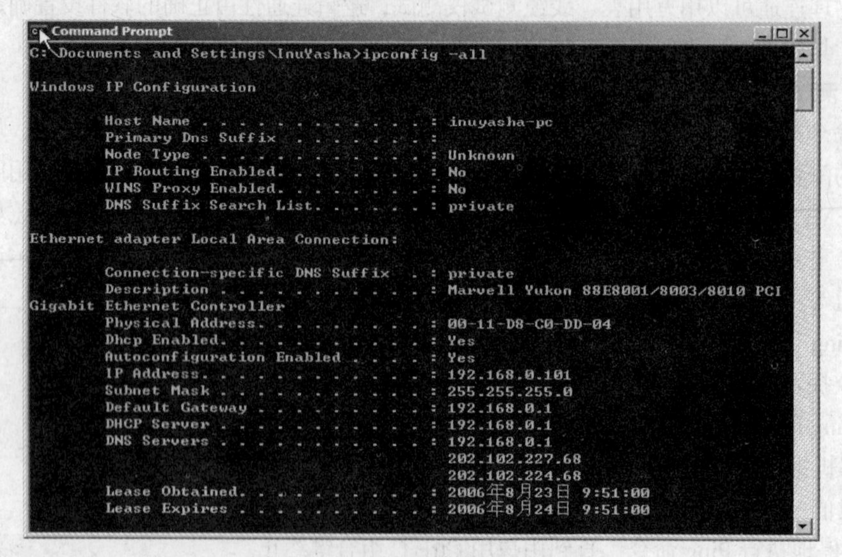

图 5-3　Ipconfig/all 命令的响应画面

命令“ipconfig/all/batch lini.txt”可将测试结果保存于 lini.txt 文件中，以便仔细查看配置状况。Ipconfig 命令的全部参数，可用 ipconfig/？命令查看。

（3）Ipconfig 工具的主要功能。

Ipconfig 工具在网络测试中非常有用，能测试网络中的多项配置参数，如可以快速测得该主机的主机名称、动（静）态 IP 地址、子网掩码、网卡的物理地址，以及默认网关的 IP 地址、DNS 和 DHCP 服务器的 IP 地址、租约起始和终止时间等。在使用 Ping 进行连通性测试之前，先用 Ipconfig 测试网络的配置参数。例如，在配置有 DHCP 服务器的网络中，可快速获得该主机的动态 IP 地址和计算机名称，在 Ping 命令中，即可直接使用这些参数进行测试。

三、实验条件

1. 连接在局域网上的计算机一台（Windows XP 操作系统）。
2. 网线、RJ-45 水晶头、压线钳、万用表、线缆测试仪等。

四、实验内容

1. 用 Ipconfig 命令测试网络的 TCP/IP 配置参数。
2. 用 Ping 命令测试本机的网络配置状况。
3. 用 Ping 命令测试网络的连通特性。

五、实验步骤

1. 用 Ipconfig 命令测试网络的 TCP/IP 配置参数

在桌面上单击“开始”→“运行”→“CMD”→“确定”，进入“命令提示符”窗口。在命令提示符“>”后面，输入命令“Ipconfig/all”，回车，从测试结果中查看并记录本机的 IP 地址及主机名等。注意，在“IP 配置”窗口中，显示网络 TCP/IP 配置的各个参数的意义如下。

Host Name（主机名）
Node Type（结点类型）
Ethernet adapter（以太适配器）
Description（适配器描述）
Physical address（物理地址—网卡号）
DHCP Enabled（动态地址配置协议激活）
IP address（IP 地址）
Subnet Mask（子网掩码）
Default Gateway（默认网关地址）
DHCP Server（DHCP 服务器地址）
DNS Servers（DNS 服务器的 IP 地址）
Lease Obtained（租约起始时间）
Lease Expires（租约终止时间）

2. 用 Ping 命令测试

第 1 步　用 Ping 命令测试本机 TCP/IP 配置状况。

进入命令提示符窗口：单击“开始”→“运行”→“CMD”→“确定”，进入“命令提示符”窗口。在“命令提示符”窗口，Ping本机的IP地址，即输入命令“Ping 127.0.0.1”，回车。根据测试返回的画面，判断TCP/IP配置是否正确。

第2步　用Ping命令测试网卡的安装配置状况。

在命令提示符下，Ping 网卡 IP 地址，如“Ping 192.168.0.100”，回车。根据返回的画面，判断网卡安装配置正确与否。

若不正确，可能是IP地址有冲突，可断开网线插头，再试。再试结果仍不正确，说明网卡安装配置确有问题。

第3步　用Ping命令测试局域网的连通性。

取得局域网某客户机的主机名或IP地址，如某客户机的主机名为WS8，IP地址为192.168.0.8。

在“命令提示符”窗口，输入命令“Ping WS8”，回车，显示测试画面。根据返回的画面状况，判断本机与某客户机是否连通。

若Ping不通，可能是物理连接不通，也可能是逻辑连接不通。在此，物理连接不通的可能性较大。因为通过前面的测试，可知本机的网络配置正确。这时可更换网线，或更换RJ-45插头，或建议对方检测网络配置状况。

第4步　用Ping命令测试远程网络的连接速度。

在本局域网已连接外网的情况下，选择要测试的网站的网址，如www.sohu.com。在“命令行提示符”窗口，输入命令“Ping www.sohu.com”，回车。如果能连通，再根据往返时间的长短，可粗略判断与某网站的连接速度。

在本机安装有防火墙软件或对方网站屏蔽Ping命令的情况下，测试结果可能不正确。

六、实验报告

根据实验情况完成实验报告，实验报告应包括以下内容。

1. 实验地点，实验人员，实验时间。
2. 实验内容：将实际观察到的情况做详细记录。
3. 实验分析。

（1）什么是网络的物理连通？什么是网络的逻辑连通？各用什么方法测试？

（2）Ping命令和Ipconfig命令的主要功能是什么？Ipconfig命令的主要参数是什么？

（3）在用Ping命令测试网络时，应该首先Ping其他计算机的IP地址，测试与其他计算机的连通性；还是首先Ping本机的IP地址和网卡IP地址，测试本机的网络配置状况？为什么？

（4）如果本机的IP地址是动态的IP地址，如何获得？

（5）分析联合应用Ipconfig命令和Ping命令测试网络的好处？

（6）如何将用Ipcinfig命令测试的结果保存成一个文本文件？如何阅读这个文件？

4. 实验心得：写出使用Ping的方法、技巧和局域网连通性测试体会。

实验 6 局域网资源的共享

一、实验目的

1. 掌握创建账户的方法。
2. 掌握局域网中共享文件夹的设置和使用。
3. 掌握局域网中共享硬盘的设置和使用。

二、实验理论

1. 资源共享

资源共享是计算机网络的主要功能，也是组建网络的主要目的。计算机网络中的资源，包括硬件资源和软件资源，硬件资源是指硬磁盘、光盘和打印机等，软件资源主要是文件和数据。

资源共享，是指网络资源共同享有、共同使用，网络中的某用户，可以访问网络中其他计算机上的资源，如使用网络中其他计算机上的光驱、打印机和文件等。资源共享给用户带来极大的方便。

在客户机/服务器模式的网络中，资源主要集中在服务器中，但也可以分布在各个客户机上。客户机既可以共享服务器上的资源，也可以在客户机之间共享资源。

在对等网中，由于没有专用的服务器，所以资源分布在各个用户的主机上，用户之间互相提供并共享资源。本实验主要做的是客户机上资源的共享设置及共享的方法。

2. 共享资源的权限

资源共享涉及资源管理，就是既要保证资源的共享性，也要保证资源的安全性。在设置共享资源时，有“共享”和“不共享”之分，不共享，就是我的资源你看不到，用不上；共享就是我开放资源，大家可以享用，但是允许共享的权限根据需要可以设置为“读取”、“更改”和“完全控制”。

（1）读取：该权限允许用户查看子文件夹和文件名，并可以运行程序，读取数据。

（2）更改：该权限除具有“读取”的权限之外，还可以添加删除子文件夹和文件，并可以更改文件中的数据。

（3）完全控制：该权限除具有全部的读取和更改的权限外，还可对 NTFS 格式的文件有所有权和更改权限。该权限是创建共享后的默认权限。

在 Windows XP 中，设置共享资源时是可以区分用户的，即共享资源可以只允许某些指定的用户访问，不在指定之列的用户是不能访问的。而且，即使是指定允许访问的用户，每个用户还可以设置各不相同的权限。通过共享权限的设置，既实现了用户对资源的共享，又保证了资源的安全。

3. 共享资源的使用

用户在使用网络资源时，有以下几种方法。

（1）可以通过“网上邻居”找到提供共享资源的主机，再找到共享资源进行访问。

（2）用命令行的方法，直接访问共享资源，方法是，单击“开始”→“运行”，在弹出的对话框中，输入如下格式的命令：\\对方计算机名\共享名或\\对方计算机的 IP 地址\共享名。

（3）对经常使用的网络资源，如文件夹，还可以在本机中建立网络驱动器与共享文件夹的映射。通过在本机中的网络驱动器使用共享文件夹，这也是个好方法。

三、实验条件

1. 已连接好的的局域网（客户机为 Windows XP）。
2. Windows XP 安装盘一张。

四、实验内容

1. 建立用户账户。
2. 设置共享文件夹。
3. 使用共享文件夹。
4. 设置和使用共享硬盘。

五、实验步骤

1. 建立用户账户

在 Windows XP 网络中，无论是对等网还是 C/S 模式的网络，计算机之间互访并共享资源是通过建立用户账户来管理和实现的，这是保证网络安全的有效方法。

在 Windows XP 的局域网中，要允许某些用户共享本计算机的资源，就要在本机中建立这些用户的账户，并授予一定的权限。如果在网络中，允许所有用户自由互相访问，一个特殊的办法是在所有计算机中建立一个“同名的账户”，并授予管理员权限，然后都以这个账户登录网络，即可实现自由互访，共享资源。此外，用户还可以用默认的“来宾账户（Guest）”进行互访，但权限有限。控制和管理网络中用户之间的互访主要使用“建立用户账户并授权”的方法来实现。

下面介绍如何建立用户账户并授权。

第 1 步　单击“开始”→“设置”→“控制面板”→“管理工具”→“计算机管理”→“本地用户和组”→“用户”，如图 6-1 所示。

第 2 步　在如图 6-1 所示的窗口中，右键单击左窗格中的“用户”，弹出快捷菜单，如图 6-2 所示。

第 3 步　在如图 6-2 所示的快捷菜单中，单击“新用户”命令，弹出“新用户”对话框，如图 6-3 所示。

第 4 步　在“新用户”对话框中，填写用户名（如 xwr）、密码（自定，并记录），并选中“密码永不过期”复选框，然后单击“创建”按钮，一个新用户的账户创建完成。用同样的方法，可以创建允许访问本机的多个用户的账户。创建完成后，关闭“新用户”对话框，返回“本地用户和组”的窗口。

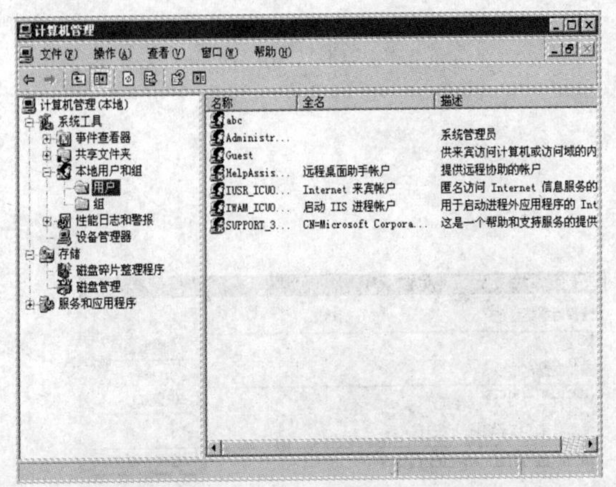

图 6-1　“本地用户和组”对话框

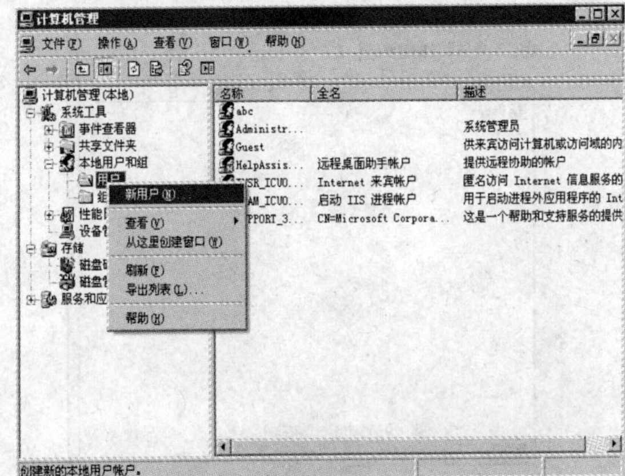

图 6-2　“创建新用户命令”对话框

提示

新用户建立后，还应予以授权，以控制对本机的访问行为。Windows 操作系统安装以后默认建立了数个内置组，不同的内置组具有不同的权限，用户加入某个内置组，就具有了与该组相同的权限。

第 5 步　在“本地用户和组”窗口中，右键单击新建立的用户名，如 xwr，弹出快捷菜单，如图 6-4 所示。

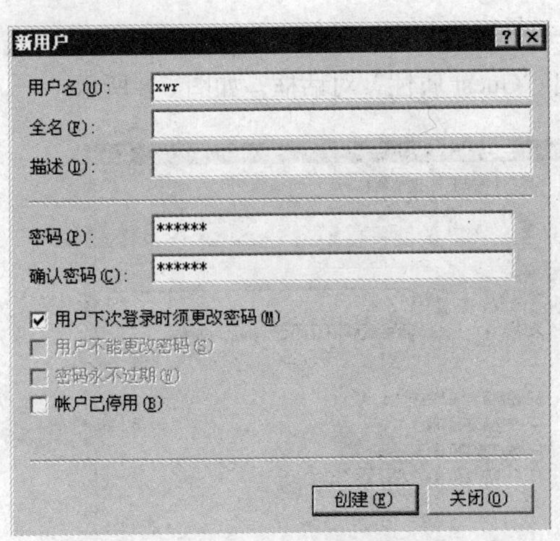

图 6-3　“新用户”对话框

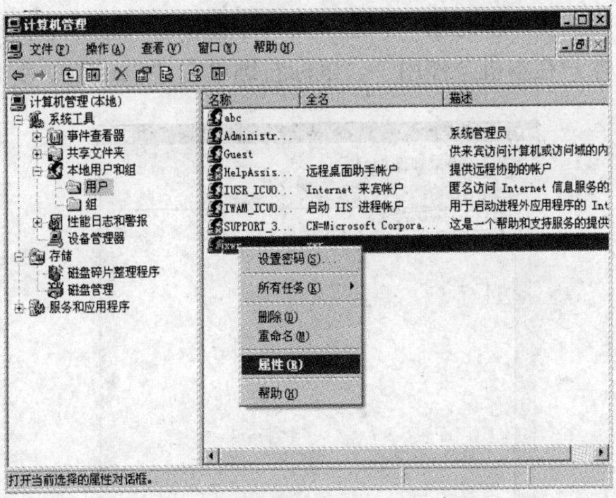

图 6-4　用户 xwr 的快捷菜单

第 6 步　单击“属性”命令，显示用户“属性”对话框，再单击“隶属于”选项卡，画面如图 6-5 所示。

提示

由图可知，该用户默认隶属于 Users 组，在此可加入管理员组，使之具有更大的互访权限。

第 7 步　单击“添加”按钮，显示“选择组”对话框，如图 6-6 所示。

第 8 步　在图 6-6 所示的“输入对象名称来选择（示例）(E):”文本框中输入 Administrators，再单击“检查名称”按钮，然后单击“确定”按钮，该新用户被添加到管理组，具有很大的权限（但是不安全），如图 6-7 所示。

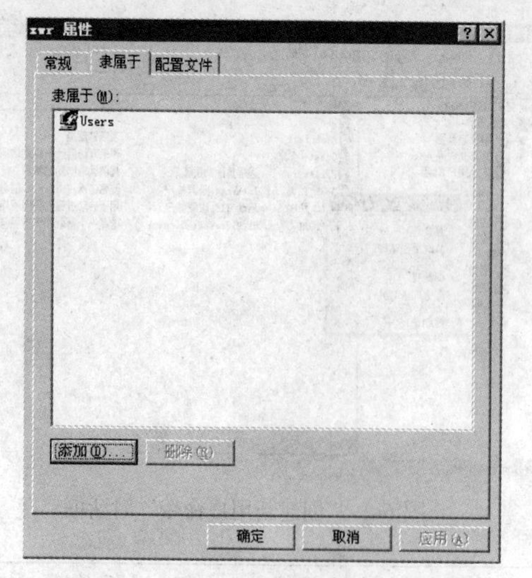

图 6-5 “将用户加入内置组”对话框

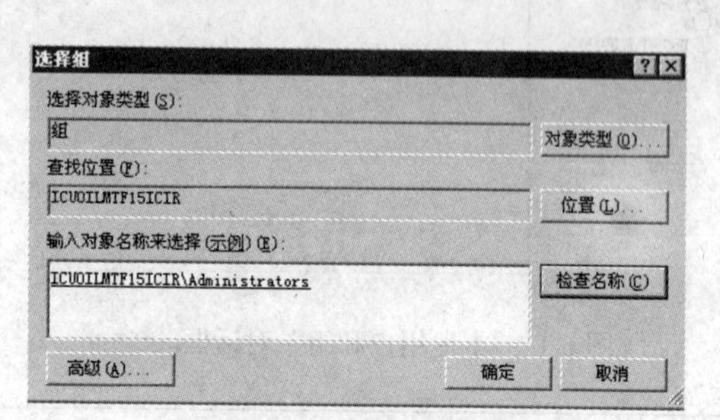

图 6-6 “选择组”对话框

授予的权限是可以删除的。

第 9 步　启用来宾账户（Guest）。

在“本地用户和组”窗口中，Guest 的图标上有一个红色方块，并标有一个“×”，表示该账户在本机“停用”。鼠标右键单击“Guest”，弹出“Guest 属性”对话框，如图 6-8 所示。

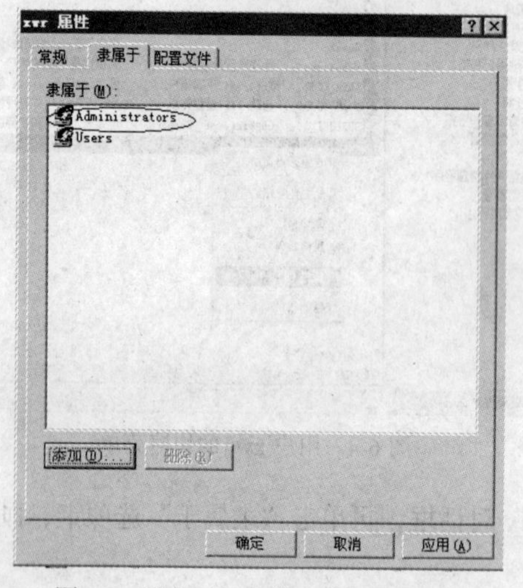

图 6-7 选择“加入管理员组”对话框

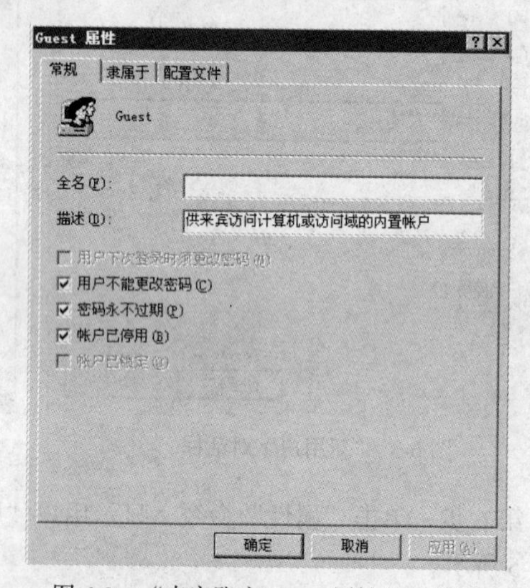

图 6-8 “来宾账户 Guest 属性”对话框

在“常规”选项卡中，取消选中“账户已停用”复选框，如图 6-9 所示，而后单击“确定”按钮，来宾账户 Guest 就启用了。

默认情况下，来宾账户是“停用”的。启用来宾账号后，可以使在本机上没有账户的用户，用来宾账号登录网络，访问本机的资源（虽然权限有限），这会给某些用户带来方便。

2. 设置共享文件夹

（1）规划共享文件夹及共享权限。

将 E 盘上两个文件夹 hgm1 和 hgm2 设为共享文件夹。

共享名与文件夹名相同。

hgm1 的共享权为权限为“读取”，hgm2 的共享权限为“更改”。

“用户数限制”为“最多用户”。

允许共享的用户为“Everyone”（每个用户）。

（2）安装“Microsoft 网络的文件和打印机共享”组件。

在安装 Windows XP 时已默认安装了该组件。如果未安装，可通过鼠标右键单击“网上邻居”，打开属性对话框，再鼠标右键单击“本地连接”，打开“本地连接属性”对话框，选择“Microsoft 网络的文件夹和打印机共享”，然后单击“确定”按钮，重新进行安装。

（3）设置共享文件夹。

在 FAT32 和 NTFS 文件系统中设置共享文件夹的方法略有不同，下面以 NTFS 文件系统为例。

第 1 步　双击“我的电脑”，选择“工具”→“文件夹选项”→“查看”，不选择“使用简单文件共享”选项，如图 6-10 所示。

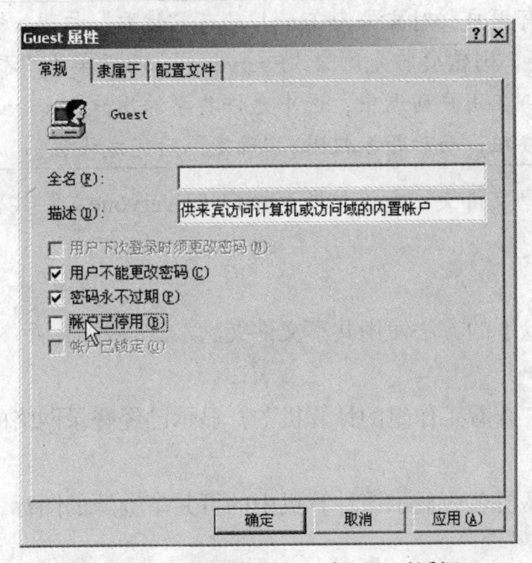

图 6-9 “来宾账户 Guest 启用”对话框

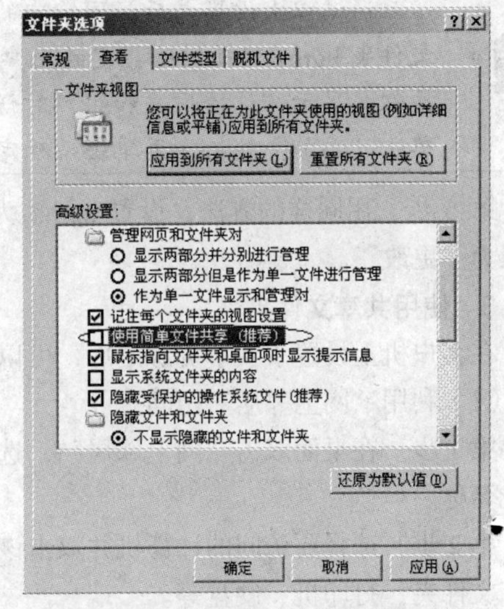

图 6-10 “取消使用文件简单共享”对话框

第 2 步　打开资源管理器窗口，在 E 盘创建 hgm1 和 hgm2 两个文件夹，并在两个文件夹下拷贝几个文件。

第 3 步　鼠标右键单击文件夹名“hgm1”，再单击“共享”命令，弹出“hgm1 属性”对话框，选择“共享”选项卡，如图 6-11 所示。

第 4 步　在图 6-11 中，单选“共享此文件夹”。“用户数限制”可根据需要选“最多用户”或“允许”10 个用户，这里选“最多用户”。而后单击“权限”按钮，弹出“hgm1 权限”对话框，如图 6-12 所示。系统默认设置是：对网络中的每个用户（Everyone）拥有完全控制的权限。

第 5 步　在图 6-12 中，更改权限为“读取”，即取消选中“完全控制”和“更改”后面“允许”项目中的复选框，并单击“确定”按钮。通过以上操作，完成了按计划要求的共享文件夹的设置。

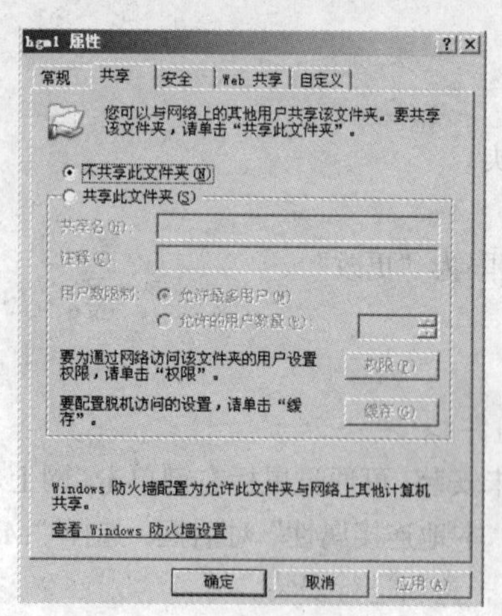

图 6-11 “hgml”对话框

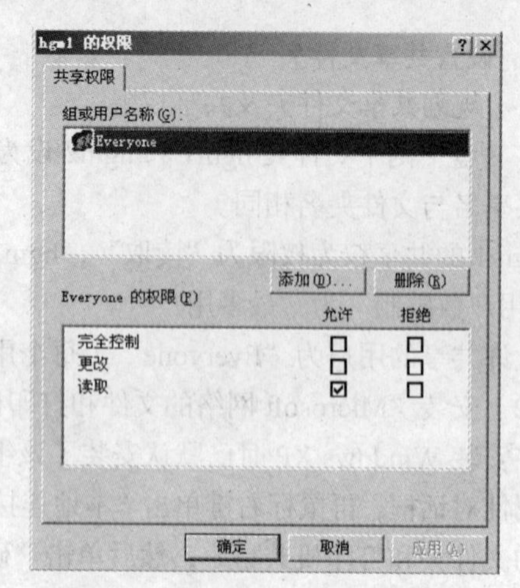

图 6-12 “hgml”对话框

以 Adminisrator 身份登录计算机，完成全部实验。

通过以上设置之后，网络中的所有用户，对文件夹 hgm1 具有“读取”权限。如果文件夹 hgm1 只提供给指定的用户共享，则需要首先删除“Everyone”，而后单击“添加”按钮，显示“选择用户和组”对话框，在用户列表中，选中允许共享的用户，如 xwr，单击“添加”按钮，再单击“确定”按钮，而后指派权限，“确定”后完成设置。

第 6 步　用同样的方法，设置 hgm2 为共享文件夹，允许“所有用户（Everyone）”共享，权限为“更改”。

3. 使用共享文件夹

在客户机上设置了共享资源之后，可以用以下的方法使用共享文件夹。

（1）利用“网上邻居”访问。

第 1 步　在桌面双击“网上邻居”，选择“查看工作组的计算机”，显示已经登录网络的计算机名称。

第 2 步　选择要访问的计算机并双击该计算机名，显示该计算机中的可共享资源的图标，可能有文件夹、打印机、硬盘等。

第 3 步　双击某共享文件夹的图标，即可将其打开并观察到文件夹中的文件和子文件夹。双击要访问的文件名，打开文件进行访问。

如果有些客户机将共享资源已经指派给了指定用户，则在使用时会要求输入用户名和密码。输入用户名和密码后能否访问，决定于对方在设置该文件夹的共享属性时，所指定的允许访问该文件夹的用户中是否有你的账户。

利用“网上邻居”访问共享资源时，对于经常访问的共享资源，为方便起见，可以将其添加到“网上邻居”的窗口中来。在“网上邻居”的窗口中双击“添加网上邻居”→“浏览”→“整个网络”→“Microsoft Windows 网络”→“workgroup”，在显示的窗口中查找到要访问的计算机和共享资源名，选中后单击“确定”按钮，根据向导的提示，输入该共享资源在网上邻居中的名称（也可为原名称），单击“完成”按钮，该共享对象就会直接显示在网上邻居的窗口中了。

(2)应用UNC路径访问。

第1步 利用“网上邻居”，查得要访问的某用户的“计算机名”以及共享文件夹的“共享名”，例如，某用户的计算机名为ICUOILMTF15ICIR.，共享文件夹的共享名为hgm1。

第2步 单击“开始”→“运行”，弹出“运行”对话框，如图6-13所示。

图6-13 “运行”对话框

第3步 在“运行”对话框中，输入路径\\ICUOILMTF15ICIR.\ hgm1，单击“确定”按钮，即可看到共享的文件了。

如果知道用户的IP地址，在命令行中，可用用户计算机的“IP地址”替代“计算机名”，输入命令行“\\192.168.0.8\hgm1”，单击“确定”按钮。

(3)通过映射网络驱动器访问。

第1步 在桌面上右键单击“网上邻居”→“映射网络驱动器”，如图6-14所示。弹出“映射网络驱动器”对话框，如图6-15所示。

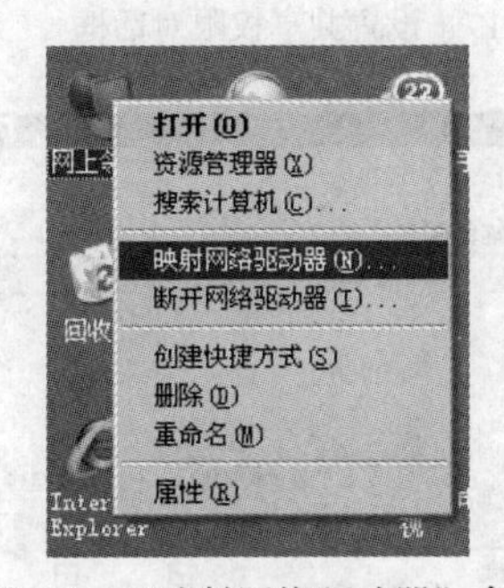

图6-14 “映射网络驱动器”命令

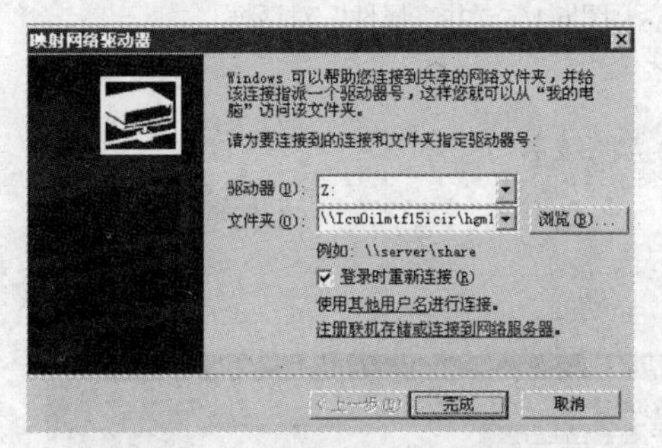

图6-15 “映射网络驱动器”对话框

第2步 在图6-15中，选择网络驱动器号Z:，在“文件夹”后面的文本框中，输入“\\ICUOILMTF15ICIR.\hgm1”。也可以通过单击“浏览”按钮来定位所映射的共享文件夹。

第3步 如经常使用这种映射关系，则应选中“登录时重新连接”复选框，单击“完成”按钮，完成网络驱动器的映射。

第4步 打开“我的电脑”，选择网络驱动器Z:，使用该资源，验证映射的正确性。

第5步 在图6-14中选择“断开网络驱动器”命令，即可断开网络映射。

4. 设置和使用共享硬盘

(1)将E盘设置为共享硬盘。

第1步 打开“我的电脑”，右键单击“E驱动器”，选择“共享和安全”命令，弹出共享“属性”对话框。输入共享名“E”，输入备注“共享硬盘”，用户数限制选择“最多用户”，单击“确定”按钮。返回“共享属性”对话框，如图6-16所示。

第2步 在图6-16中的“共享”选项卡中，单击“权限”按钮，弹出“E的权限”对话框，如图6-17所示。

第3步 在“E的权限”对话框中，选中“Everyone”→“删除”→“添加”命令，弹出“选择用户或组”对话框，如图6-18所示。

第 4 步　在图 6-18 中，在“输入对象名称来选择（示例）(E):”中添加允许访问的用户名，例如，xwr，然后单击“检查名称”按钮，最后单击“确定”按钮。返回“共享权限”对话框，如图 6-19 所示。

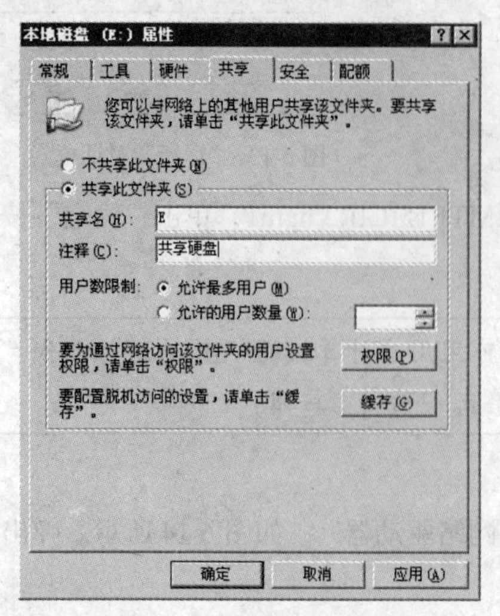

图 6-16　“共享属性”对话框

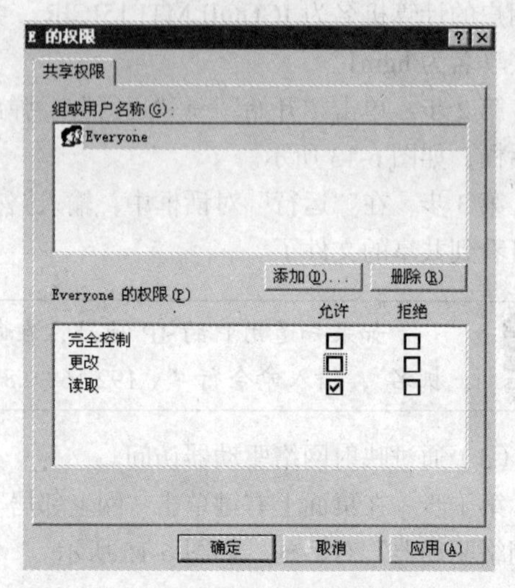

图 6-17　设置共享权限对话框

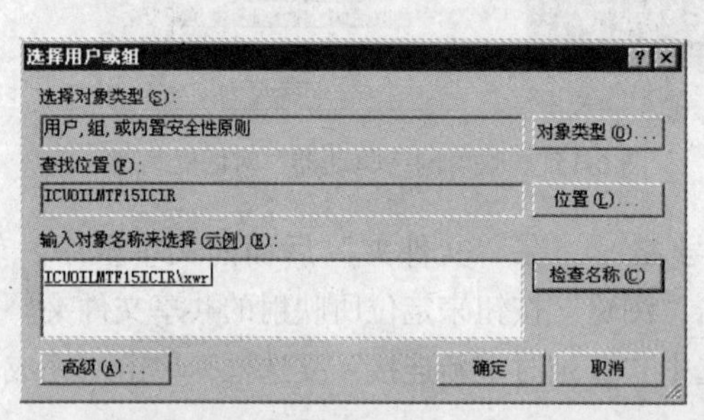

图 6-18　“选择用户和组”对话框

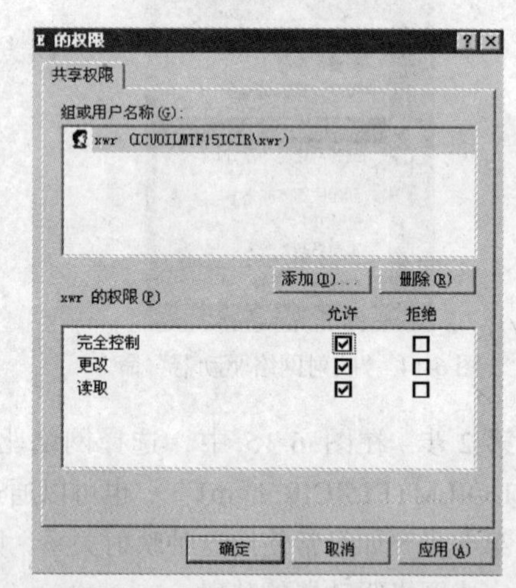

图 6-19　设置共享用户的权限对话框

第 5 步　在图 6-19 中，可分别对各个用户设置权限，单击“确定”按钮完成设置。通过以上设置，硬盘 E 被设置为共享硬盘，允许共享的用户是“xwr”，共享的权限是“完全控制”。

（2）使用共享硬盘。

共享硬盘设置完成之后，网络上的其他用户就可通过 “网上邻居”像访问共享文件夹一样共享本机刚设置好的共享硬盘了。

六、实验报告

根据实验情况完成实验报告，实验报告应包括以下内容。

1. 实验地点，实验人员，实验时间。
2. 实验内容：将实际观察到的情况做详细记录。

3. 实验分析。

（1）在 Windows XP 中，如何新创建用户，并对用户进行权限设置？

（2）局域网资源共享主要是指哪些内容？

（3）在局域网中，若 A 客户机开放一个共享文件夹“音乐天地”，并允许用户 B 和用户 C 共享，能否只允许 B 用户“读取”听音乐，C 用户不但能听音乐，还可复制音乐文件？

（4）能否把共享文件夹隐藏起来？如何设置？

4. 实验心得：写出使用局域网中共享的方法、技巧和体会。

实验 7 子网规划

一、实验目的

1. 掌握子网划分的概念。
2. 掌握子网划分的方法。
3. 了解子网划分的功能与作用。

二、实验理论

1. 子网的概念

在 Internet 上，接入的网络用户是以 IP 地址为单位来进行管理的。例如在一个 C 类网络中，可以最多接入 254 台计算机，可以将它们作为一个组来看待。但在局域网内部，将 254 台计算机作为一个整体很难进行管理。因此，有必要将该 C 类网络进一步进行划分为多个小的网络（即子网），可以按照用户的性质来划分，也可以按照地理区域来划分，还可以按照部门来划分。

2. 子网地址

IP 地址由网络号和主机号两部分组成，引进了子网的概念后，则将 IP 地址中的主机号地址部分再一分为二，一部分作为“本地网络内的子网号”，另一部分作为“子网内主机号”。这样一来，IP 地址则是由网络号、子网号、子网内主机号三部分组成。子网编址模式如图 7-1 所示。

网络号	子网号	子网内的主机号

图 7-1　子网编址模式

在进行子网划分时，网络号（网络地址）不变，将主机号（主机地址）进一步划分为子网号和子网主机号，通过灵活定义子网号的位数，可以控制每个子网的规模。利用子网掩码可以判断两台主机是否在同一子网中。若两台主机的 IP 地址分别与它们的子网掩码相“与”后的结果相同，则说明这两台主机在同一网中。

3. 子网划分的用途

划分子网主要有两个用途：将网络划分为若干个子网，使得一个单位或部门尽可能地节省 IP 地址，又便于管理；不同的子网需要有具有路由功能的设备相连接，所以不同子网的用户不可以直接互访，提高了网络的安全性，同时有效地防止了广播风暴。

三、实验条件

1. 已连接好的的局域网（客户机为 Windows XP）。
2. Windows XP 安装盘一张。

四、实验内容

1. 进行子网规划，将给定的网络地址划分为子网地址。
2. 设置子网中的 IP 地址，测试子网。

五、实验步骤

将学生每 4 ~ 6 人分为一个小组，组织成若干小组，完成本次实验的内容，并写出实验报告。

子网划分是将一个较大的网络进一步划分为若干个小的网络的过程，在本实验中假定所有局域网的计算机都位于 192.168.X.0（其中 X 表示小组的编号）网络中，要求每组划分为两个子网，如图 7-2 所示。

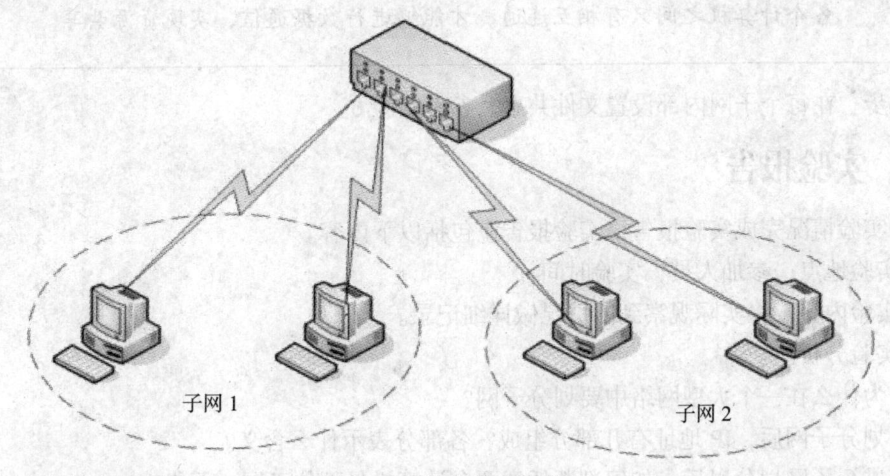

图 7-2　子网划分拓扑图

1. 进行子网规划

第 1 步　确定子网号的位数。由于 192.168.X.0 为 C 类地址，所以子网号应从 IP 地址的最后 8 位的高位开始借。若将 192.168.X.0 网络划分为两个子网，则子网号至少为 2 位，主机号为 6 位。

第 2 步　确定子网网络地址及每个子网中的可用的 IP 地址。第一个子网的网络地址为 192.168.X.1，该子网中可用的 IP 地址的范围是 192.168.X.65~192.168.X.126；第二个子网的网络地址为 192.168.X.2，该子网可用的 IP 地址的范围是 192.168.X.129~192.168.X.190。两个子网所对应的子网掩码都是 255.255.255.192。

在进行子网规划时，IP 地址中网络号、子网号或主机号全部为 0 或 1 时，则对应的 IP 地址不可用。

2. 设置 IP 地址

第 1 步　设置各个子网中计算机的 IP 地址。设置方法参考实验 4。

每个子网中的计算机在设置IP地址时，其IP地址应在各个子网可用的有效的IP地址范围之内。位于同一个子网的计算机的IP地址不能相同。

第2步　用Ping命令测试各个子网的连通性。

取得位于同一子网内的某计算机的主机名或IP地址，如某计算机的主机名为WS8，IP地址为192.168.X.65。

在“命令提示符”窗口，输入命令“Ping WS8”，回车，显示测试画面。根据返回的画面状况，判断本机与某计算机是否连通。

第3步　用Ping命令测试不同的两个子网之间的连通性。

取得位于另外一个子网内的某计算机的主机名或IP地址，如某计算机的主机名为WS18，IP地址为192.168.X.185。

在“命令提示符”窗口，输入命令“Ping WS18”，回车，显示测试画面。根据返回的画面状况，判断本机与某计算机是否连通。

各个计算机之间只有相互连通，才能够进行数据通信，实现资源共享。

第4步　在每个子网内部设置文件共享，参考实验6。

六、实验报告

根据实验情况完成实验报告，实验报告应包括以下内容。

1. 实验地点，参加人员，实验时间。
2. 实验内容：将实际观察到的情况做详细记录。
3. 实验分析。

（1）为什么在一个大型网络中要划分子网？

（2）划分子网后，IP地址有几部分组成？各部分表示什么含义？

（3）进行子网划分以后，如何判断任意两台计算机是否位于同一网络中？

（4）在设置计算机的IP地址时，网络号与子网掩码相同，但子网号以及主机号不同的计算机之间能否实现文件资源共享？为什么？

（5）在本实验中，如果将每个小组所在的网络192.168.X.0划分为3个子网，则每个子网的网络地址是什么？各个子网中的计算机可以使用的有效的IP地址范围是什么？

4. 实验心得：写出划分子网的方法、技巧及体会。

实验 8 配置 Windows 2003 DNS 服务器

一、实验目的

1. 掌握域名系统（DNS）的基本概念。
2. 掌握 DNS 组件的安装方法。
3. 掌握正向搜索区域和反向搜索区域的创建方法。
4. 掌握启用“动态更新”功能的方法。
5. 熟悉 DNS 的测试方法。

二、实验理论

DNS（Domain Name System，域名系统），是网络中的一项重要的服务。在 DNS 的支持下，可以实现域名到 IP 地址或 IP 地址到域名的解析。

1.（字符型）计算机名称的类型

在实际的计算机网络中，（字符型）计算机的名称有域名和计算机名两类。

域名：又称主机名，是 Windows XP 和 Windows 2003 的网络中计算机的（字符型）名称，最多可以包含 255 个字符，一般由多字节字符组成，节之间用“.”分隔，如 www.sohu.com。

计算机名：又称 NetBIOS 名，是 Windows 95/98/ME/NT 操作系统中使用的名称，最多可以包含 15 个字符（如 Server01、WS06 等），但这种名称与因特网不兼容，需用 WINS 服务器进行计算机名和 IP 地址之间的解析。

2. 名称解析的条件

要让网络系统中自动进行名称和 IP 地址之间的解析，则需要在网络中配置 DNS 和 WINS 服务器。这对于用户和管理员都比较方便，它们可以在用户使用的计算机名称和 IP 地址之间做动态的解析。

DNS 服务器：在“域名”和 IP 地址之间解析。

WINS 服务器：在“计算机名”和 IP 地址之间解析。

如果不配置 DNS 服务器，可用静态解析的办法，即由管理员手工编辑服务器中的 Hosts.txt 和 Lmhosts.txt 文本文件，在 hosts 中添加 Windows XP 客户机的域名和 IP 地址的记录，在 Lmhosts 中添加 Windows 2000 以下版本的客户机的计算机名和 IP 地址的记录。但这种办法不太方便。

三、实验条件

1. 安装了 Windows 2003 Server 操作系统和网卡的计算机一台。
2. 安装了 Windows XP 操作系统和网卡的计算机一台。
3. 以上两台计算机已连接成工作组模式的网络。
4. Windows 2003 Server 安装盘一张。

四、实验内容

1. 配置固定的 IP 地址。
2. 安装 DNS 组件。
3. 配置 DNS 服务器。
4. 启用动态更新功能。
5. 验证 DNS 配置的正确性。
6. 配置 DNS 客户机。
7. 在 DNS 服务器上设置主页。

五、实验步骤

将学生每 2～3 人分为一个小组，在 Windows 2003 Server 服务器上完成以下实验内容，并写出实验报告，具体步骤如下。

1. 配置固定的 IP 地址

第 1 步　鼠标右键单击“网上邻居”，选择“属性”命令，弹出“属性”对话框；鼠标右键单击“本地网络”，选择“属性”命令，弹出“属性”对话框；在“常规”选项卡下选择“Internet 协议（TCP/IP）”，单击 “属性”，弹出“Internet 协议（TCP/IP）属性”对话框，如图 8-1 所示。

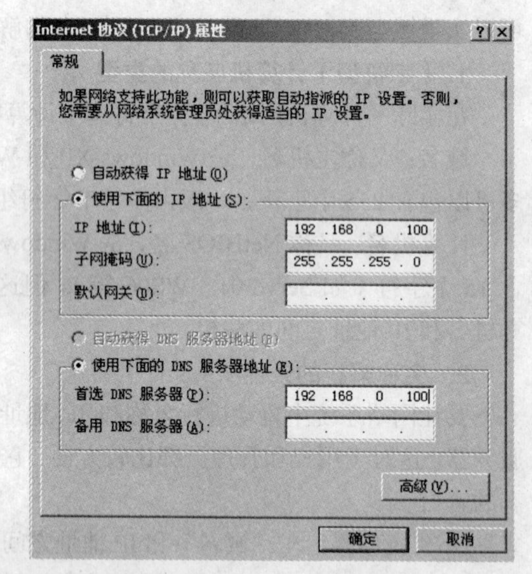

图 8-1 “Internet 协议（TCP/IP）属性”对话框

第 2 步　在图 8-1 中，选择“使用下面的 IP 地址”，输入 IP 地址为 192.168.0.100，并输入子网掩码为 255.255.255.0，首选 DNS 服务器 IP 地址也为 192.168.0.100。单击“确定”按钮。

2. 安装 DNS 组件

第 1 步　单击“开始”→“设置”→“控制面板”→“添加/删除程序”→“添加 Windows 组件”命令，打开“Windows 组件向导”之“Windows 组件”对话框，如图 8-2 所示。

第 2 步　添加 DNS 组件：在“Windows 组件向导”对话框中，选中“网络服务”，再单击“详细信息”按钮，弹出“网络服务”对话框，如图 8-3 所示。然后选中“域名系统（DNS）”单击“确定”按钮，系统复制文件。

第 3 步　复制完文件后，单击“完成”按钮，在服务器上完成 DNS 组件安装。

第 4 步　单击“开给”→“管理工具”→“DNS”命令，若能显示如图 8-4 所示的窗口，表明 DNS 组件已正确安装。

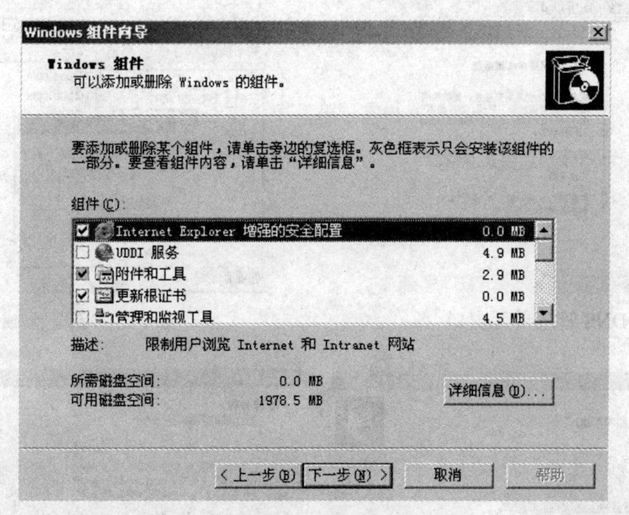

图 8-2　添加 Windows 组件

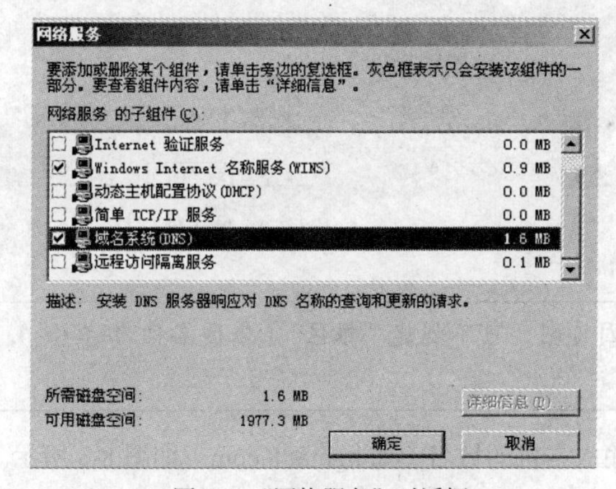

图 8-3　"网络服务"对话框

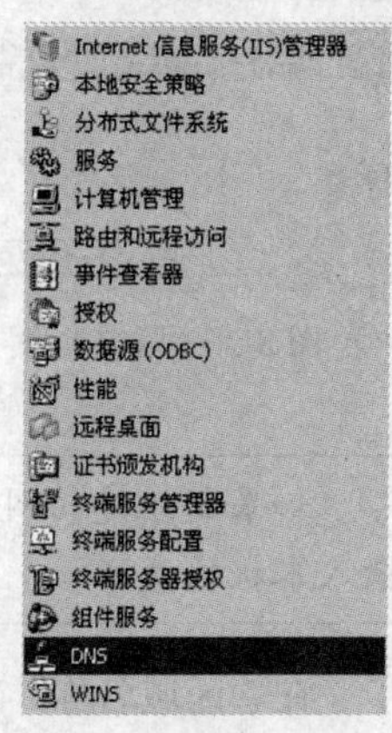

图 8-4　管理工具

3. 配置 DNS 服务器

（1）创建正向搜索区域。

第 1 步　单击"开给"→"程序"→"管理工具"→"DNS"命令，打开 DNS 管理单元窗口，如图 8-5 所示。

在打开过程中，根据提示回答有关问题。

第 2 步　在 DNS 管理单元窗口中，右键单击"正向搜索区域"→"新建区域"，如图 8-6 所示，打开"区域类型"对话框，如图 8-7 所示。

第 3 步　在"区域类型"对话框中，有 3 个可选项，选择"主要区域"（其原因见该选项下方的描述）。单击"下一步"按钮，弹出"新建区域向导"之"区域名称"对话框，如图 8-8 所示。

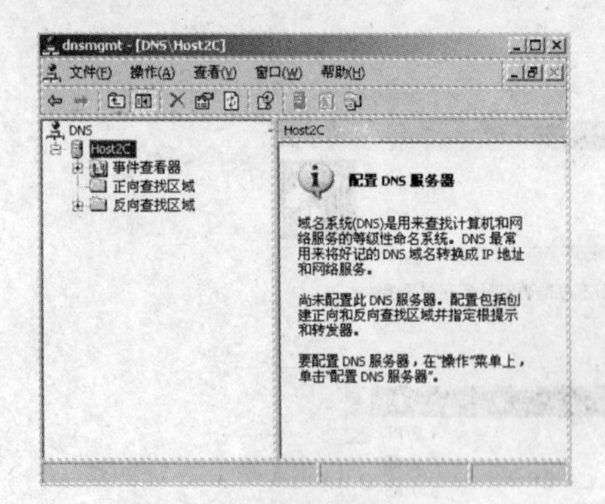

图 8-5　DNS 管理单元窗口

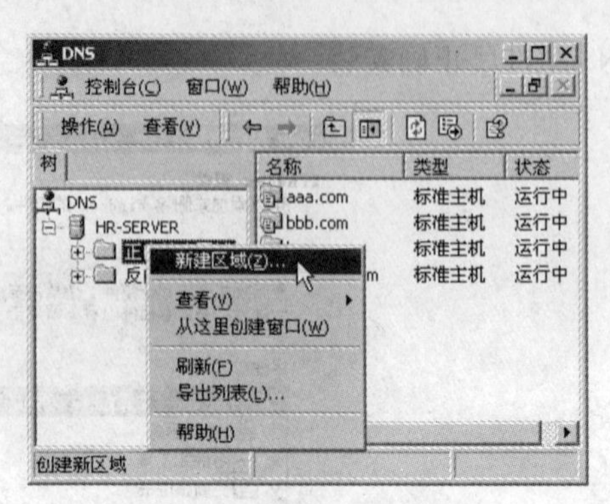

图 8-6　“新建区域”命令

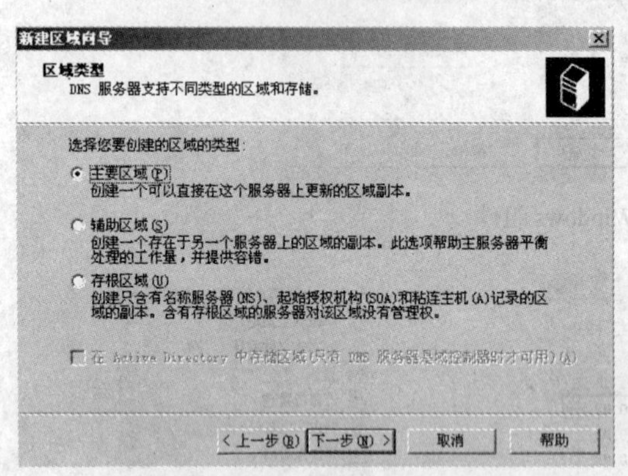

图 8-7　“区域类型”对话框

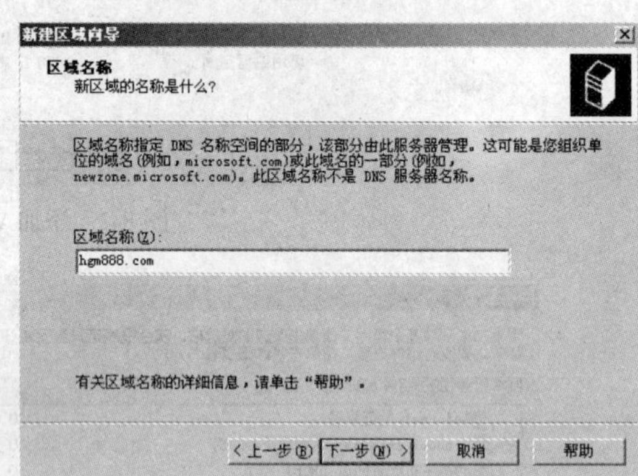

图 8-8　输入区域名

如果新组建的网络要接入因特网，可不创建“根区”（根区名称为“·”），可直接输入本机的域名。

第 4 步　在“区域名称”对话框中输入本机的域名（如 hgm888.com）如图 8-8 所示。

本机的域名在本机上可查到（右键单击“我的电脑”→“属性”→“网络标识”显示的画面中即可看到）。

第 5 步　单击“下一步”按钮，完成“正向搜索区域”的创建。

（2）创建反向搜索区域。

第 1 步　在 DNS 窗口中，右击“反向搜索区域”，选择“新建区域”，弹出“新建区域向导”对话框。单击“下一步”按钮，弹出“区域类型”对话框，与图 8-7 所示相同。

第 2 步　仍选择“主要区域”，并单击“下一步”按钮，弹出“反向搜索区域名称”对话框，如图 8-9 所示。

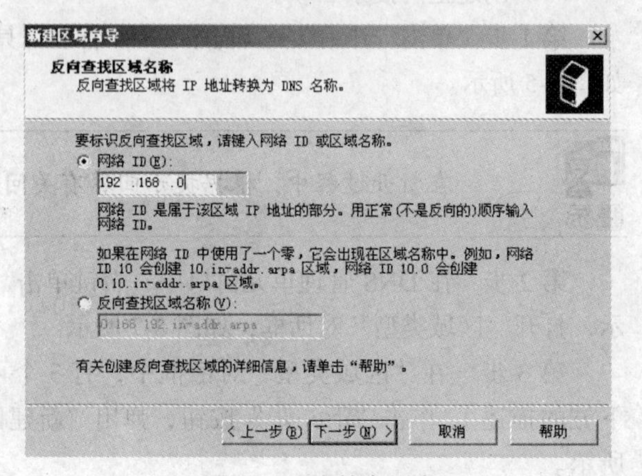

图 8-9　反向搜索区域

第 3 步　在该对话框中，可选项有“网

络 ID”和“反向搜索区域名称”两个。选择填写“网络 ID”，如 192.168.0。

对 C 类 IP 地址，前三节为网络 ID，最后一节为主机 ID，所以网络 ID 仅填写前三节即可。

第 4 步　单击“下一步”按钮，完成“反向搜索区域”的创建。

（3）添加主机记录。

第 1 步　选择已经创建的正向搜索区域 hgm888.com 的图标，单击右键，选择快捷菜单中的“新建主机”选项，弹出“新建主机”对话框，如图 8-10 所示。

第 2 步　在“名称”对话框中输入一个主机的名称（如 www），在“IP 地址”对话框输入所添加主机的 IP 地址（如 192.168.0.100），并选中“创建相关的指针（PTR）记录(C)”。

第 3 步　单击“添加主机“按钮，完成主机记录的添加。

这里添加的主机是 DNS 服务器主机。

（4）添加指针记录。

第 1 步　选择已经创建的反向搜索区域 hgm888.com 的图标，单击右键，选择快捷菜单中的“新建指针”选项，弹出“新建资源记录”对话框，如图 8-11 所示。

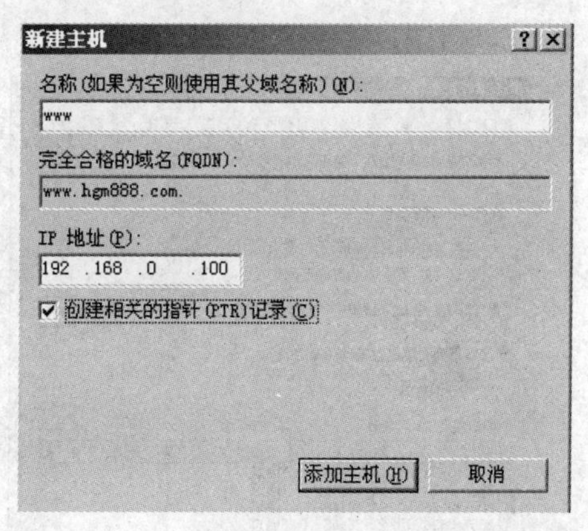

图 8-10　新建主机

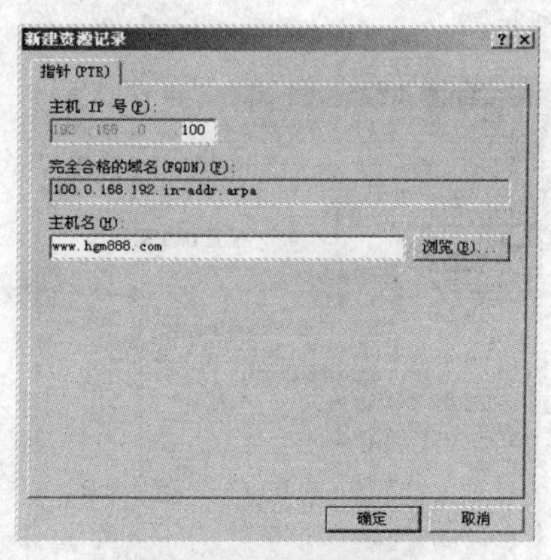

图 8-11　新建指针

第 2 步　在“主机 IP 号（P）”对话框中填入刚添加主机的 IP 地址（如 192.168.0.100），在“主机名（H）“对话框中输入其对应的主机名称（如 www.hgm888.com），建立主机与 IP 地址之间的反向映射关系。

第 3 步　单击“确定“按钮，完成指针记录的添加。

4. 启用动态更新功能

在前面创建的正向、反向搜索区域中，并没有建立区域记录（即客户的域名和 IP 地址的相关信息）。Windows 2003 Sever 的 DNS 组件支持区域记录的动态自动更新，即客户机登录时，会自动向 DNS 服务器注册自己的域名和 IP 地址。只需启动该功能即可。

（1）启动“正向搜索区域”的动态更新功能。

第1步　在“DNS”窗口中，选中并右键单击新建的正向搜索“区域名”（如hgm888.com），再单击“属性”命令，弹出“区域属性”对话框，如图8-12所示。

第2步　在该窗口的“常规”标签中，是否“允许动态更新”的答案列表中，选择“非安全”。

第3步　单击“确定”按钮，完成正向搜索区域中“动态更新功能”的启用。

（2）启用反向搜索区域中的“动态更新功能”，方法与“正向”时类似。

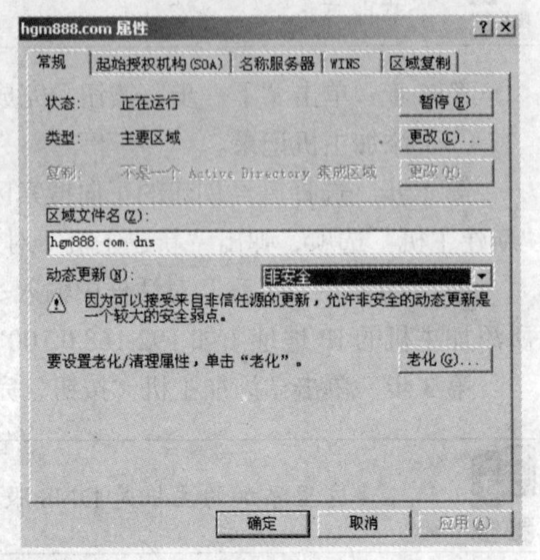

图8-12　新建的区域属性对话框

5. 验证DNS配置的正确性

测试DNS配置正确与否有手动测试、自动验证等多种方法。手动测试可以使用熟知的Ping命令和NSLOOKUP命令。自动验证是利用“DNS服务器属性”对话框中的“监视”功能验证的。本实验利用“DNS服务器属性”的“监视”功能验证。

第1步　在“DNS”窗口中，右键单击“DNS服务器名”，在快捷菜单中选择“属性”命令，如图8-13所示。

第2步　在弹出的DNS服务器“属性”窗口中，有7个选项卡，选择“监视”选项卡，如图8-14所示。

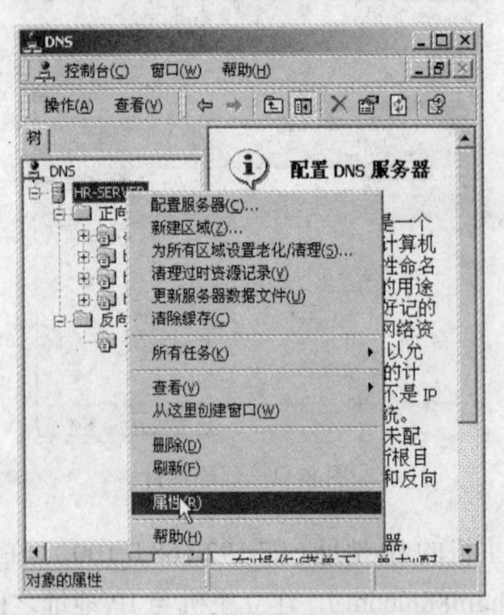

图8-13　显示DNS服务器属性命令

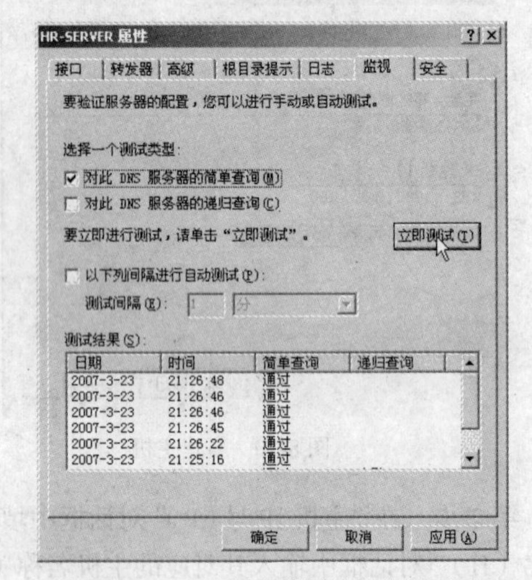

图8-14　DNS服务器属性的监视画面

第3步　在对话框中可选中两项测试类型：“对比DNS服务器的简单查询”和“对比DNS服务器的递归查询”，在此选中前项。

第4步　单击“立即测试”按钮，在该对话框下方的“测试结果”中，会显示测试“通过”或“失败”。显示“通过”，则DNS配置成功。

如果本局域网没有连接外网，则测试结果会只有“简单查询”成功，而后一项“递归查询”失败。另外，还可以在本机上Ping其域名。若能Ping通，并返回有IP地址的正确信息，说明DNS配置正确。

6. 配置 DNS 客户机

DNS 系统是客户机/服务器系统（C/S 系统），配置 DNS 服务器后，还应配置客户机。客户机的配置比较简单，就是在客户机的“TCP/IP 属性”对话框中，指明 DNS 服务器的 IP 地址。

第 1 步　在客户机桌面上，鼠标右键单击“网上邻居”打开“属性”对话框；鼠标右键单击“本地连接”打开“本地连接”属性，弹出“Internet 协议（TCP/IP）属性”对话框，如图 8-1 所示。

第 2 步　在“TCP/IP 属性”对话框中，选择“使用下面的 DNS 服务器地址”，并输入客户机的 IP 地址，如 192.168.0.6，子网掩码仍为 255.255.255.0。

第 3 步　在“首选 DNS 服务器”文本框中，输入 DNS 服务器 IP 地址（192.168.0.100），单击“确定”按钮。

第 4 步　客户机的 IP 地址，应与服务器 IP 地址在同一个网络段内，如 192.168.0.6。

至此，DNS 服务系统就全部配置完成了。在 DNS 服务器和客户机配置完成后，客户机就可以使用域名对网络进行访问了。

7. 在 DNS 服务器上设置主页

第 1 步　从“开始”菜单的“程序”中，选中“管理工具”的“Internet 信息服务（IIS）管理器”命令，打开“Internet 信息服务（IIS）管理器”窗口。

第 2 步　双击主机图标，展开其下级子菜单目录。

第 3 步　在窗口的左窗格中，选中“默认 Web 站点”图标，执行快捷菜单中的“属性”命令。

第 4 步　在“默认 Web 站点属性”对话框中，选择“网站”选项卡，单击“IP 地址”下拉箭头，选择对应的 IP 地址为：192.168.0.100。

第 5 步　在“默认 Web 站点属性”对话框中，选择“主目录”选项卡。在“本地文件”文本框中，选中 DNS 服务器主页存放的文件夹，并单击“确定”按钮，返回“默认 Web 站点属性”对话框。

第 6 步　单击“确定”按钮，返回“Internet 信息服务（IIS）管理器”窗口。

第 7 步　在 DNS 客户机上，双击 IE 浏览器，在地址栏中输入“http://www.hgm888.com”，就可以打开 DNS 服务器上的网页。

六、实验报告

根据实验情况完成实验报告，实验报告应包括以下内容。

1. 实验地点，实验人员，实验时间。
2. 实验内容：将实际观察到的情况做详细记录。
3. 实验分析。

（1）DNS 的主要功能是什么？

（2）DNS 服务器为什么要设置固定的 IP 地址？

（3）如何安装 DNS 组件？

（4）在本实验中，设置反向区域的“网络 ID”为什么只输入 IP 地址的前三节？

（5）如何启用搜索区记录的“允许动态更新”功能？

（6）在 DNS 服务器上如何进行设置，就可以同时使用 IP 地址和域名来访问一台计算机？

4. 实验心得：写出配置 DNS 服务器的方法和技巧。

实验9 创建 Windows 2003 域

一、实验目的

1. 深入理解“域”的概念。
2. 熟练掌握“域”的创建方法。

二、实验理论

1. 客户机/服务器（C/S）网络

客户机/服务器网络就是在组成网络的计算机中，至少有一台服务器，其他为客户机。用Windows 2003 Server组建网络时，经过安装、设置，安装 Windows 2003 Server的计算机就可成为网络服务器。服务器处于网络的核心和主导地位。它的主要功能如下。

（1）服务器是网络的管理中心：在服务器上建立有每个用户的账户，并为不同的账户设置不同的权限，从而限制用户的入网及在网络上的操作行为。

（2）服务器是资源中心和服务中心：服务器可以向用户提供各种软硬件资源（如各种软件、打印机等），还可以向用户提供多种网络服务。

在C/S模式的网络中，客户机处于从属的地位，一方面共享服务器的资源和接受服务器的服务，另一方面接受服务器的管理。

2. 服务器的角色

在 Windows 2003 Server 中，服务器有域控制器、成员服务器和独立服务器 3 种角色，服务器的角色可以转换。

（1）域控制器：在 Windows XP 的网络中，域控制器就是安装有 Windows 2003 Server 操作系统和活动目录（Active Drictory，AD）的计算机。它起统一管理域中的资源信息、配置信息和控制信息的作用，是典型的网络服务器。在C/S模式的网络中，域控制器可有多个，每个域控制器地位平等，这样既可以提高登录效率，又可提供容错功能。域控制器是在安装有 Windows 2003 Server 的计算机上，通过运行“Active Directory 安装向导”配置而成的。

（2）成员服务器：成员服务器是安装并运行 Windows 2003 Server，但并没有安装活动目录的计算机。它不保存活动目录的副本，也不处理账户登录过程。域内任一台运行 Windows 2003 Server 的计算机，不是域控制器，就可能是成员服务器、文件服务器、Web 服务器或数据库服务器等。

（3）独立服务器：独立服务器是运行 Windows 2003 Server 但不是域成员，也不提供活动目录服务的计算机。

3. 活动目录（Active Directory，AD）的概念

活动目录是 Windows 2003 Server 的核心技术，活动目录可以理解为：保存在域控制器上的大型目录数据库，通过它可以为用户提供目录服务。活动目录数据库中保存着整个网络的资源信息、配置信息、控制信息，即把物理上分散在各处的网络对象（包括用户、用户组、计算机、打印机等）的有关信息集中保存在活动目录数据库中。当用户使用这些网络资源时，通过数据库的查找就可以快速定位和使用，而不需要知道它们的具体物理位置和连接方式。还有，网络管理员通过 AD 数据库就可以方便地管理网络。

4. Windows 2003 的域

域是网络管理员定义的一组计算机。在这一组计算机中，至少要有一台域控制器（可有多台）充当网络服务器的角色，此外，在域中还必须有若干台服务的对象——客户机。域控制器和若干客户机这一组计算机就构成了域。

网络管理员通过域控制器实施对网络的管理和控制，包括用户账户的审查，用户登录后能做何种操作，能使用哪些资源等；客户机接受域控制器的管理及服务，并共享网络上的资源。

“创建域”就是安装、配置至少一台域控制器，并配置若干台加入域的客户机。域创建之后，还需要在服务器上创建用户账户，以便于对用户进行统一管理。

三、实验条件

1. 实验设备

已连网的计算机两台，其中，一台安装了 Windows 2003 Server，并安装了 DNS 服务器，但没有安装活动目录；另一台安装了 Windows XP。

2. 实验软件

Windows 2003 Server 安装盘一张。

四、实验内容

1. 准备工作。
2. 安装和配置域控制器。
3. 配置客户机并加入域。

五、实验步骤

1. 准备工作

第 1 步　在安装了 Windows 2003 Server 的计算机上设置固定的 IP 地址，如 192.168.0.100，子网掩码为 255.255.255.0，如图 9-1 所示。

第 2 步　确认 Windows 2003 Server 当前没有安装活动目录。

右键单击“我的电脑”，选择“属性”命令，弹出“系统属性”对话框，如图 9-2 所示。选择“计算机名”选项卡，可知该机是工作组成员，而非域控制器，所以确认该机没有安装活动目录。

2. 安装和配置域控制器（安装、配置活动目录）

第 1 步　单击“开始”→“运行”，输入“dcpromo”命令，进入“Active Directory 安装向导”的欢迎框，如图 9-3 所示。

第 2 步　单击“下一步”，弹出“域控制器类型”对话框，如图 9-4 所示。

第 3 步　在“域控制器类型”对话框中，选择“新域的域控制器”单选按钮，单击“下一步”

按钮，显示“创建一个新域”对话框，如图9-5所示。

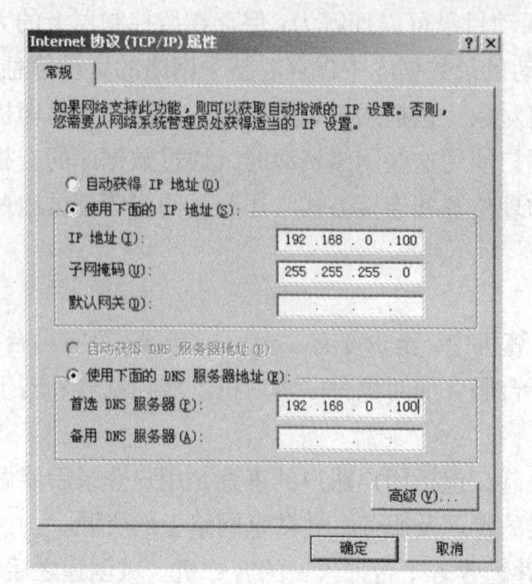

图9-1　设置固定IP地址

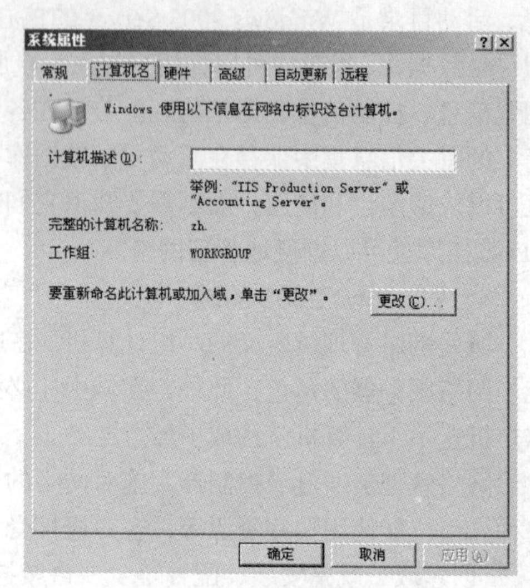

图9-2　系统属性的网络标识

图9-3　欢迎使用“Active Directory安装向导”对话框

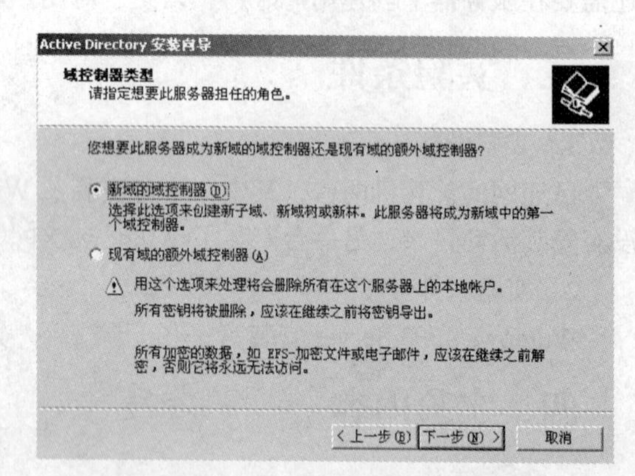

图9-4　“域控制器类型”对话框

第4步　在图9-5中，选择“在新林中的域”单选按钮，单击“下一步”按钮，弹出“新的域名”对话框，如图9-6所示。

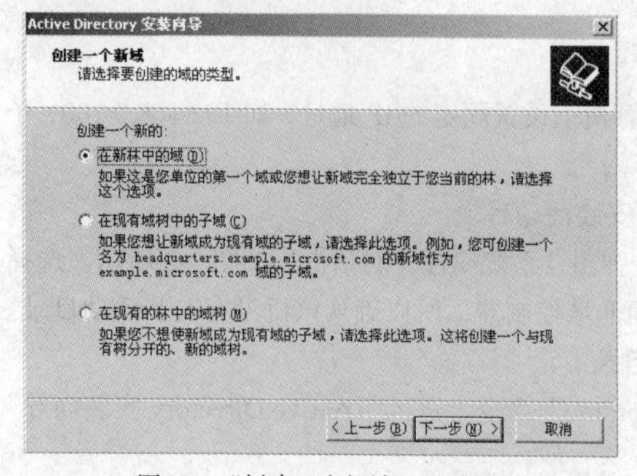

图9-5　“创建一个新域”对话框

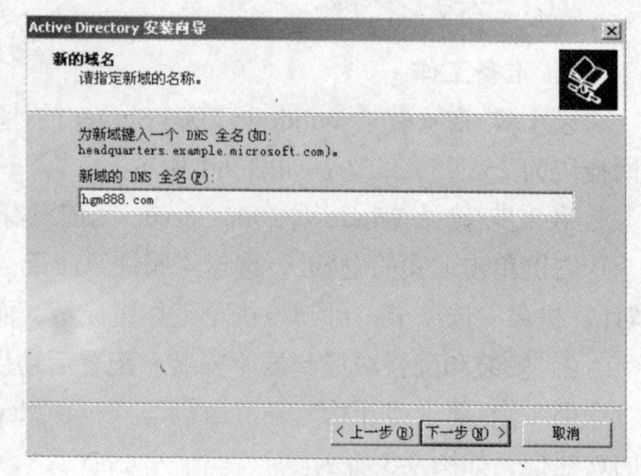

图9-6　“新的域名”对话框

第 5 步　在图 9-6 中输入新域的域名，如 hgm888.com，单击“下一步”按钮，弹出“NetBIOS 域名”对话框，如图 9-7 所示。

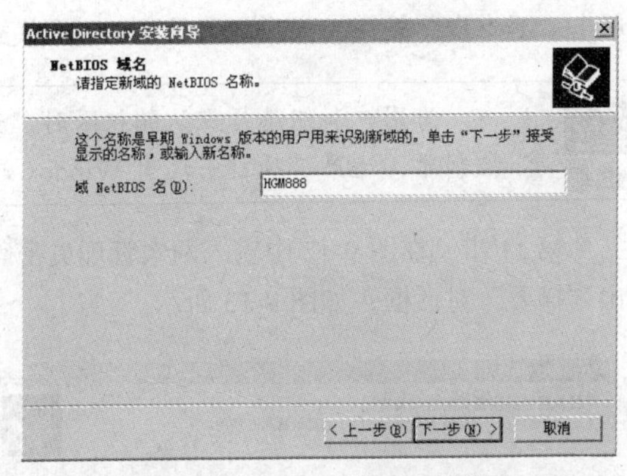

图 9-7　“NetBIOS 域名”对话框

第 6 步　在图 9-7 中，按默认即可。单击“下一步”按钮，弹出“数据库和日志文件文件夹”对话框，如图 9-8 所示。

第 7 步　在图 9-8 中，按默认即可。单击“下一步”按钮，弹出“共享的系统卷”对话框，如图 9-9 所示。

第 8 步　在图 9-9 中，按默认即可。单击“下一步”按钮，弹出“DNS 注册诊断”对话框，如图 9-10 所示。

如果创建域时还没有设置 DNS 服务器，则会在此时弹出“DNS 注册诊断”窗口。

第 9 步　在图 9-10 中，选择“我将在以后通过手动配置 DNS 来更正这个问题（C）。（高级）”选项。单击“下一步”按钮，弹出“权限”对话框，如图 9-11 所示。

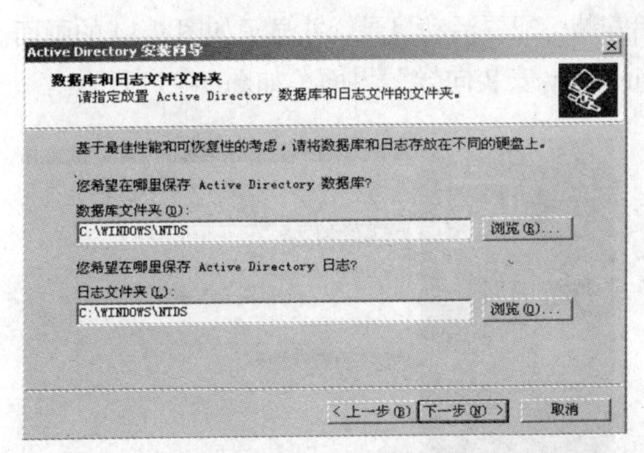

图 9-8　“数据库和日志文件文件夹”对话框

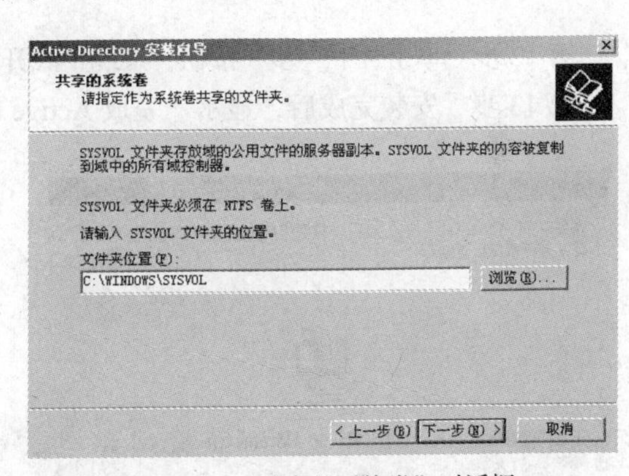

图 9-9　“共享的系统卷”对话框

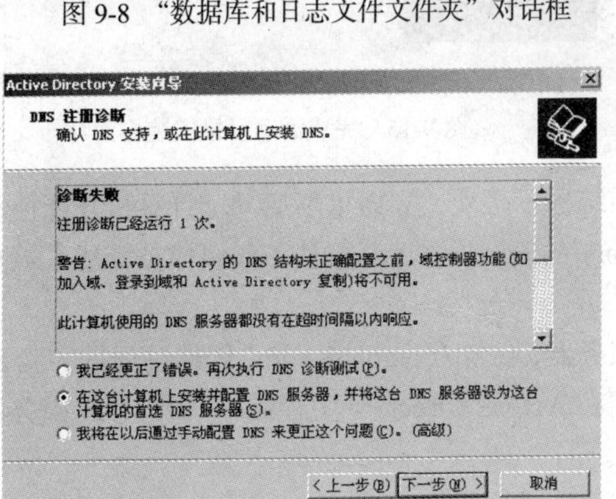

图 9-10　“DNS 注册诊断”对话框

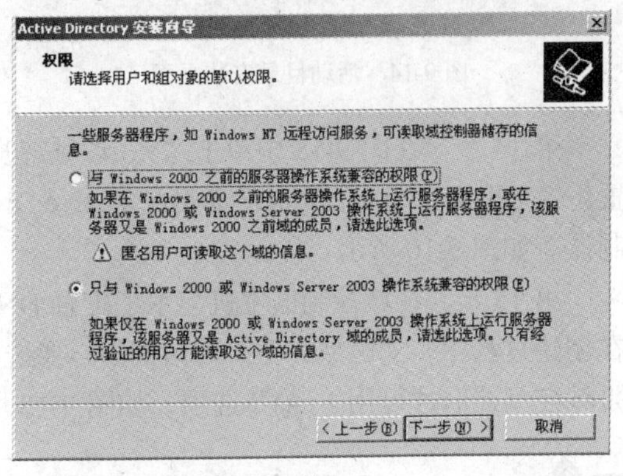

图 9-11　“权限”对话框

第 10 步　在图 9-11 中，选择“只与 Windows 2000 或 Windows 2003 操作系统兼容的权限”，

单击“下一步”按钮，弹出“目录服务还原模式的管理员密码”对话框，如图 9-12 所示。

为用户和组选择默认的权限时，如果网络中全部为 Windows 2000/2003 Server 的域控制器，选第二项；若还有 Windows NT 域控制器，则选第一项。

第 11 步　在图 9-12 中输入两次管理员密码（自己确定并要记录），单击“下一步”按钮，弹出“摘要”对话框，如图 9-13 所示。

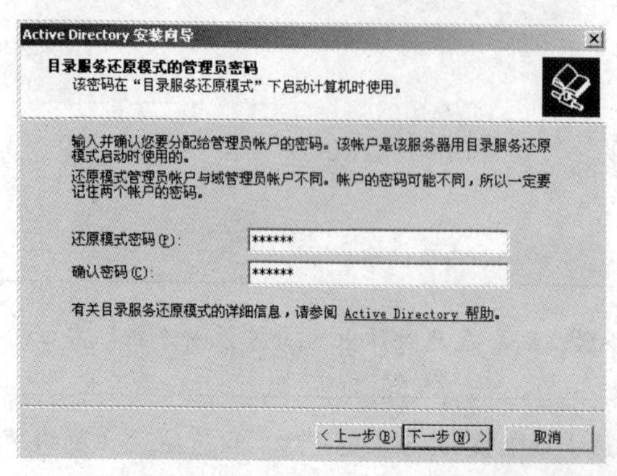

图 9-12　为目录恢复的管理员设置密码

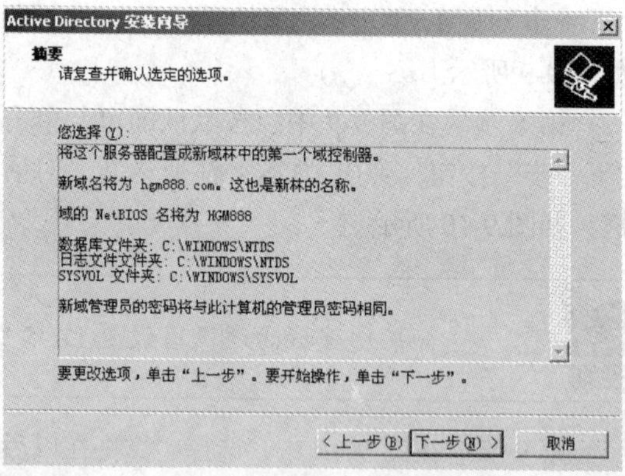

图 9-13　“摘要”对话框

第 12 步　单击“下一步”按钮，系统正式开始安装、配置活动目录，并显示如图 9-14 的画面。

第 13 步　安装完成后，显示“完成 Active Directory 安装向导”界面，如图 9-15 所示。

图 9-14　活动目录安装画面

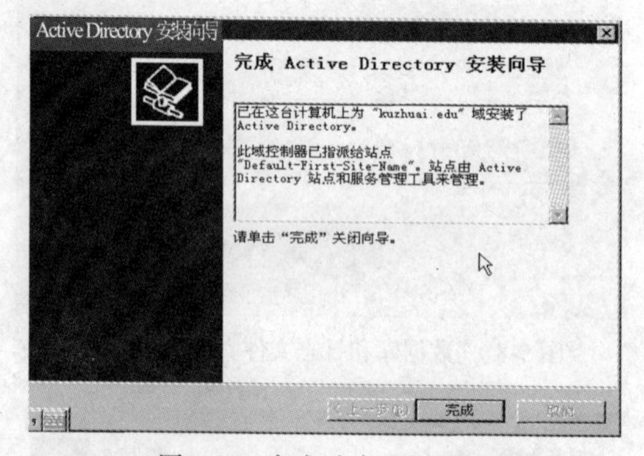

图 9-15　完成活动目录安装界面

第 14 步　在图 9-15 中单击“完成”按钮，系统提示必须“立即重新启动”计算机才能使设置生效。重新启动后，完成活动目录 Active Divectory 的安装。该计算机从工作组成员变成了域控制器。如图 9-16 所示。

第 15 步　在域控制器主机上手工配置 DNS 服务器，域名为 hgm888.com，创建过程见实验 8。在创建过程中，“区域类型”对话框中，要选中“在 Active Directory 中存储（只有 DNS 服务器是域控制器时才可用）(A)”选项，如图 9-17 所示。

在前面的操作过程中，选择稍后手工配置 DNS，故在此必须在域控制器上设置 DNS 服务器。否则，网络中的其他计算机将无法加入域、登录域。

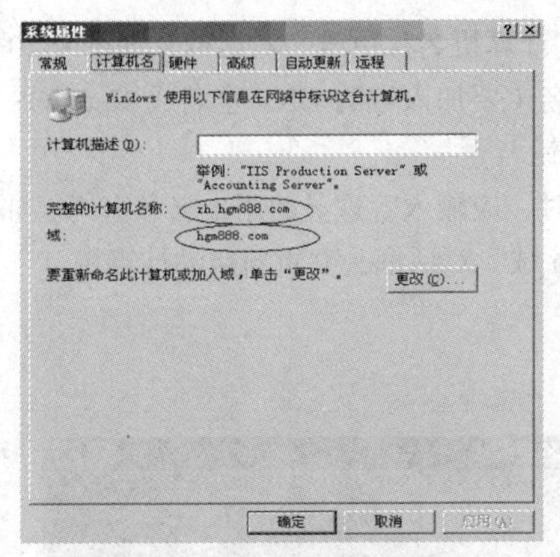

图 9-16　域建立后的网络标识

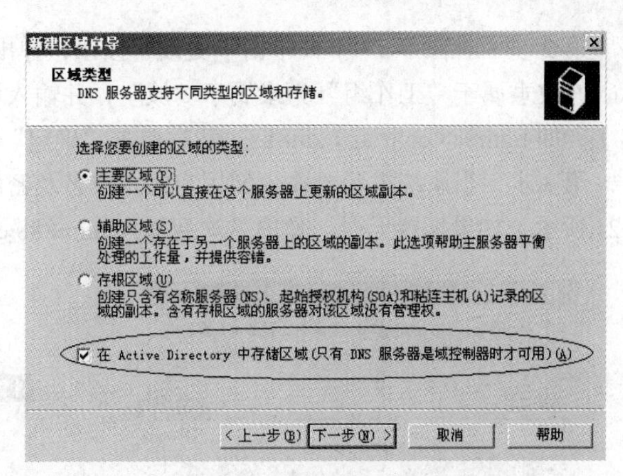

图 9-17　"区域类型"对话框

3. 配置客户机并加入域

（1）修改客户机的 IP 设置。

第 1 步　在客户机上，鼠标右键单击"网上邻居"，在快捷菜单中选择"属性"命令，弹出"属性"对话框；鼠标右键单击"本地连接"，弹出"本地连接"的"属性"对话框，选择"Internet 协议（TCP/IP）"，单击"属性"，弹出"Internet 协议（TCP/IP）属性"对话框，如图 9-18 所示。

第 2 步　在图 9-18 中，将"使用下面的 DNS 服务器地址"中的"首选 DNS 服务器"地址，修改为新创建的域控制器的 IP 地址，即 192.168.0.100。

域控制器在此同时又是 DNS 服务器。

（2）更改网络标识，加入域。

第 1 步　在桌面上鼠标右键单击"我的电脑"，在"属性"对话框中选择"计算机名"选项卡，如图 9-19 所示。

从图 9–19 可知，该客户机目前仍为工作组成员，而非域成员。

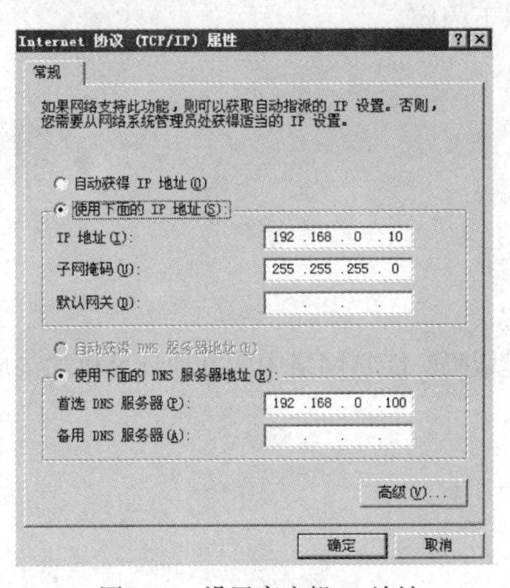

图 9-18　设置客户机 IP 地址

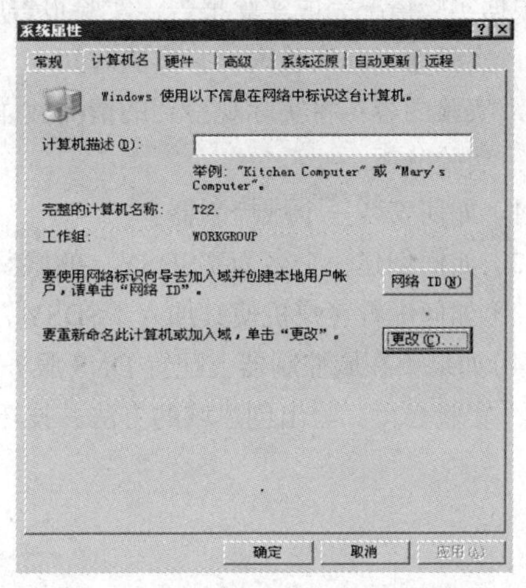

图 9-19　客户机"系统属性"对话框

第2步　在图9-19中，单击“更改”按钮，弹出“计算机名称更改“对话框，如图9-20所示。修改隶属于“工作组”为隶属于“域”，并输入域名（要加入域的DNS全名或NetBIOS全名），如hgm888.com或hgm888。然后单击“确定”按钮。

第3步　当系统提示要输入域用户的用户名及密码时，应输入管理员的用户名和密码。如图9-21所示。如果配置无误，弹出“欢迎加入hgm888.com域”对话框，并重新启动计算机。

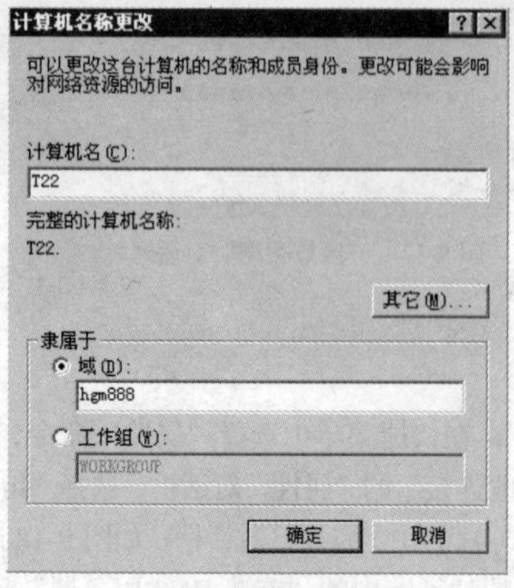

图9-20　计算机名称更改

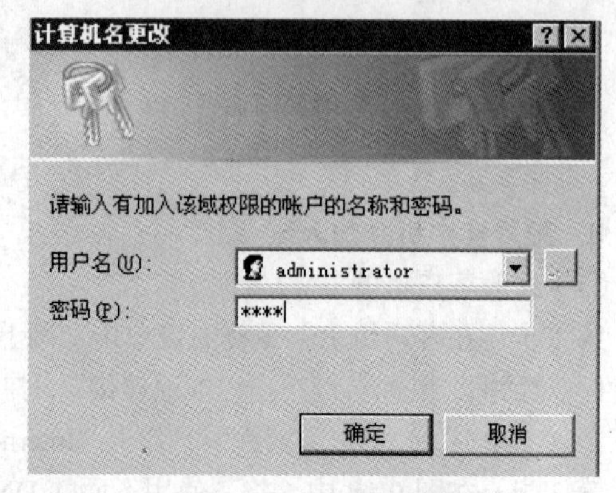

图9-21　输入用户名和密码

这时该计算机已成为域的客户机了。它与域控制器一起构成了“域”。域中可以加入更多的客户机和一些域控制器，它们就是网络管理员设计、配置的构成域的“一组计算机”。

构建域以后，网络管理员需要为若干客户机在域控制器上建立用户账户，客户机只有在域控制器上注册有账户，才能从客户机上用合法的用户名和密码登录到域中，共享网络资源和服务。管理员通过用户账户进行集中统一管理。

六、实验报告

根据实验情况完成实验报告，实验报告应包括以下内容。

1. 实验地点，实验人员，实验时间。
2. 实验内容：将实际观察到的情况做详细记录。
3. 实验分析。

（1）如何安装一个域控制器？

（2）如何创建一个名为“SDSY”的域？

（3）如何配置客户机使其加入“SDSY”的域中？

（4）如果不在域控制器上配置DNS服务，能创建域吗？能将网络中的其他计算机加入域吗？

4. 实验心得：写出创建域的方法、技巧和体会。

实验 10

实现 Windows 2003 文件服务

一、实验目的

1. 掌握创建文件服务器的方法。
2. 掌握创建 FTP 站点的方法。

二、实验理论

文件服务是网络中一项重要的服务，要实现这种服务，就需要建立文件服务器。文件服务器是专门用于存储和管理用户文件的服务器。

文件服务器的特点是集中存储、统一管理。在小型网络中，文件服务器可以建立在域控制器上，在大型的网络中，可以是一台专用的文件服务器。

实现文件服务有两种方式：一种是创建文件服务器，另外一种是通过建立 FTP 站点来提供文件的上传和下载服务。后者目前比较流行，两种方式各有其优点。支持 FTP 站点的软件，常用的有 Windows 2003 Server 中 IIS 自带的“FTP 服务”组件和第三方软件“Serv-U”等。

三、实验条件

1. 一个小型 C/S 模式的网络：至少一台 Windows 2003 域控制器（已建立了用户账户并已安装了 IIS），一台 Windows XP 客户机。
2. Windows 2003 Server 安装盘 1 张。

四、实验内容

1. 创建文件服务器。
2. 创建 FTP 站点。

五、实验步骤

1. 创建文件服务器

（1）在域控制器上创建和配置主文件夹。

本实验通过配置主用户文件夹，实现文件服务器配置。配置主用户文件夹就是在域控制器上创建一个空共享文件夹，然后在该文件夹下为每个用户创建一个属于自己的子文件夹，用于存放每个用户自己的文件。各个用户只能访问自己的子文件夹而不能访问别的用户的子文件夹。另外，根据需要也可以建立“共享文件夹”，存放大家均可访问的共享文件。管理员可以访问、管理所有文件夹，从而达到集中存储、统一管理的目的。

第 1 步　创建空共享文件夹，在域控制器的 C 盘上创建一个“hgm”的文件夹，并设置为共享属性。如图 10-1 所示。

提示　共享文件夹“hgm”的“更改”权限必须开放。

第 2 步　配置用户子文件夹是在创建了空共享文件夹之后，通过配置“用户属性”来完成的。单击“开始”→“程序”→“管理工具”→“Active Directory 用户和计算机”命令，弹出“Active Directory 用户和计算机”窗口。如图 10-2 所示。

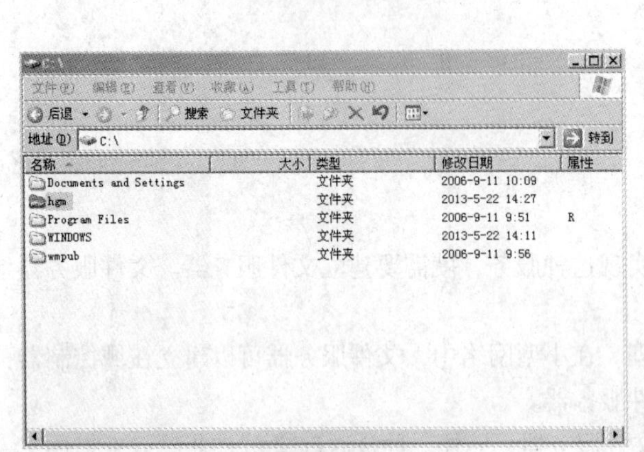

图 10-1　共享文件夹 hgm 的创建

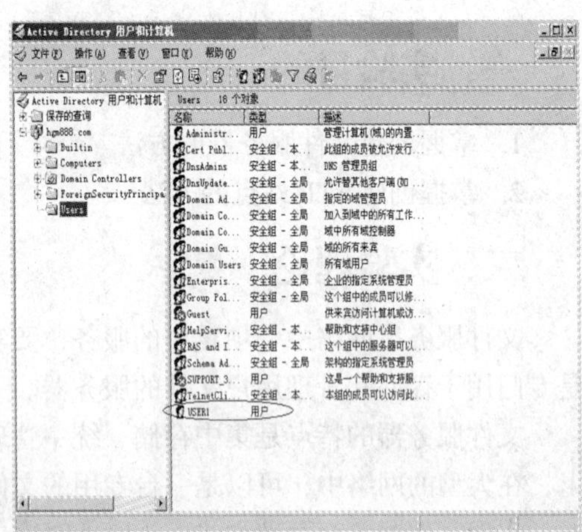

图 10-2　“Active Directory 用户和计算机”对话框

第 3 步　在“Active Directory 用户和计算机”的窗口中，右键单击某个用户名（如“USER1”），在快捷菜单中选择“属性”命令，弹出“USER1 属性”对话框，在对话框的 12 个选项卡中，选择“配置文件”选项卡。如图 10-3 所示。

第 4 步　在“配置文件”选项卡的“主文件夹”框中，选择“连接”；在连接“网络驱动器名”下拉列表中，选择网络驱动器的盘符“W”；在“到”文本框中输入主文件夹的路径。如图 10-4 所示。

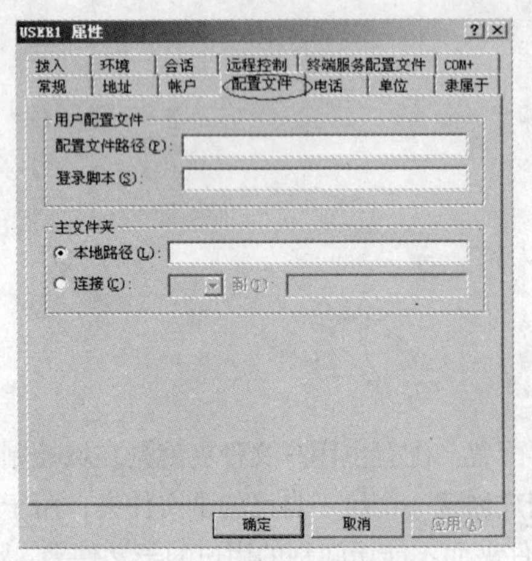

图 10-3　“USER1 属性”对话框

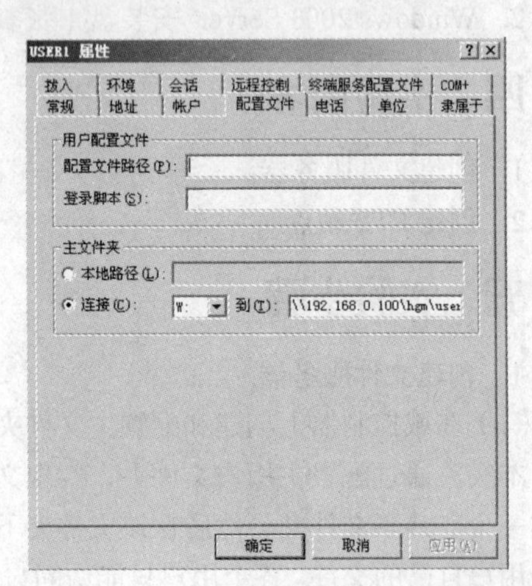

图 10-4　“配置主文件夹”对话框

路径的格式为\\文件服务器的 IP 地址\%username%\。应先查看服务器的 IP 地址（如 192.168.0.100），然后输入文件夹的路径“\\192.168.0.100\hgm\%username%”，其中，“hgm”为主文件夹名，“%username%”是用户名变量，单击“确定”按钮，则用户 USER1 的子文件夹配置完成。

用同样的方法可为所有用户配置主文件夹的“连接”路径。路径和格式与第一个用户的相同。对多个用户，可以逐一进行配置。

（2）向文件服务器中存储文件。

主文件夹配置完成后，用户在客户机上登录域时就自动创建了在主文件夹下的子文件夹，如“USER1”，并且在客户机的“我的电脑”中会看到网络驱动器名，如 “W”。每个用户的文件夹，只允许自己和管理员访问，其他用户是无权访问的。

向子文件夹中存储用户文件，由用户自己完成，即在本机上向网络驱动器中复制文件即可，非常方便（当然管理员也可以向子文件夹中存储文件或删除文件）。具体方法如下。

第 1 步　在客户机上，使用合法的用户名和密码登录域。

第 2 步　打开“我的电脑”的窗口，会看到网络驱动器，如“W”。如图 10-5 所示。

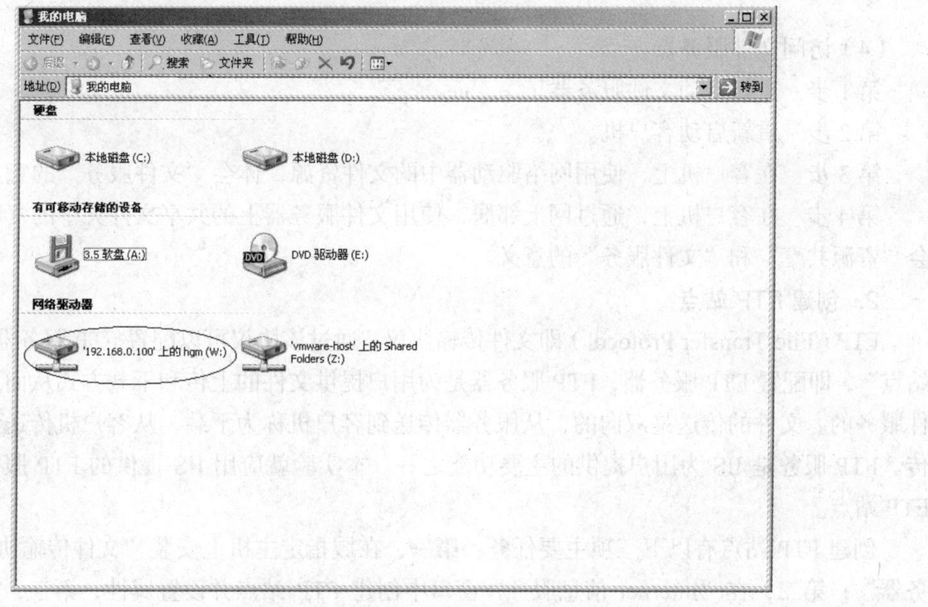

图 10-5 “USER1 登陆域”界面

第 3 步　向网络驱动器中复制若干用户文件（实际上会保存在文件服务器的用户子文件夹中）。如图 10-6 所示。

用同样的方法，其他用户也可向自己的网络驱动器中复制自己的用户文件。

（3）创建共享文件夹，并存储共享文件。

对于文件服务器，除了为每个用户创建子文件夹之外，还应创建存储共享文件的“共享文件夹”，以保存和管理各用户共享的文件，方法与客户机上文件的共享类似，参见实验 6。

图 10-6　向网络驱动 W 中复制文件

（4）访问文件服务器。

第 1 步　重新启动文件服务器。

第 2 步　重新启动客户机。

第 3 步　在客户机上，使用网络驱动器中的文件资源，体会“文件服务”的意义。

第 4 步　在客户机上，通过网上邻居，使用文件服务器上的共享文件夹中的资源，进一步体会“资源共享”和“文件服务”的意义。

2. 创建 FTP 站点

FTP（File Transfer Protocol）即文件传输协议，通过该协议可以配置 FTP 服务器。创建“FTP 站点”，即配置 FTP 服务器，FTP 服务器是为用户提供文件的上传和下载方式从而为用户提供文件服务的。文件的传送是双向的，从服务器传送到客户机称为下载，从客户机传送到服务器称上传。FTP 服务是 IIS 为用户提供的主要功能之一。本实验就应用 IIS 提供的 FTP 服务功能，创建 FTP 站点。

创建 FTP 站点有以下三项主要任务：第一，在域指定主机上安装“文件传输协议（FTP）服务器”；第二，在“Internet 信息服务”窗口中创建 FTP 站点并设置属性；第三，在“DNS”管理单元中设置域名访问功能。

（1）安装 FTP 服务。

第 1 步　在桌面上单击“开始”→“设置”→“控制面板”→“添加/删除程序”→“Windows 组件”命令，弹出“Windows 组件”对话框，如图 10-7 所示。

第 2 步　在图 10-7 中，单击“应用程序服务器”，单击“详细信息”按钮，弹出“应用程序服务器”对话框，如图 10-8 所示。

第 3 步　在图 10-8 中，选中“Internet 信息服务（IIS）”，并单击“详细信息”按钮。弹出“Internet 信息服务（IIS）”窗口，如图 10-9 所示。

第 4 步 在图 10-9 中，选中“文件传输协议（FTP）服务”，并单击“确定”按钮，完成 FTP 服务的安装。

（2）创建 FTP 站点。

第 1 步　在桌面上，单击“开始”→“程序”→“管理工具”→“Internet 信息服务（IIS）管理器”命令，打开“Internet 信息服务（IIS）管理器”窗口，如图 10-10 所示。

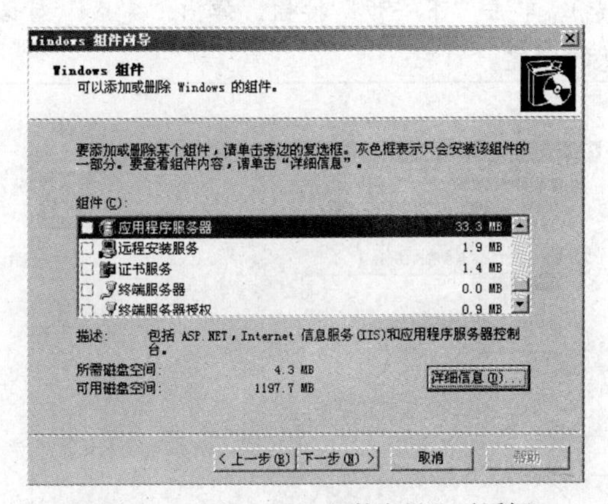

图 10-7　“Windows 组件向导”对话框

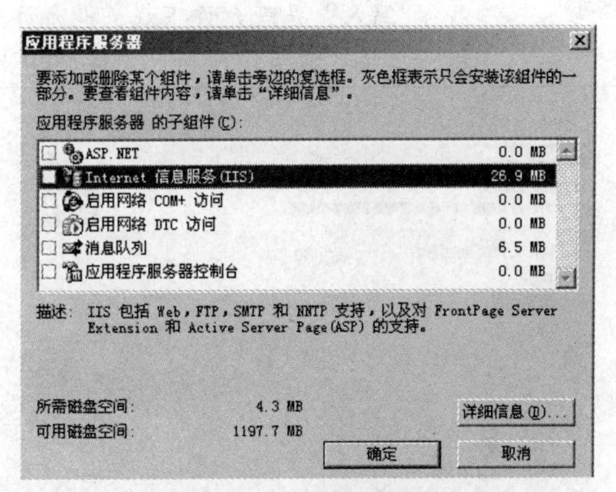

图 10-8　“应用程序服务器”对话框

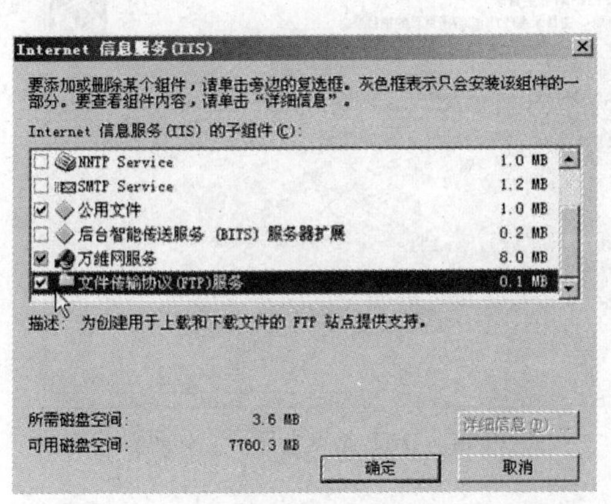

图 10-9　“Internet 信息服务（IIS）”对话框

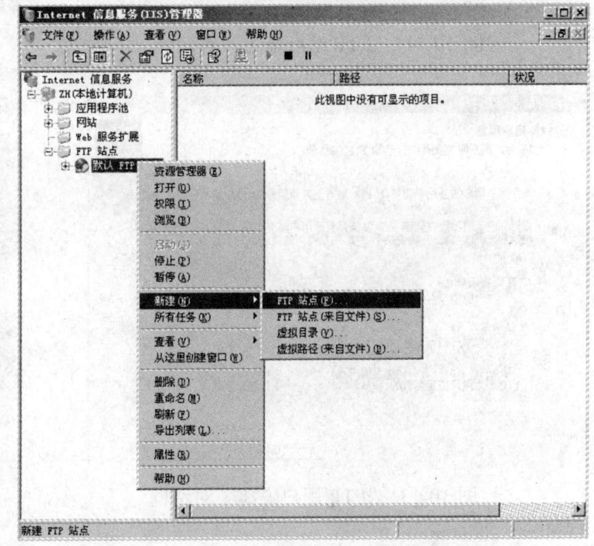

图 10-10　“Internet 信息服务（IIS）管理器”窗口

第 2 步　在“Internet 信息服务（IIS 管理器）”窗口中，展开服务器，并右键单击“默认 FTP 站点”，单击“新建”，选择“FIP 站点”，弹出“FTP 站点创建向导”对话框。单击“下一步”按钮，弹出“FTP 站点描述”对话框，如图 10-11 所示。

第 3 步　在图 10-11 中，输入站点说明，如“音乐天地”，单击“下一步”按钮，弹出“IP 地址和端口设置”对话框，如图 10-12 所示。

第 4 步　在图 10-12 中，输入服务器的 IP 地址，如“192.168.0.100”，TCP 端口地址，默认为“21”，单击“下一步”按钮，显示“FTP 用户隔离”对话框，如图 10-13 所示。

第 5 步 在图 10-13 中，选择默认选项，单击“下一步”按钮，显示“FTP 站点主目录”对话框，如图 10-14 所示。

站点主目录，即在服务器（域控制器）上存储供下载文件的路径。在图 10-14 中，输入正确的路径（如“C：\音乐宝库”），单击“下一步”按钮，弹出“FTP 站点访问权限”对话框，如图 10-15 所示。在图 10-15 中，选中“读取”（“读取”是只允许下载；“写入”是既允许下载，也允许上传）。单击“下一步”按钮，弹出“完成”对话框，单击“完成”按钮，完成 FTP 站点的创建。

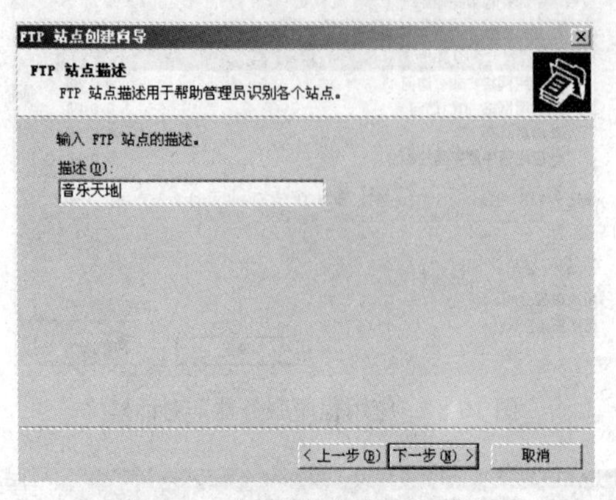

图 10-11 “FTP 站点描述”对话框

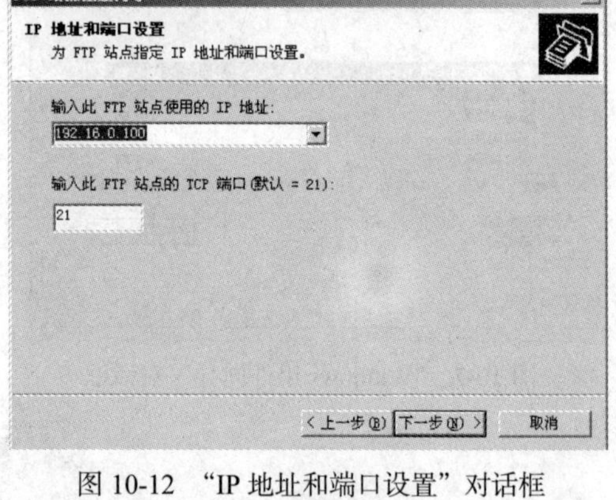

图 10-12 “IP 地址和端口设置”对话框

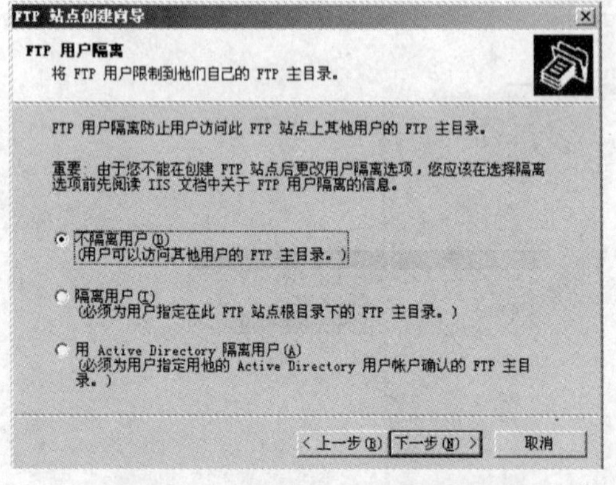

图 10-13 “FTP 用户隔离”对话框

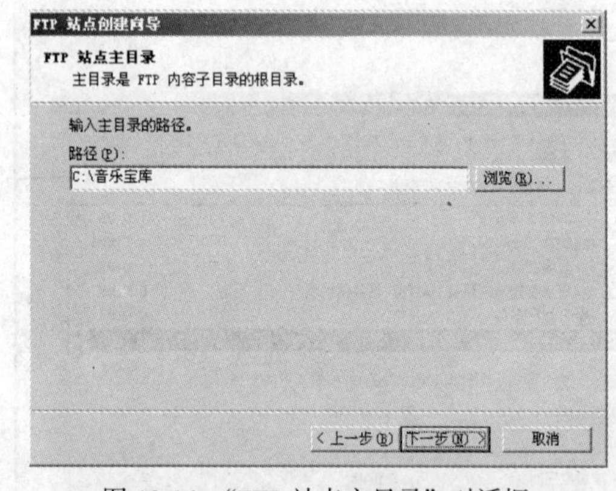

图 10-14 “FTP 站点主目录”对话框

（3）配置 FTP 站点。

“配置 FTP 站点”就是在站点属性对话框中设置 FTP 站点的属性。在桌面上，单击“开始”→“程序”→“管理工具”→“Internet 信息服务（IIS）管理器”命令，进入“Internet 信息服务（IIS）管理器”窗口。在该窗口的左窗格中，右键单击新建立的 FTP 站点名，如“音乐天地”，弹出快捷菜单，而后单击“属性”命令，如图 10-16 所示，然后弹出站点属性对话框，如图 10-17 所示。图 10-17 中有 5 个选项卡，分别说明如下。

①“FTP 站点”选项卡。在“标识”框中，可查看站点的名称、IP 地址、端口号，必要时可以修改；在“连接”框中，根据需要设置同时连接的人数，如“100”；还可以启用日志记录。

②“安全账号”选项卡。在“安全账号”选项卡中，可以配置访问站点时的身份验证方式：允许匿名访问，或是密码访问。一般选择“允许匿名访问”，此时，访问站点时不需要输入用户名和密码。

③“消息”选项卡。在图 10-18 所示的“消息”选项卡中，配置用户登录和离开时的提示信息。

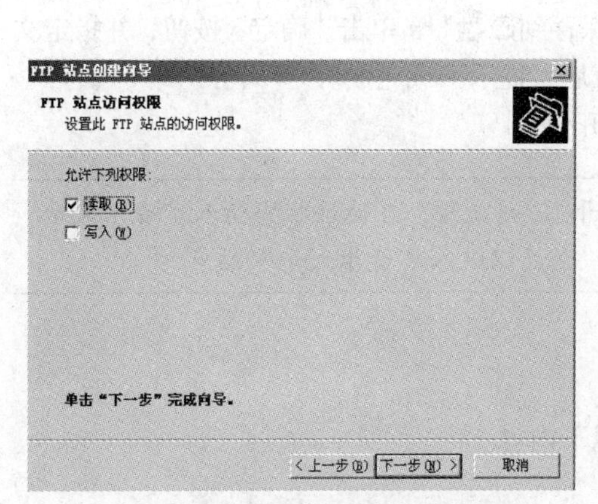

图 10-15 "FTP 站点访问权限"对话框

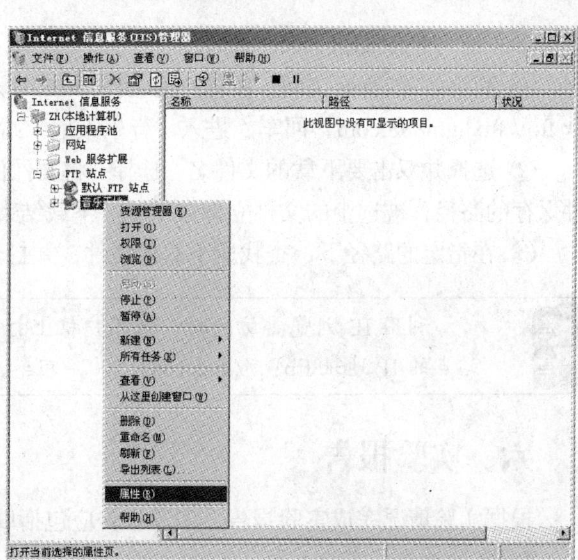

图 10-16 "Internet 信息服务（IIS）管理器"窗口

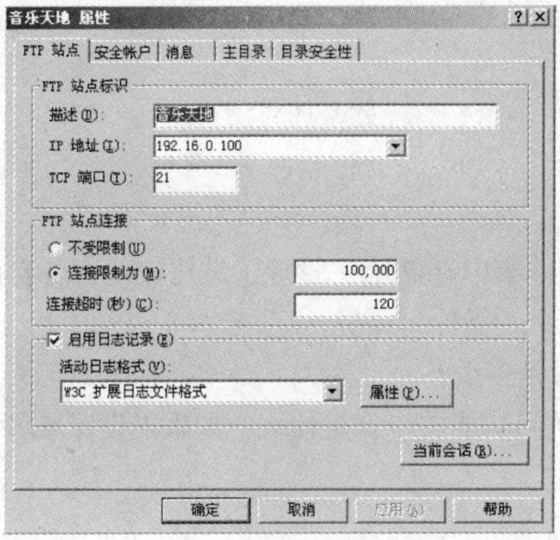

图 10-17 "FTP 站点"选项卡

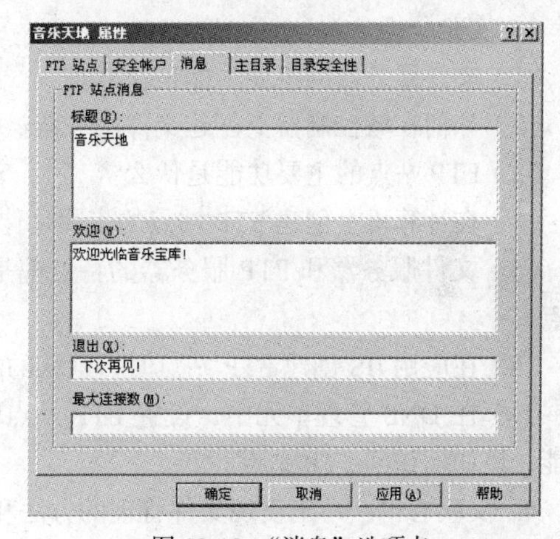

图 10-18 "消息"选项卡

④"主目录"选项卡。在图 10-19 的"主目录"选项卡中，可查看和修改主目录的路径和访问权限以及目录列表风格。

⑤"目录安全性"选项卡。在该选项卡中，设置"授权访问"和"拒绝访问"的用户，选择"授权访问"。如果有"例外"的情况，可利用"添加"按钮设置。

（4）在"DNS"中配置域名访问功能。

该部分内容主要是针对 FTP 所在主机（例如：192.168.0.100），设置域名解析服务，将 FTP 服务器的 IP 对应一个域名（例如：ftp.hgm888.com）。具体操作参考实验 8。

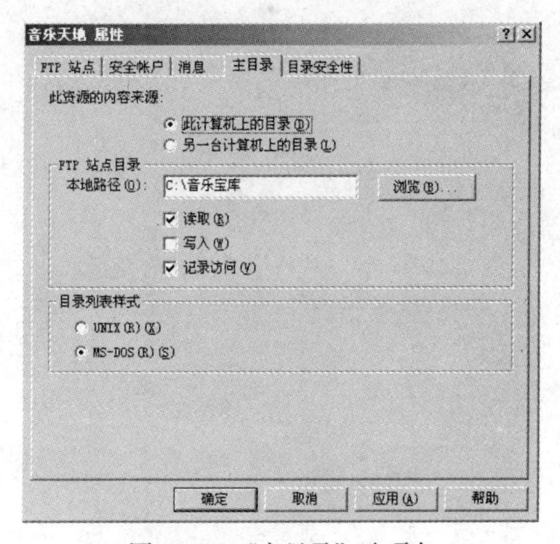

图 10-19 "主目录"选项卡

（5）访问 FTP 站点。

① 利用 IE 浏览器访问。在客户机上打开 IE 浏览器，在地址栏中输入“音乐天地”站点的地址 ftp://ftp.hgm888.com，回车，进入“音乐天地”站点，并显示可下载的若干文件。

② 选择并双击要下载的文件名，选择“将文件保存到磁盘”，单击“确定”按钮，并指定文件保存的路径，被选中的文件立即被下载。下载结束后，提示下载完成。

③ 在指定的路径下，查找所下载的文件，并打开使用。

利用 IE 浏览器访问时，在客户机上打开 IE 浏览器，在地址栏中输入“音乐天地”站点的 IP 地址 ftp：//192.168.0.100，回车，也可以进入“音乐天地”站点。

六、实验报告

根据实验情况完成实验报告，实验报告应包括以下内容。

1. 实验地点，实验人员，实验时间。

2. 实验内容：将实际观察到的情况做详细记录。

3. 实验分析。

（1）文件服务器的主要功能是什么？

（2）如何在域控制器上创建文件服务器？

（3）FTP 站点的主要功能是什么？

（4）在计算机上创建 FTP 站点的步骤是什么？

（5）文件服务器和 FTP 服务器的特点都是对文件集中存储统一管理，试比较两者各自的优缺点。

（6）在应用 IIS 创建 FTP 站点时，默认的端口号是多少？

（7）在 DNS 管理单元中，设置 FTP 站点域名访问功能的步骤是什么？如果不设置域名访问功能，该如何访问 FTP 站点？

4. 实验心得：写出实现文件管理的方法和技巧。

实验 11
配置 Windows 2003 Web 服务器

一、实验目的

1. 掌握 Web 服务器的配置过程。
2. 掌握 Web 站点的建立方法。
3. 了解 IIS 组件的主要功能。

二、实验理论

在构建企业局域网或校园网的过程中，Web 服务是不可缺少的重要服务，Web 服务支持用户在局域网或 Internet 上发布网站。而支持 Web 功能的是"Internet Information Server（IIS）"，即"Internet 信息服务"组件。

在 Windows 2003 操作系统中就集成了 IIS 组件，通过安装、设置 IIS，就可以构建 Web 服务器，并为用户提供 Web 服务，用户就可以在 Web 服务器上建立自己的网站。

IIS 有 IIS 4.0、IIS 5.0、IIS 6.0 等多种版本。Windows 2000 Server 中集成的是 IIS 5.0，Windows 2003 中集成的是 IIS 6.0。高版本的 IIS 在安全性、可管理性、可编程性以及支持 Internet 标准等各方面都有大幅度的提高和加强。

IIS 组件能提供多项服务，主要的服务如下。

1. WWW（World Wide Web）服务

WWW 服务即 Web 服务，是 IIS 的主要功能，它支持 HTTP 及基于 Web 信息的 HTML 文本的发布和传输，还可以发布音频、视频、动画信息，使得网络信息丰富多彩。用户就是在这种 WWW 服务功能的支持下，才能轻松地构建名目繁多的 Web 网站。

2. FTP（File Transfer protocol）服务

FTP 支持在使用 TCP/IP 的网络上，计算机之间进行的文件复制。通过 FTP 可以在主机之间传送各种类型和大小的文件，为更新 Web 服务器中的网站信息提供了强大的支持。用户还可以应用这种功能构建 FTP 站点，为用户与 FTP 服务器之间进行文件的上传和下载提供方便。

3. NNTP 服务

NNTP 是新闻组传输协议，支持用户在服务器上创建新闻组及客户的新闻组阅读器程序。

4. SMTP 服务

SMTP 是简单的邮件传输协议，是邮件发送协议。它支持邮件的发送。

在以上四项功能中，前两项功能应用非常普遍。本实验主要是应用 IIS 中的 Web 功能创建 Web 服务器，并在 Web 服务器上构建 Web 网站。

三、实验条件

1. 由至少两台计算机构成的 C/S 模式的网络。一台为 Windows 2003 Server 服务器并已配置了 DNS 服务器，另一台为 Windows XP 客户机。
2. 两个网站的相关文件，主页文件名分别为 default.htm 和 index.html。
3. Windows 2003 Server 安装光盘一张。

四、实验内容

1. 安装 IIS 组件。
2. 测试 IIS 安装的正确性。
3. 创建 Web 站点。

五、实验步骤

1. 安装 IIS 组件

在安装 Windows 2003 Server 时如果已经安装了 IIS，则可以直接做第 2 步；如果没有安装 IIS，则利用“添加/删除程序”安装。

第 1 步　在桌面上单击“开始”→“设置”→“控制面板”命令，双击“添加/删除程序”，单击“添加/删除 Windows 组件”，启动“Windows 组件向导”，如图 11-1 所示。

第 2 步　在“组件向导”中，选中“Internet 信息服务（IIS）”，并单击“详细信息”按钮进入“Internet 信息服务（IIS）”对话框，如图 11-2 所示。

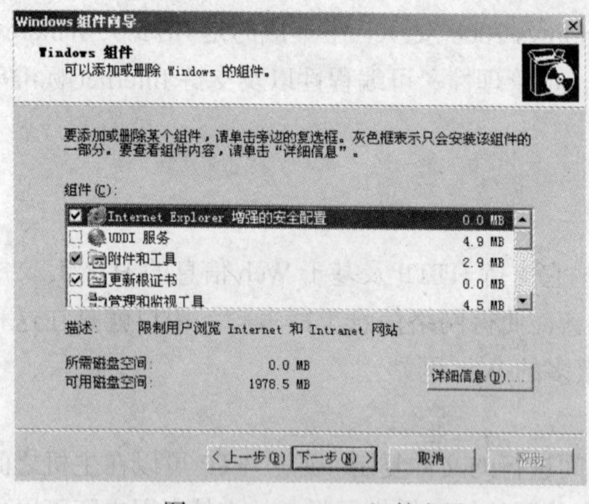

图 11-1　Windows 组件向导

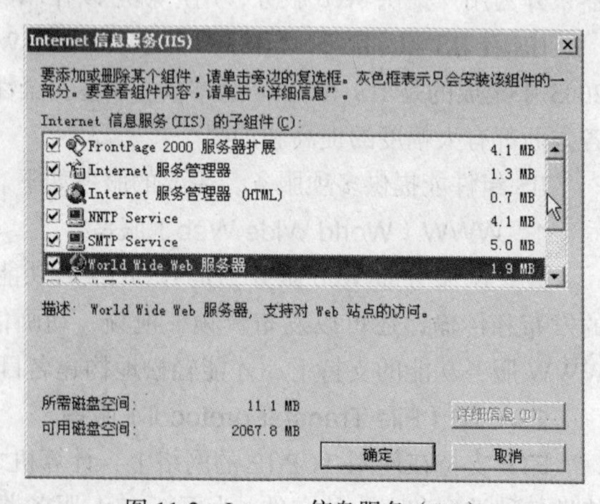

图 11-2　Internet 信息服务（IIS）

第 3 步　在“Internet 信息服务 IIS”对话框中，选中“World Wide Web 服务器”（WWW 服务器）。

若还要安装 FTP 服务，可再选中“文件传输协议（FTP）服务器”。

第 4 步　单击“确定”按钮，返回“Windows 组件向导”，如图 11-1 所示。

第 5 步　在“Windows 组件向导”对话框中，单击“下一步”按钮，开始安装 IIS 6.0。

在安装过程中可能要用到 Windows 2003 Server 安装盘。

第 6 步　系统复制、安装 IIS 服务的相关文件后，完成 IIS 安装。

2. 测试 IIS

验证 IIS 安装的正确性有两种方法。

（1）用 IE 浏览器测试。

打开 IE 浏览器，在地址栏中输入如下的 URL 地址：http://127.0.0.1，应显示 IIS 的测试页，如图 11-3 所示。

（2）用“浏览”命令测试。

在“Internet 信息服务（IIS 管理器）”窗口的左窗格中，展开服务器名，右键单击“默认站点”→“浏览”，如图 11-4 所示，也能浏览到如图 11-3 所示测试页的画面。

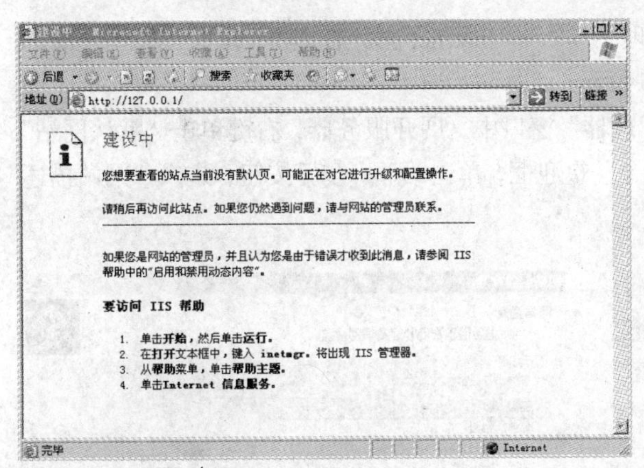

图 11-3　浏览测试页

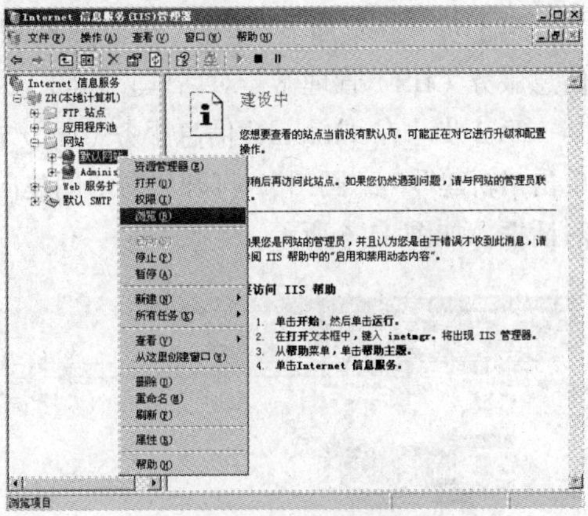

图 11-4　IIS 测试页

若能打开测试主页画面，说明 IIS 安装正确。IIS 也就安装成功了。

3. 创建 Web 站点

（1）创建默认的 Web 站点。

IIS 服务器安装成功后，系统就在本机中创建了一个“默认 Web 站点”，主页文件名必须取为 default.htm，站点文件保存在 IIS 所在分区的默认主目录“c:\inetpub\wwwroot”下。

在 DNS 已配置的情况下，用户只要把自己的站点文件复制在该主目录下，一个默认的 Web 站点就建立起来了。具体操作如下。

第 1 步　复制站点文件：将实验前已准备好的主页文件名为“default.htm”的站点文件复制在 IIS 所在磁盘分区的 c:\inetpub\wwwroot 主目录下。

第 2 步　观察主页画面：在客户机上打开浏览器，输入“http://服务器的 IP 地址”（如 http://192.168.0.100），浏览默认站点上用户的主页。

（2）创建虚拟的 Web 站点。

如果在一台服务器上只建立一个站点，就可以利用默认站点来建立，它也可以通过域名来访问，比较省事。但是在一个企业或一个公司中有多个部门，需要建立多个站点。IIS 支持在一台服务器上创建多个站点，这些站点叫“虚拟站点”。对于用户来说，就像真实的站点服务器一样，即好像每个站点有一台真实的 Web 服务器，一点也感觉不到它们工作在一台服务器上。这时这台服务器就叫做“虚拟主机”。

虚拟 Web 站点的创建方法是：第一，在“Internet 信息服务（IIS）管理器”窗口中创建、设置 Web 站点（包括站点名称、主目录、站点 IP、TCP 端口号、主机头名、默认文档名和 Web 站点属性等）；第二，在域名系统（DNS）管理单元中添加站点的域名记录（包括建立正向搜索区域名称、文件名和新建主机名称、IP 地址等）。建立站点的过程是：创建站点、上传站点文件（发布网站）、配置域名访问、设置站点属性、访问站点。

明确任务：创建一个虚拟 Web 站点。

站名为“网络天地”，网站域名为 www.hgm.com，IP 地址（即本机的 IP 地址）设为 192.168.0.100，端口号为 80，主页文件名为 Index.html，主目录路径为 C:\pp。

① 创建站点。

第 1 步　在桌面上，单击“开始”→“管理工具”→“Internet 服务管理器”命令，弹出“Internet 信息服务（IIS）管理器”对话框，如图 11-5 所示。

第 2 步　在“Internet 信息服务（IIS）管理器”窗口中，展开服务器，右键单击“默认网站”，单击“新建”→“网站”，打开“网站创建向导”欢迎框，单击“下一步”按钮，进入“网站描述”对话框，如图 11-6 所示。

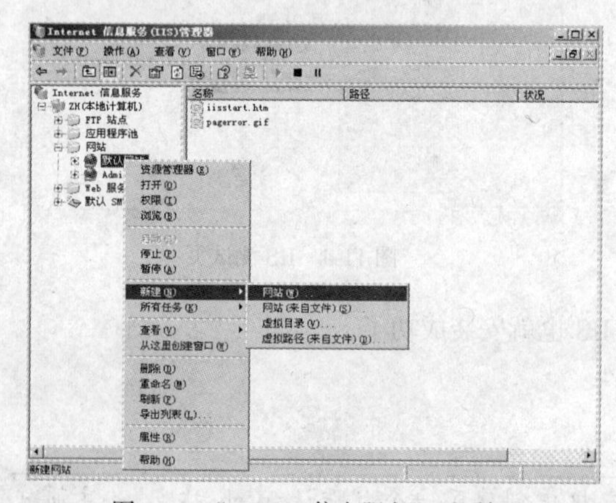

图 11-5　“Internet 信息服务”对话框

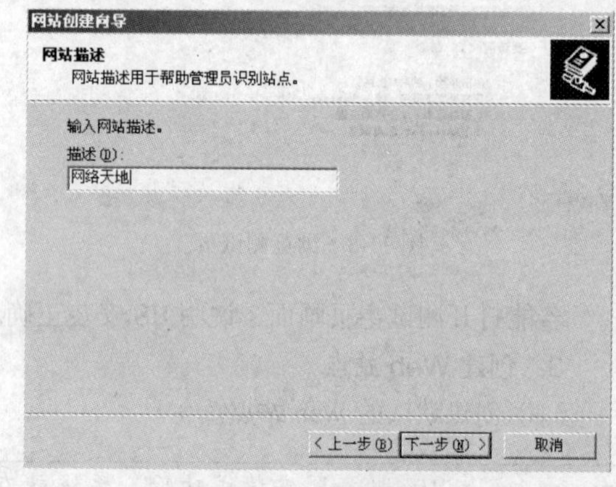

图 11-6　站点说明

第 3 步　在“描述”文本框中输入网站的说明（一般为网站名），如“网络天地”。单击“下一步”按钮，打开“向导”的“IP 地址和端口设置”对话框，如图 11-7 所示。

第 4 步　在 IP 地址框中，输入 Web 服务器的 IP 地址和默认端口号 80，以及此站点的主机头名 www.hgm.com。单击“下一步”按钮，打开“网站主目录”对话框，如图 11-8 所示。

提示　在主机头中输入 www.hgm.com，就将该域名与“网络天地”网站绑定了。所以创建该网站之前，必须已经配置了 DNS 服务，将 192.168.0.100 映射为 www.hgm.com，设置的方法参照实验 8。

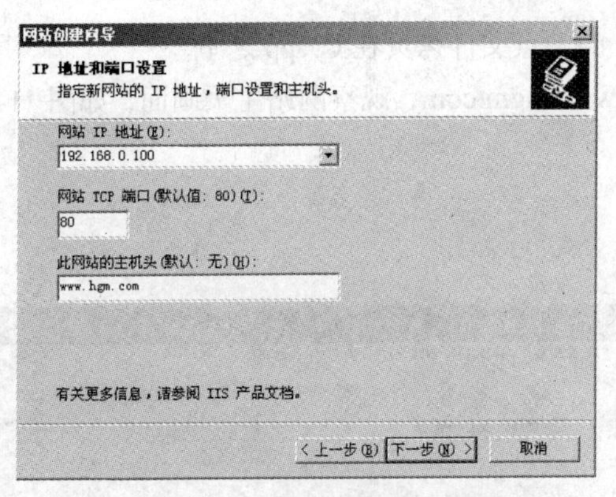

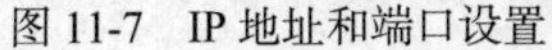
图 11-7　IP 地址和端口设置

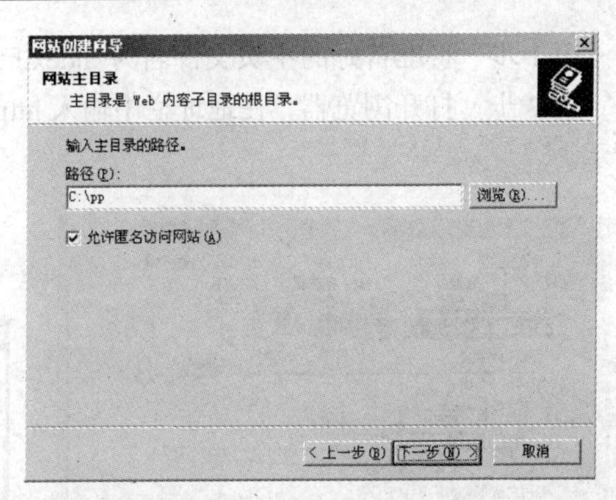

图 11-8　网站主目录

第 5 步　在“网站主目录”对话框中，输入用户存放站点文件的路径，如“C：\pp”。再选中“允许匿名访问网站（A）”，然后单击“下一步”按钮，打开“网站访问权限”对话框，如图 11-9 所示。

第 6 步　在“网站访问权限”对话框中，选中“读取”和“运行脚本”两项，单击“下一步”按钮，再单击“完成”按钮。完成站点创建。

Web 站点创建完成之后，为了立即检验一下 Web 站点的创建情况，需要设置站点主页的默认文档名。

第 7 步　单击“开始”→“程序”→“管理工具”命令，打开“Internet 信息服务”窗口，如图 11-10 所示。

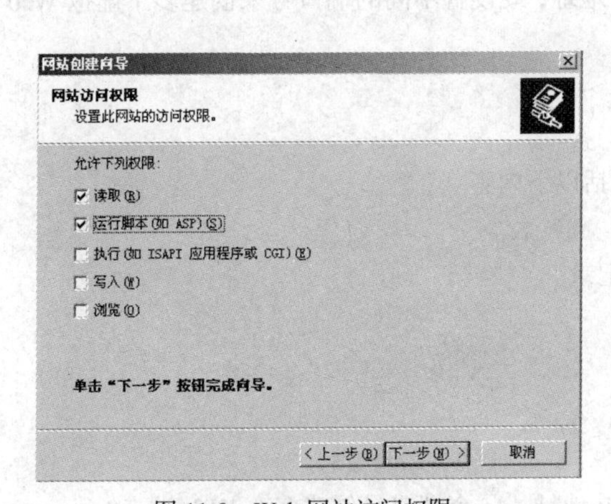

图 11-9　Web 网站访问权限

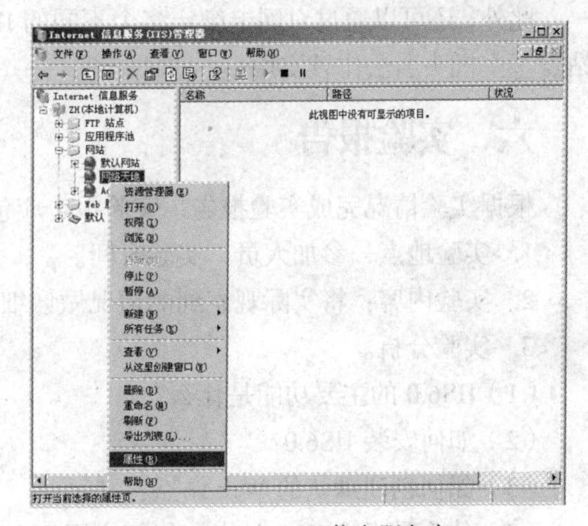

图 11-10　Internet 信息服务窗口

第 8 步　选中并右键单击新建立的站点名“网络天地”，再单击快捷菜单中的“属性”命令，打开站点属性对话框，如图 11-11 所示。

第 9 步　在“文档”选项卡中，选中“启用默认文档”，并删除原默认文档名后，单击“添加”按钮，弹出“添加内容页”对话框，如图 11-11 所示。在“默认内容页（D）”中输入主页文件名“Index.html”。单击“确定”按钮，完成默认文档名的设置。

② 上传站点文件，并浏览 Web 站点。

第1步　将准备好的主页文件名为Index.html的站点文件拷贝在C: \pp之下。

第2步　打开浏览器，在地址栏中输入http://www.hgm.com，观察网站主页画面，如图11-12所示。

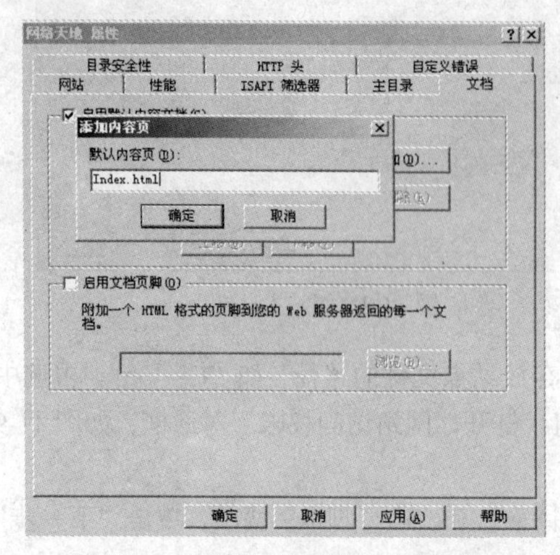

图11-11　新建的“站点属性”对话框

图11-12　“网络天地”站点主页

重复（2）的步骤，可以创建第二个虚拟Web站点，如www.sdsy.com。它与第一个虚拟Web站点使用同一个IP地址（192.168.0.100），同一个端口号（80），只是主机头名不同（第二个是www.sdsy.com，第一个是www.hgm.com）。这种在创建虚拟Web站点时，IP地址和端口号相同而主机头名不同的方法，称为“主机头名法”。

此外，还可以通过对网卡绑定多个不同的IP地址，或设置不同的端口号来创建多个虚拟Web站点。主机头名法比较实用。

六、实验报告

根据实验情况完成实验报告，实验报告应包括以下内容。

1. 实验地点，参加人员，实验时间。
2. 实验内容：将实际观察到的情况做详细记录。
3. 实验分折。

（1）IIS6.0的主要功能是什么？

（2）如何安装IIS6.0？

（3）如何创建默认的Web站点？

（4）什么是虚拟Web站点？如何应用一个IP地址、一个端口号创建多个Web站点？

（5）要使用域名访问Web站点，不做“DNS”管理单元的配置可以吗？

4. 实验心得：写出配置Windows 2003 Web服务器的方法与步骤。

实验 12 NetMeeting 在局域网上的应用

一、实验目的

1. 学会使用 NetMeeting 软件。
2. 掌握在局域网中应用 NetMeeting 软件的方法。

二、实验理论

1. NetMeeting 简介

NetMeeting 是一个集成在 Windows XP/2003 中的，既可以在 Internet 用户之间，也可以在局域网用户之间进行通信的工具。利用 NetMeeting，用户可以同网上的其他用户聊天（包括声音和图像），与其他人共享应用程序和文档，在共享的白板中进行交流。

2. NetMeeting 的功能

（1）聊天。通过向一个或多个人发出呼叫，NetMeeting 可以实现两人或多人之间文字信息的传递。

（2）会议。会议实际是聊天功能的扩展，某台计算机通过 NetMeeting 的“主持会议”，举办一个会议，然后向参加会议的人发出邀请，实现限定范围的多人聊天。在会议期间，可以使用聊天、音频和视频进行通信联络，使用白板进行图解说明，进行文件传送，以及使用远程桌面共享来访问远程计算机。

（3）共享程序。共享程序就是指一个程序可以在进行聊天或会议的参加者之间共享。例如，假设你有一篇需要多人处理的 Microsoft Word 文档，就可以在你的计算机上打开该文档，将它共享，然后每个人都可以直接在该文档上添加他们的注释。

只有打开文件的人需要在他的计算机上安装对应的文件处理应用程序，其他参加者可以在没有对应的文件处理应用程序的情况下处理文档。但是，在同一时刻只能有一人控制共享程序。如果“可控制的”信息显示在你的共享程序窗口标题栏内，说明你拥有控制权并允许其他人在该程序中工作。如果鼠标指针有一个带大写字母的对话框，则说明另一个会议参加者控制着该程序。

共享程序允许参加者同时查看和使用文件。每个参加者的共享程序显示在其他参加者桌面的一个独立共享程序窗口内。

（4）白板。白板功能就是指在聊天或会议中，为了更清楚地说明信息，可以使用类似画板的白板。在白板上可以是图表、图形或手工画的草图，还可以将桌面或窗口区域复制或粘贴上去。

（5）音频和视频。NetMeeting 不仅能聊天，而且能实现语音通话和视频传输。

NetMeeting 提供的音频功能可支持麦克风、扬声器和电话。如果使用扬声器和麦克风，则音频既可以是半双工的也可以是全双工的。半双工音频仅允许一个人说话。全双工音频则允许双方同时说话。具体实现的功能与用户的声卡有关。

NetMeeting 提供的视频功能，要通过计算机的并行（打印机）端口或 USB 端口连接视频捕获卡和照相机，或视频照相机来实现。一次只能支持与一个人的视频操作。

（6）远程桌面共享。远程桌面共享功能就是允许用户从自己的计算机共享和访问另一个位置的计算机的桌面和文件。

要使用远程桌面共享，需要在 NetMeeting 中激活它，然后关闭 NetMeeting。如果计算机上正在运行 NetMeeting，远程桌面共享将无法工作。一旦安装了远程桌面共享并关闭了 NetMeeting，就可以从任何远程位置访问它。

（7）传送文件。传送文件就是指在聊天或会议中，可以选择自己计算机中的文件，传递给指定的参加者。

3. NetMeeting 的窗口及按钮

NetMeeting 的窗口及按钮说明，如图 12-1 所示。

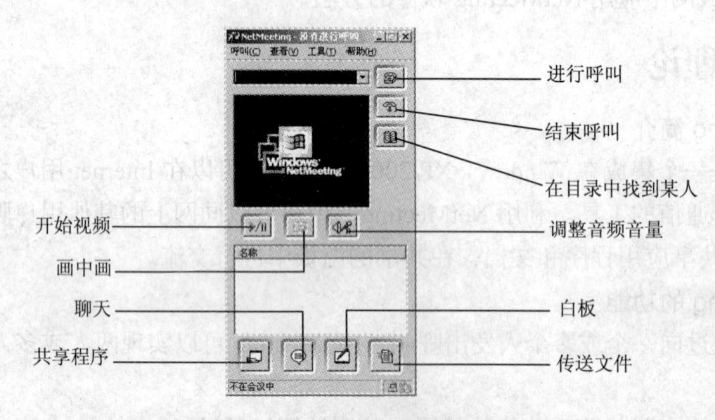

图 12-1　NetMeeting 的窗口及按钮说明

三、实验条件

1. 实验设备

已连入局域网的计算机，带麦克风的耳机，支持 Windows 视频的照相机或视频捕获卡和照相机。

2. 实验软件

声卡驱动程序、视频捕获卡驱动程序。

四、实验内容

1. 安装 NetMeeting。
2. 设置 NetMeeting。
3. 使用 NetMeeting。

五、实验步骤

1. 安装 NetMeeting

提示

（1）安装 NetMeeting 软件之前，应确保局域网中的每台计算机都添加了 TCP/IP。

（2）一般在“典型安装”Windows XP 之后，NetMeeting 就已经安装在计算机中了。

2. 设置 NetMeeting

当第一次启动 NetMeeting 时，系统会提示进行 NetMeeting 的设置。

设置 NetMeeting 前，一定要在计算机上正确插好带麦克风的耳机，并确保已安装了声卡驱动程序。

第 1 步　单击“开始”→“运行”命令，打开“运行”窗口，在其中输入“conf.exe”，单击“确定”按钮，弹出“NetMeeting”对话框，如图 12-2 所示。

第 2 步　在“NetMeeting”对话框中，单击“下一步”按钮，弹出“NetMeeting 个人信息输入”对话框，如图 12-3 所示。

第 3 步　输入姓名和电子邮件地址后，再单击“下一步”按钮，弹出“选择 NetMeeting 要登录的目录服务器名”对话框，如图 12-4 所示。

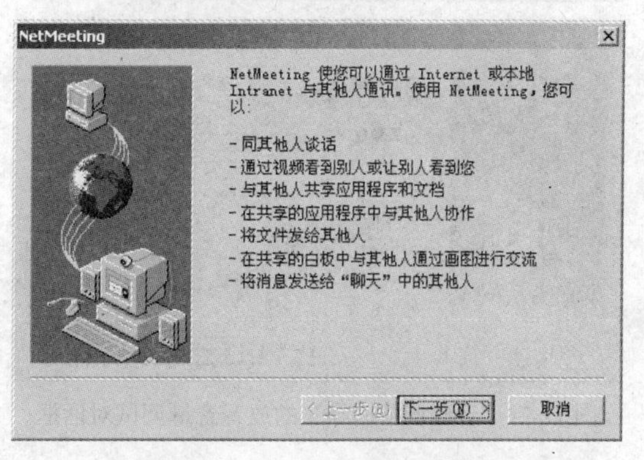

图 12-2　“NetMeeting”对话框

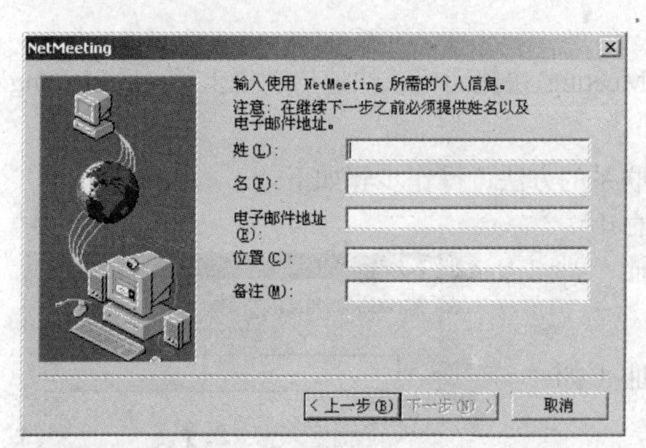

图 12-3　“NetMeeting 个人信息输入”对话框

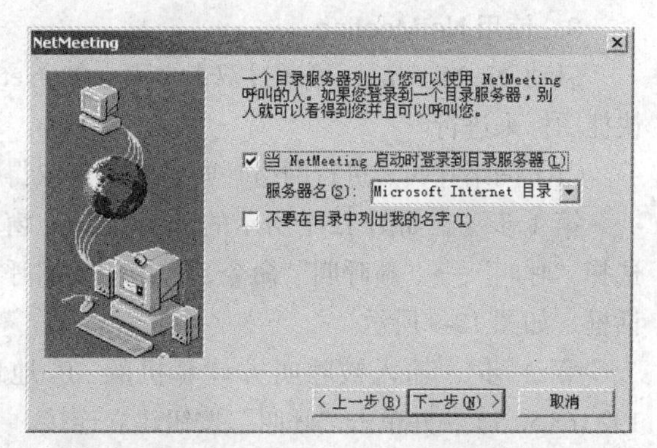

图 12-4　“选择 NetMeeting 要登录的目录服务器名”对话框

第 4 步　由于是在局域网中使用 NetMeeting，因此目录服务器可以不选择。再单击“下一步”按钮，“选择 NetMeeting 用户的连接方式”对话框，如图 12-5 所示。

第 5 步　单击“局域网”单选按钮，再单击“下一步”按钮，弹出“选择创建 NetMeeting 快捷方式”对话框，如图 12-6 所示。

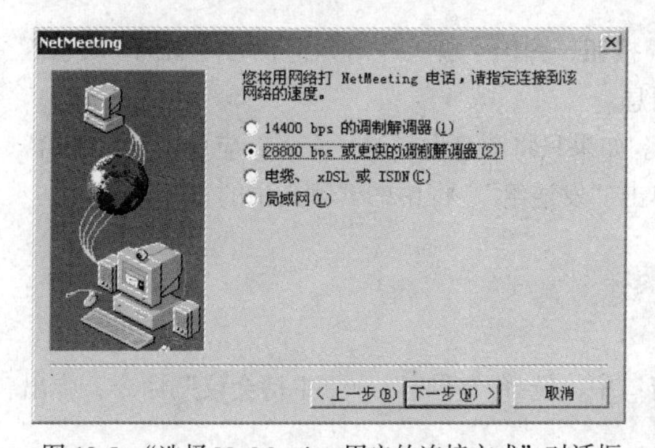

图 12-5　“选择 NetMeeting 用户的连接方式”对话框

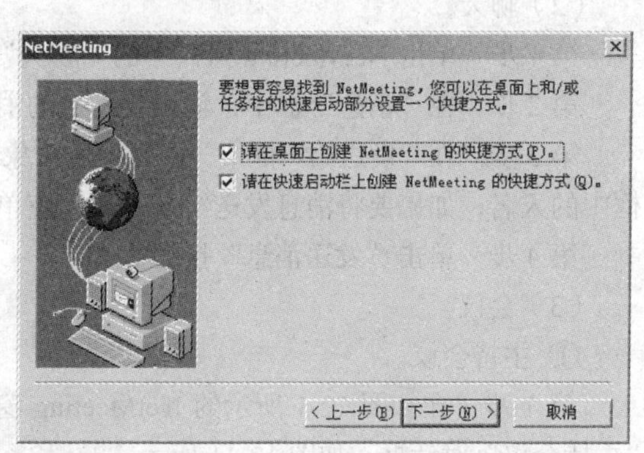

图 12-6　“选择创建 NetMeeting 快捷方式”对话框

第 6 步　单击“下一步”按钮，弹出“音频调节向导”对话框。关闭所有放音或录音程序，然后单击“下一步”按钮，弹出“音频调节向导”的放音音量调试对话框，如图 12-7 所示。

第 7 步　放音音量调试好后，单击“下一步”按钮，进入录音音量调试对话框，如图 12-8 所示。

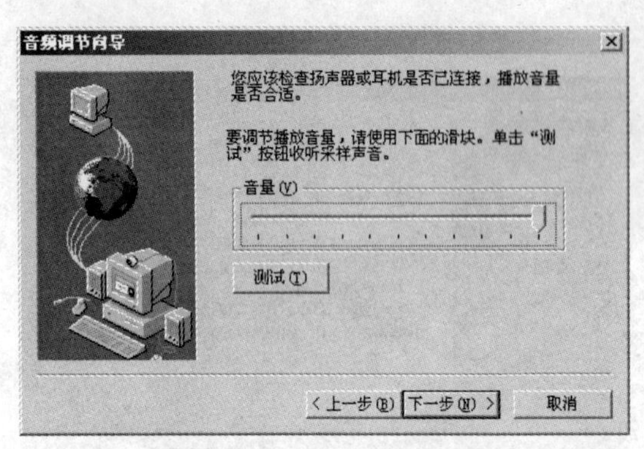

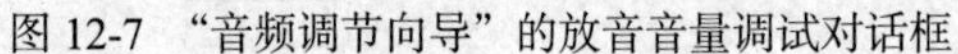

图 12-7　“音频调节向导”的放音音量调试对话框

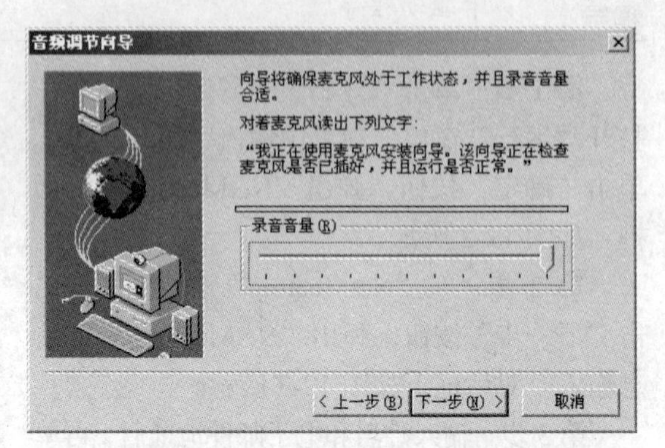

图 12-8　“音频调节向导”的录音音量调试对话框

第 8 步　录音音量调试好后，单击“下一步”按钮，然后再单击“完成”按钮完成设置。

3. 使用 NetMeeting

启动 NetMeeting，可通过双击桌面上的 NetMeeting 快捷图标或快速启动栏上的 NetMeeting 快捷图标来进行。

（1）网络呼叫。进行网络呼叫是与对方取得联系的方法，操作步骤如下。

第 1 步　在如图 12-1 所示的 NetMeeting 窗口中，选择“呼叫”→“新呼叫”命令，弹出“发出呼叫”对话框，如图 12-9 所示。

第 2 步　输入被呼叫方计算机的 IP 地址（如 192.168.50.5），并单击“呼叫”按钮建立连接。

第 3 步　被叫方在“拨入呼叫”对话框中，单击“接受”按钮完成连接。

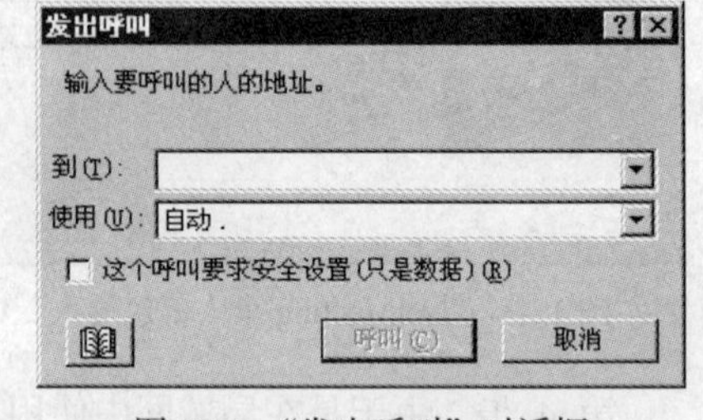

图 12-9　“发出呼叫”对话框

提示 1：呼叫成功后，双方可以使用带麦克风的耳机等进行语音通信。

提示 2：如果要断开连接，单击“NetMeeting”窗口中的“结束呼叫”按钮即可。

（2）聊天。

第 1 步　单击 NetMeeting 窗口中的“聊天”按钮，弹出“聊天”对话框，如图 12-10 所示。

第 2 步　在“消息”框中，输入要发送的消息。

第 3 步　在“发送给”框中，选择发送对象。如果只将消息发送给一个人，应单击“发送给”框中的人名；如果要将消息发送给每个人，应单击“发送给” 框中的“聊天中的每个人”。

第 4 步　单击“发送消息”按钮。

（3）会议。

① 主持会议。

第 1 步　在如图 12-1 所示的 NetMeeting 窗口中，选择“呼叫”→“主持会议”命令，弹出“主持会议”对话框，如图 12-11 所示。

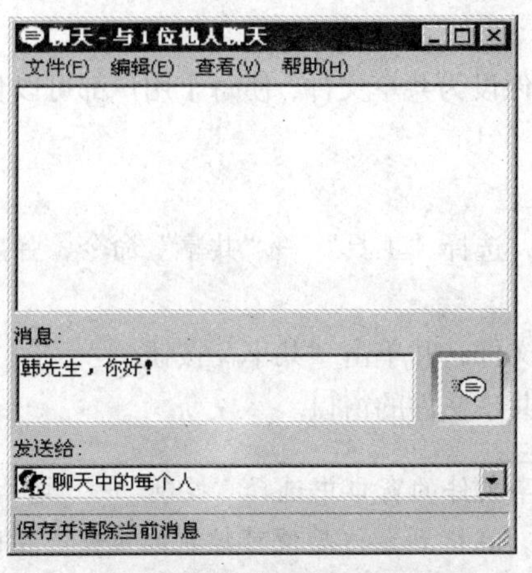

图 12-10 “聊天”对话框

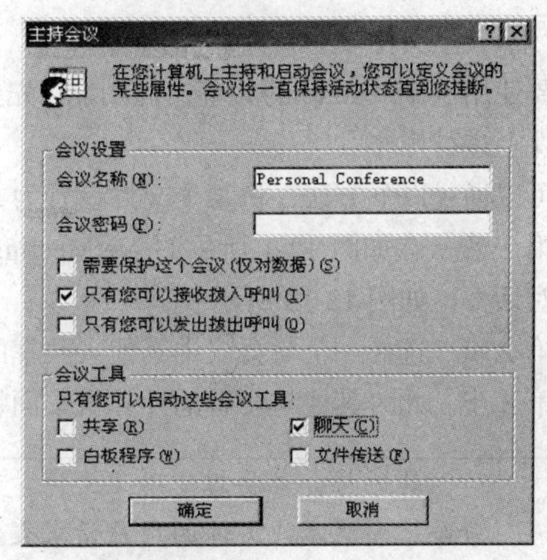

图 12-11 “主持会议”对话框

第 2 步　进行“会议设置”和选择“会议工具”等设置。

第 3 步　单击“确定”按钮保存设置后即可进行网上会议了。

会议名称必须为英文，并且用户应在主持会议前将会议时间、密码以及该会议是否是安全会议等通知给会议参加者。

② 加入会议。

呼叫会议主持人或任何会议参加者。

如果呼叫某个非主持人的与会者，呼叫有时会失败。如果这样，应呼叫会议主持人以加入会议。

当呼叫参加者时，只要呼叫的人保持连接，就可以一直处于连接状态。当这个人从会议上离开或断开连接时，你也将断开连接。

（4）传送文件。

在会议期间或聊天过程中，用户都可以使用 NetMeeting 的传送文件功能发送文件。

第 1 步　在如图 12-1 所示的 NetMeeting 窗口中，选择“工具”→“文件传送”命令，弹出“文件传送”对话框，如图 12-12 所示。

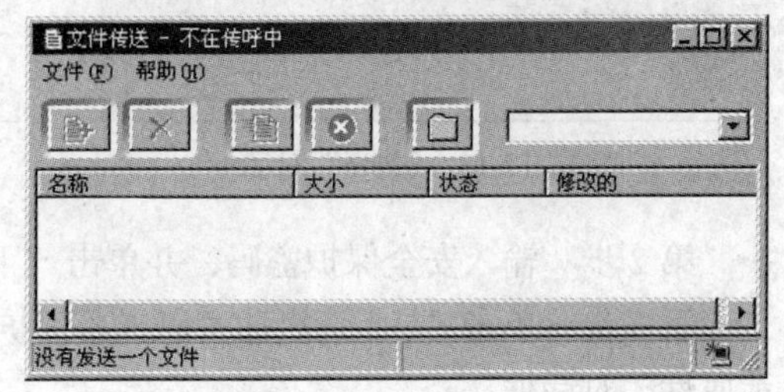

图 12-12　文件传送对话框

第 2 步　在“文件传送”对话框中，选择“文件”→“添加文件”命令，弹出“选择发送的文件”对话框。

第 3 步　选择好发送的文件并单击“添加”按钮，返回“文件传送”对话框。

第 4 步　在“文件传送”对话框工具栏的发送对象列表框中，单击发送对象的姓名，或单击“全部”按钮将文件发送给会议中的每个人。

第 5 步　选择“文件”→“全部发送”命令，发出文件，此时接收方计算机桌面将显示出接收文件的对话框。

在文件发送的过程中，接收文件的用户可以根据需要选择“关闭”、“打开”和“删除”按钮，来处理其他用户发送过来的文件。

（5）共享文件。

要使用 NetMeeting 的共享文件功能，先要将该文件设为共享文件，使每个用户都可以直接在该文件上进行操作。

可以通过以下方法，将某个文件设置为共享文件。

第 1 步　在如图 12-1 所示的 NetMeeting 窗口中，选择“工具”→“共享”命令，弹出“共享”对话框，如图 12-13 所示。

第 2 步　选择一个与会议中其他人共享的程序或文件，并单击“共享”按钮。

第 3 步　此时其他与会者的计算机桌面将显示出共享文件的窗口。

其他与会者要想使用此文件，可以在共享文件的窗口中选择“控制”→“请求控制”命令，向共享此文件的用户请求文件控制权，在得到允许后便可控制此文件。在同一时刻只能有一个人控制共享程序。所有与会者都可以在会议期间共享程序，每个与会者的共享程序显示在其他与会者桌面的一个独立共享程序窗口内。

（6）远程桌面共享。

第 1 步　在如图 12-1 所示的 NetMeeting 窗口中，选择“工具”→“远程桌面共享”命令，弹出“远程桌面共享向导”对话框，如图 12-14 所示，并单击“下一步”按钮。

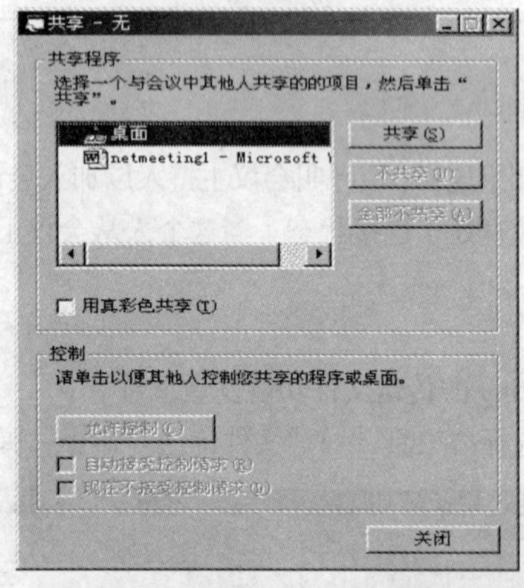

图 12-13　“共享”对话框

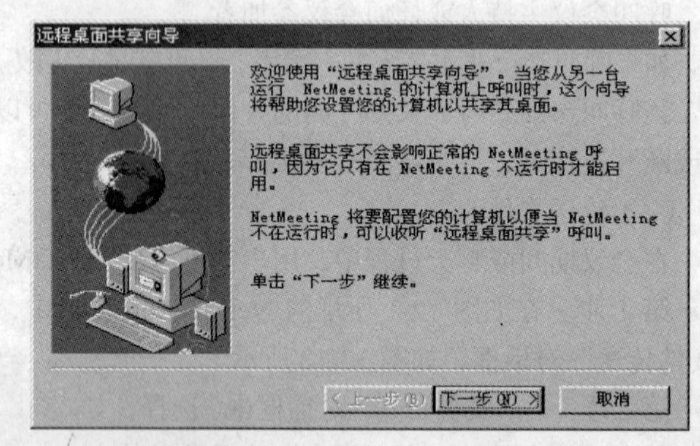

图 12-14　“远程桌面共享向导”对话框

第 2 步　输入安全保护密码，并单击“下一步”按钮。

第 3 步　单击“是，请启动密码屏幕保护程序”单选按钮，并单击“下一步”按钮，弹出“显示属性”对话框。

第 4 步　选择屏幕保护程序，并设置保护密码，单击“确定”按钮，返回“远程桌面共享向导”对话框。

第 5 步　单击“完成”按钮结束设置。

只有退出 NetMeeting 软件（如果计算机上正在运行 NetMeeting，远程桌面共享将无法工作），才可以启动远程桌面共享功能。启动远程桌面共享功能的方法是：右键单击任务栏中的 NetMeeting 图标，在弹出的快捷菜单中选择“启动远程桌面共享”命令。

六、实验报告

根据实验情况完成实验报告，实验报告应包括以下内容。

1. 实验地点，参加人员，实验时间。

2. 实验内容：将实际观察到的情况做详细记录。

3. 实验分析。

（1）为什么在安装 NetMeeting 软件之前，应确保局域网中的每台计算机都添加了 TCP/IP 簇？

（2）NetMeeting 属于 Windows 系统的什么组件？

（3）使用 NetMeeting 进行语音通信，是半双工还是全双工？与什么有关？

（4）要加入会议，一般应呼叫谁？为什么？

（5）为什么在局域网安装 NetMeeting，目录服务器可以不选择？

（6）请在会议中使用白板功能，是否所有的与会者都可以使用白板进行交谈？

（7）文件传送时是否可以选择对象？给一个人传送和给所有人传送，花费的时间一样吗？为什么？

（8）大家对共享的文件都可以修改吗？有什么限制？

（9）远程桌面共享是什么意思？NetMeeting 正在运行时，可以启动远程桌面共享功能吗？

4. 实验心得：写出 NetMeeting 应用的场合和享受网络应用的感觉。

实验 13 ADSL 接入 Internet

一、实验目的

1. 掌握 ADSL 调制解调器的安装方法。
2. 掌握单用户通过 ADSL 连接 Internet 的方法。
3. 掌握通过 LAN 利用 ADSL Modem 接入 Internet 的方法。

二、实验理论

1. ADSL 技术

ADSL 素有“网络快车”之美誉，因其下行速率高、频带宽、性能优、安装方便、不需交纳电话费等特点而深受广大用户喜爱，成为继 Modem、ISDN 之后的又一种全新的高效接入方式，是目前最常用的入网方式。

ADSL（Asymmetrical Digital Subscriber Line）即非对称数字用户线路，ADSL 是利用分频的技术把普通电话线路所传输的低频信号和高频信号分离。3 400Hz 以下供电话使用，3400Hz 以上的高频部分供上网使用，即在同一铜线上分别传送数据和语音信号，数据信号并不通过电话交换机设备。这样既可以提供高速传输：上行（从用户到网络）的低速传输可达 640Kbit/s，下行（从网络到用户）的高速传输可达 8Mbit/s；而且在上网的同时不影响电话的正常使用。

2. ADSL 的接入方式

采用 ADSL 技术接入 Internet 时，用户还需为 ADSL Modem 或 ADSL 路由器选择一种通信连接方式。目前 ADSL 通信连接方式主要有两种：专线接入和虚拟拨号接入（PPPoA（Point to Point Protocol over ATM）、PPPoE（Point to Point Protocol over Ethernet））。一般普通用户多数选择 PPPoA 和 PPPoE 方式，对于企业用户更多选择静态 IP 地址（由电信部门分配）的专线方式。

虚拟拨号入网方式并非是真正的电话拨号，ADSL 接入 Internet 时，需要输入用户名和密码，当通过身份验证时，获得一个动态的 IP，即可连通网络。也可以随时断开与网络的连接，费用与电话服务无关。专线入网方式给用户分配 1 个固定的 IP 地址，且可以根据用户的需求而不定量地增加，用户 24 小时在线。虚拟拨号与专线用户的物理连线结构都是一样的。

从用户数量来看，可以分为单用户 ADSL Modem 接入 Internet 和多用户 ADSL Modem 接入 Internet 两种。图 13-1 和图 13-2 分别列出了常见的单用户及多用户 ADSL Modem 接入 Internet 的拓扑结构图。

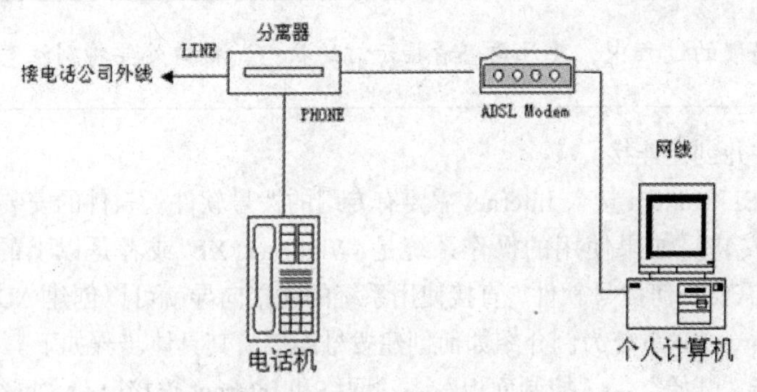

图 13-1 单用户 ADSL Modem 接入网

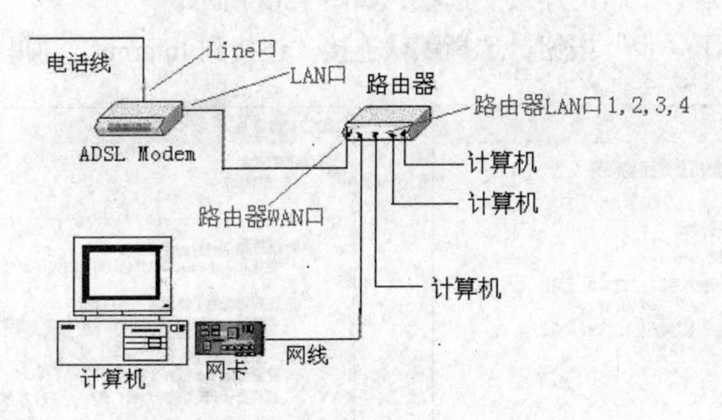

图 13-2 多用户 ADSL Modem 接入网

三、实验条件

1. 计算机数台（已安装 Windows XP 操作系统）。
2. ADSL Modem 一个，分线器一个。
3. 宽带路由器一个。
4. 交叉双绞网线两根，直通双绞网线若干。

四、实验内容

1. 单用户 ADSL Modem 连接接入 Internet 及测试。
2. 多用户 ADSL Modem 连接接入 Internet 及测试。

五、实验步骤

将学生每 2 ~ 4 人分为一个小组，组织成若干小组，完成本次实验的内容，并写出实验报告。

1. 单用户 ADSL Modem 连接接入 Internet

（1）安装分线器。

把 ISP 提供的含有 ADSL 功能的电话线接入滤波分线器的 Line 接口，把普通电话线接入 Phone 接口。

（2）安装 ADSL Modem。

用交叉双绞网线从分线器的 Modem 接口连接到 ADSL Modem 的 DSL（ADSL）接口，再用另一根交叉双绞网线把计算机的网卡和 ADSL Modem 的 Ethernet 接口连接起来。

在安装的过程中，要注意查看指示灯的状态，接口处要特别注意，一定要卡紧。

（3）安装软件并创建连接。

一般通过ADSL Modem接入Internet需要有专门的拨号软件。软件的安装很简单，运行其安装程序即可完成安装。如果使用的操作系统是Windows XP或者是以上的版本(如Windows 2003/Vista)，则不需要任何拨号软件，直接使用系统的连接向导就可以创建ADSL虚拟拨号连接。本实验将以Windows XP系统为例介绍如何创建拨号连接，其具体步骤如下。

第1步 选择“开始”→“控制面板”→“网络和Internet连接”→“网络连接”，在打开窗口的左侧，选择“创建一个新的连接”选项，如图13-3所示。

第2步 单击“下一步”按钮，选择默认连接“连接到Internet”，如图13-4所示。

图13-3 “新建连接向导”对话框

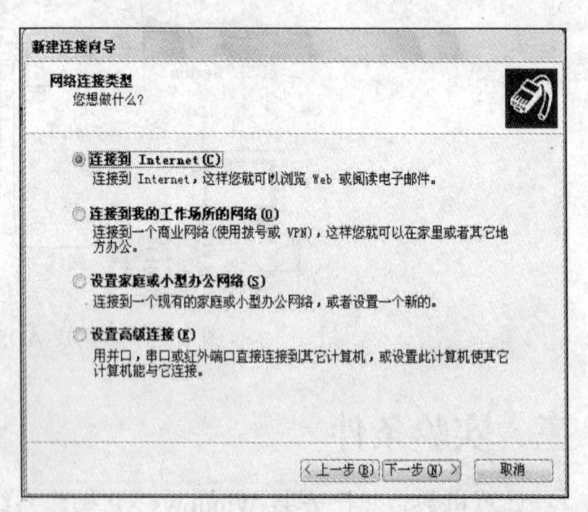

图13-4 选择连接Internet的方式

第3步 单击“下一步”按钮，选择系统如何连接到Internet，在此选择“手动设置我的连接”。

第4步 单击“下一步”按钮，选择“用要求用户名和密码的宽带连接来连接”如图13-5所示。

第5步 单击“下一步”按钮，在ISP名称框输入连接名称，名称可任意输入，如输入“ADSL”，如图13-6所示。

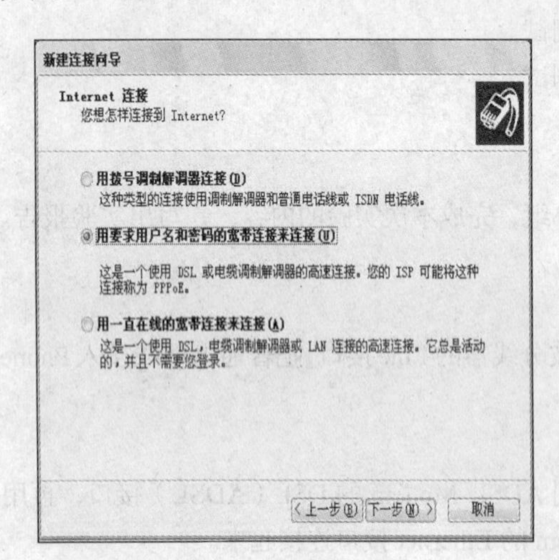

图13-5 设置连接方式

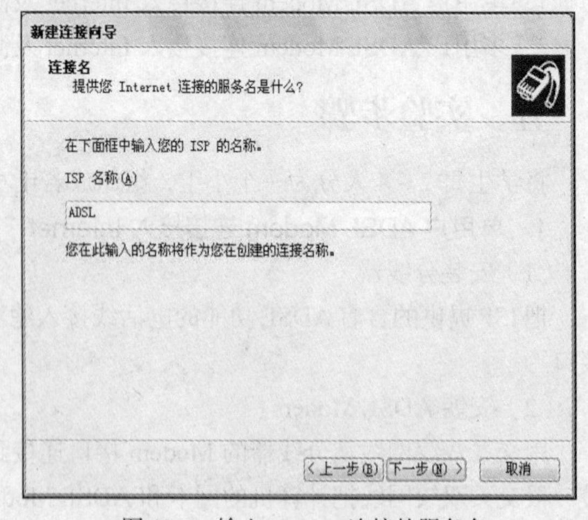

图13-6 输入Internet连接的服务名

第 6 步　单击“下一步”按钮，输入 ISP 提供的 ADSL 账号（用户名）和密码，并确认密码，之后再选中下面的两个复选框，如图 13-7 所示。

第 7 步　单击“下一步”按钮，选中“在我的桌面上添加一个到此连接的快捷方式”复选框，至此 ADSL 虚拟拨号设置已经完成，如图 13-8 所示。

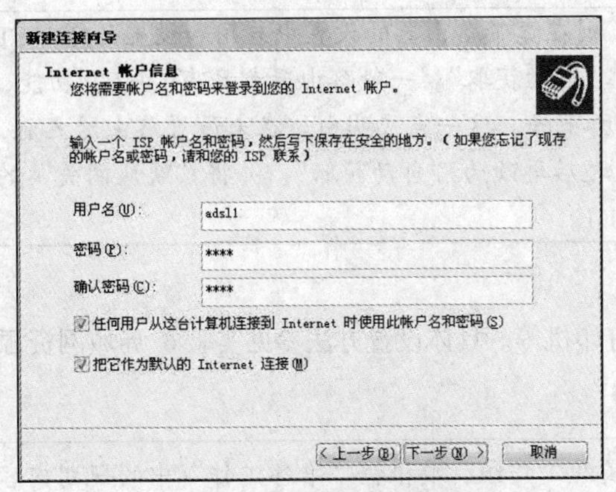

图 13-7　设置账号信息

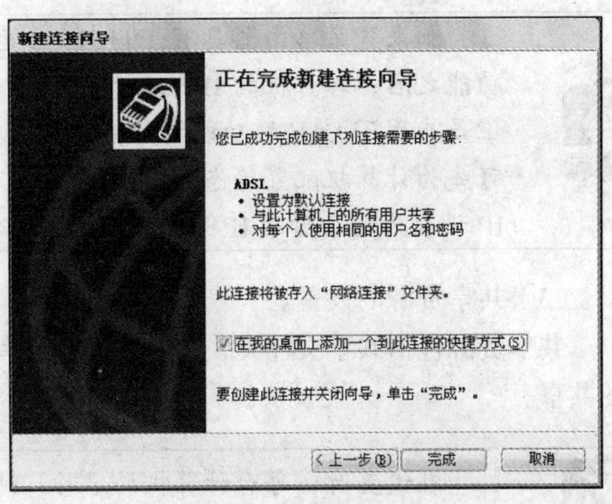

图 13-8　设置完成

第 8 步　单击“完成”按钮，在桌面上会出现 ADSL 拨号快捷方式图标，鼠标双击该图标出现 ADSL 登录窗口，如图 13-9 所示。如果连接成功，则屏幕右下角会多一个 ADSL 连接图标，说明已经接入 Internet，可以通过 IE 浏览网页。

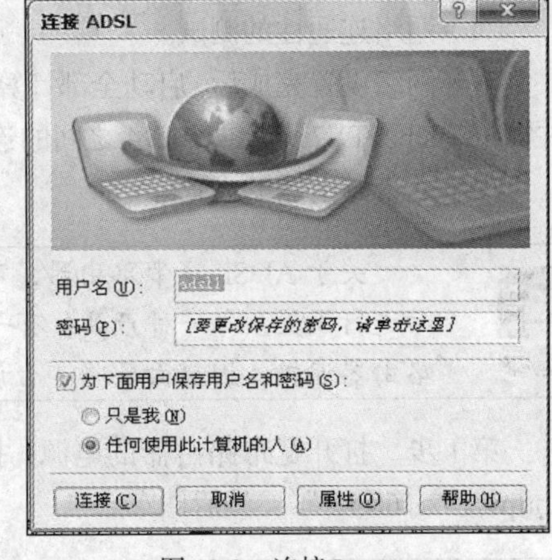

图 13-9　连接 Internet

2. 多用户 ADSL Modem 接入 Internet

（1）准备工作。

第 1 步　确定工作组的名称及计算机名。工作组名定为 MyHome，4 台计算机的名称分别定为 TX1、TX2、TX3 和 TX4。

第 2 步　规划 IP 地址和子网掩码。4 台计算机的 IP 地址分别定为 192.168.1.2、192.168.1.3、192.168.1.4 和 192.168.1.5，子网掩码均为 255.255.255.0。

提示

这里的 IP 地址没有选“192.168.1.1”，是因为有不少宽带路由器的 IP 地址为该地址，又因为在设置路由器时，计算机的 IP 地址必须与路由器在同一个网段，所以选取 4 台计算机的 IP 地址为以上地址。

第 3 步　制作网线，根据实验 2 中的方法，制作 5 条 T568B 标准的网线，每条线长度为 6 ~ 10m。

第 4 步　安装网卡及网卡驱动程序。网卡的安装：在断开电源的情况下，打开主机箱，把网卡插入任一 PCI 槽内，拧紧螺丝，盖好主机箱盖。安装网卡驱动程序：打开主机电源，计算机启动时会发现“新硬件”对话框。把网卡所带的软盘（或光盘）插入驱动器中，单击从“磁盘”安装，并选择盘符“A”或光驱的盘符后，单击“确定”按钮。片刻后完成驱动程序的安装。

第 5 步　连接网络，用 4 条网线把 4 台计算机与宽带路由器的 LAN 接口连接在一起。（ADSL Modem 可暂不连接）。

第 6 步　对等网的设置，在已安装了 Windows XP 操作系统的计算机上设置计算机标识，添加协议。

（2）设置 IP 地址。

在对等网中，根据规划为每台计算机设置一个 IP 地址和子网掩码。

如果宽带路由器具有 DHCP 功能，则在宽带路由器的设置中启用和设置了 DHCP 功能之后，客户机的 IP 地址可以设置为“自动获取”。一般路由器都具有 DHCP 功能，但是启用了 DHCP 功能之后，其性能有所下降，这一点应明白。在未设置路由器之前，可先为计算机配置静态 IP 地址，待设置之后再改为“自动获取”，并将“默认网关”的 IP 设置为路由器的 IP 地址，如 192.168.1.1。

（3）共享资源的设置。

共享资源包括共享文件夹、共享磁盘、共享打印机等。具体设置方法参见实验 6 局域网资源的共享。

在设置时，每台计算机的名称、所属的工作组，要根据“准备工作”中的规划内容填写。计算机名不能重复，且工作组名必须相同。

（4）网络连通性的测试。

对等网络设置完成后，启动全部计算机，用 Ipconfig 命令和 Ping 命令测试网络配置是否正确，并测试 TX1、TX2、TX3、TX4 之间的连通性。方法参见实验 5 局域网连通性测试。

（5）宽带路由器的设置。

关于 ADSL 宽带路由器，不同厂家产品的设置方法大同小异，大部分都采用图形界面进行设置。每一种产品，有一个 IP 地址，如 192.168.1.1。在设置时，将一台计算机与路由器连接（因前面已将 4 台计算机接入路由器，可打开其中的任一台进行设置）。

第 1 步　打开宽带路由器的电源，打开一台计算机电源，启动 IE 浏览器，在地址栏中输入“http://192.168.1.1”，然后回车。

“192.168.1.1”是宽带路由器的 IP 地址。

第 2 步　在弹出的对话框中输入用户名“admin”和密码“admin”，单击“确定”按钮，弹出一个设置窗口。

路由器的“IP 地址”，设置时的“用户名”、“密码”等，可从路由器的《用户手册》中查得。

第 3 步　在窗口的左窗格中，单击“网络参数”/“PPPOE 设置”，在右窗格中显示参数表格。

第 4 步　在右窗格的参数表格中，填写“上网账号”、“上网密码”，并单选“按需连接，在有访问数据时进行自动连接”；设置连接“8”分钟无访问数据时关闭连接；其他取“默认”，而后单击“确定”按钮。

第 5 步　在左窗格中，单击“DHCP 服务”→“地址池”命令，显示“DHCP 服务地址池”窗口。

第 6 步　在地址池窗口中，选中“启用 DHCP 服务”复选项，并填写“地址池开始地址”为“192.168.1.2”、“地址池结束地址”为“192.168.1.80”，而后单击“确定”按钮，设置完成。

路由器设置完成后，4 台计算机的 IP 地址可修改为“自动获取”；目前大多数 ADSL Modem 无需设置，与路由器和 ADSL 电话线正确连接后，打开电源即可使用。

第 7 步 通过交叉双绞网线将 ADSL Modem 连接到宽带路由器的 WAN 接口。

（6）试用“资源共享”和“共享上网”功能。

局域网连接、设置完成后，打开 4 台计算机及路由器、ADSL Modem 的电源开关，便可以通过任意一台计算机直接通过 IE 浏览网站，同时也可以用实验 6 中的方法使用对方的共享资源。

六、实验报告

根据实验情况完成实验报告，实验报告应包括以下内容。

1. 实验地点，参加人员，实验时间。
2. 实验内容：将实际观察到的情况做详细记录。
3. 实验分析。

（1）在安装 ADSL Modem 时，需要注意哪几点?

（2）在本实验中，ADSL 上网，没有使用拨号程序，能否连接到因特网? 靠什么连接?

（3）单用户通过 ADSL Modem 接入 Internet 有哪几项工作? 如何做?

（4）多用户通过 ADSL Modem 接入 Internet 有哪几项工作? 如何做? 在连接 Internet 时，与单用户的操作有何区别?

（5）在设置宽带路由器时，进入设置界面时所用的“用户名”和“密码”与“上网账号”及其“密码”是一回事吗? 各从何处得到?

4. 实验心得：写出单用户、多用户通过 ADSL Modem 接入 Internet 的方法。

实验 14 建立和管理本地站点

一、实验目的

1. 了解熟悉 Dreamweaver 的工作界面。
2. 掌握建立、管理站点的方法。
3. 初步练习网页设计和制作。

二、实验理论

首次启动 Dreamweaver 8 时会出现一个“工作区设置”对话框，在对话框左侧是 Dreamweaver 8 的设计视图，右侧是 Dreamweave 8 的代码视图。

在 Dreamweave 8 中首先将显示一个起始页，可以勾选这个窗口下面的“不再显示此对话框”来隐藏它。

然后，在文件菜单中选择“新建”或“打开”一个文档，进入 Dreamweaver 8 的标准工作界面。Dreamweaver 8 的标准工作界面包括：标题栏、菜单栏、插入面板组、文档工具栏、标准工具栏、文档窗口、状态栏、属性面板和浮动面板组，如图 14-1 所示。

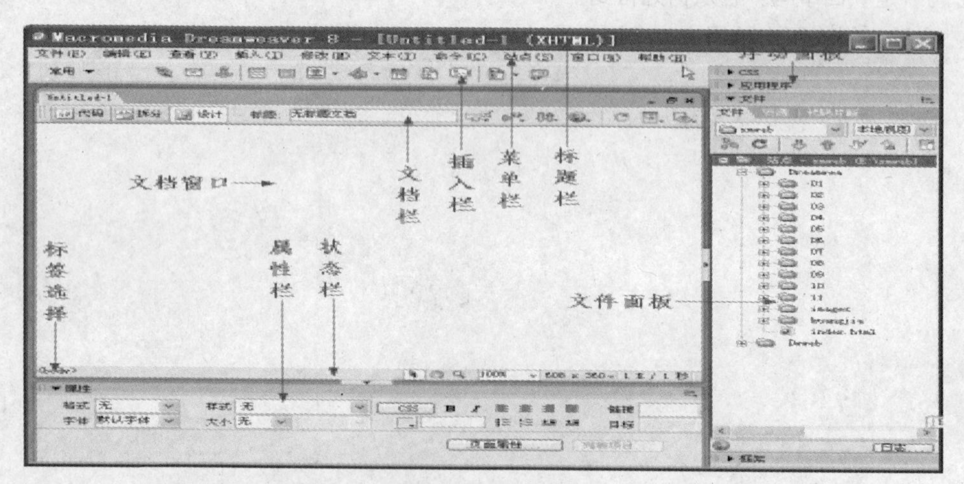

图 14-1 工作界面

1. 标题栏

启动 Macromedia Dreamweave 8 后，标题栏将显示文字 Macromedia Dreamweave 8.0，新建或打开一个文档后，在后面还会显示该文档所在的位置和文件名称。

2. 菜单栏

Dreamweave 8 的菜单共有 10 个，如图 14-2 所示，即文件、编辑、视图、插入、修改、文本、命令、站点、窗口和帮助。其中，编辑菜单里提供了对 Dreamweaver 菜单中[首选参数]的访问。

文件(F)　编辑(E)　查看(V)　插入(I)　修改(M)　文本(T)　命令(C)　站点(S)　窗口(W)　帮助(H)

图 14-2　菜单栏

文件：用来管理文件。例如新建、打开、保存、另存为、导入、输出打印等。

编辑：用来编辑文本。例如剪切、复制、粘贴、查找、替换和参数设置等。

查看：用来切换视图模式以及显示／隐藏标尺、网格线等辅助视图功能。

插入：用来插入各种元素，例如图片、多媒体组件、表格、框架及超级链接等。

修改：具有对页面元素修改的功能，例如在表格中插入表格，拆分、合并单元格，对齐对象等。

文本：用来对文本操作，例如设置文本格式等。

命令：所有的附加命令项。

站点：用来创建和管理站点。

窗口：用来显示和隐藏控制面板以及切换文档窗口。

帮助：联机帮助功能。例如按下 F1 键，就会打开电子帮助文本。

3. 插入面板组

插入面板集成了所有可以在网页应用的对象，包括“插入”菜单中的选项。插入面板组其实就是图像化了的插入指令，通过一个个的按钮，可以很容易地加入图像、声音、多媒体动画、表格、图层、框架、表单、Flash 和 ActiveX 等网页元素，如图 14-3 所示。

图 14-3　插入面板组

4. 文档工具栏

“文档”工具栏，如图 14-4 所示，包含各种按钮，它们提供各种“文档”窗口视图（如“设计”视图和“代码”视图）的选项、各种查看选项和一些常用操作（如在浏览器中预览）。

图 14-4　文档工具栏

5. 标准工具栏

“标准”工具栏包含来自“文件”和“编辑”菜单中的一般操作的按钮：“新建”、“打开”、“保存”、“保存全部”、“剪切”、“复制”、“粘贴”、“撤消”和“重做”，如图 14-5 所示。

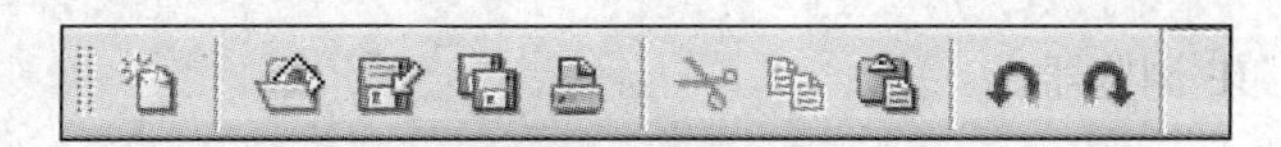

图 14-5　标准工具栏

6. 文档窗口

当打开或创建一个项目，进入文档窗口，可以在文档区域中进行输入文字、插入表格和编辑图片等操作。

“文档”窗口显示当前文档。可以选择下列任一视图：“设计”视图是一个用于可视化页面布局、可视化编辑和快速应用程序开发的设计环境，在该视图中，Dreamweaver 显示文档的完全可编辑的可视化表示形式，类似于在浏览器中查看页面时看到的内容；“代码”视图是一个用于编写和编辑 HTML、JavaScript、服务器语言代码以及任何其他类型代码的手工编码环境；“代码和设计”视图使您可以在单个窗口中同时看到同一文档的“代码”视图和“设计”视图。

7. 状态栏

“文档”窗口底部的状态栏，如图 14-6 所示，提供与正创建的文档有关的其他信息。标签选择器显示环绕当前选定内容的标签的层次结构。单击该层次结构中的任何标签以选择该标签及其全部内容，如单击 <body> 可以选择文档的整个正文。

图 14-6　状态栏

8. 属性面板

属性面板，如图 14-7 所示，并不是将所有的属性都加载在面板上，而是根据选择的对象来动态显示对象的属性，属性面板的状态完全是随当前在文档中选择的对象来确定的。例如，当前选择了一幅图像，那么属性面板上就出现该图像的相关属性；如果选择了表格，那么属性面板会相应地变成表格的相关属性。

图 14-7　属性面板

9. 浮动面板

其他面板可以同称为浮动面板，这些面板都浮动于编辑窗口之外。在初次使用 Dreamweave 8 的时候，这些面板根据功能被分成了若干组。在窗口菜单中，选择不同的命令可以打开基本面板组、设计面板组、代码面板组、应用程序面板组、资源面板组和其他面板组。

三、实验条件

1. 实验设备

接入因特网的计算机。

2. 实验软件

Windows XP/7、IE 浏览器。

四、实验内容

建立一个以自己名字命名的站点，该站点包含三个文件夹 image、css、mdb，四个网页，分别为 index.html、jianjie.html、zuopin.html、xuexi.html，设置主页 index.html 的标题为“本站主页”。

其中 index.html 页面效果图如 14-8 所示。

图 14-8　效果图

五、实验步骤

第 1 步　打开 Dreamweaver，选择菜单“站点”→“管理站点”命令。弹出如图 14-9 所示的对话框。在弹出的“设置站点对象”对话框的“站点名称”文本框中输入站点名称，如“myweb”；在“本地站点文件夹”中选择本地文件夹如“D:\myweb”。 设置完毕，点击“保存”按钮。

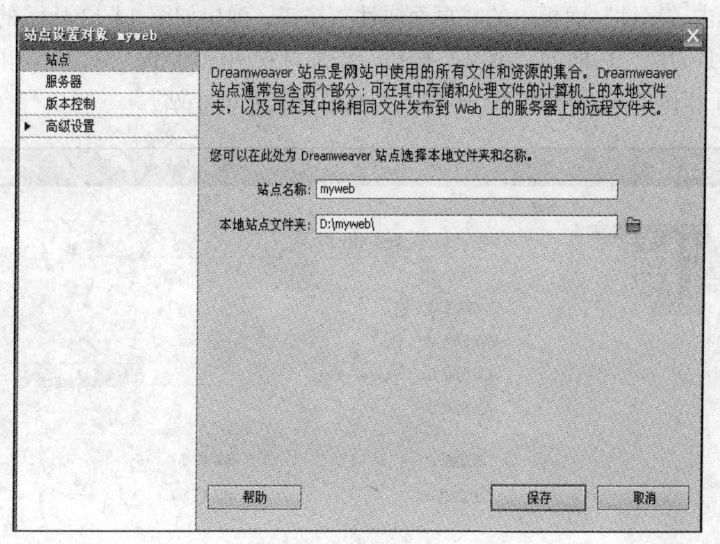

图 14-9　新建站点

第 2 步　在 Dreamweaver 的工作界面右侧“浮动面板组”中的“文件”面板中就能看到刚才新建的站点 myweb，如图 14-10 所示。

如果要对所建立的站点进行修改的话，可以选择菜单“站点”→“管理站点”→“编辑”命令。

第 3 步　在站点文件列表中右键单击“站点—myweb(D:\myweb)”，在弹出的菜单中选择“新建文件夹”，文件列表中就会出现名为“新建文件夹”的文件夹，将该文件夹命名为 image，同样操作建立 css 文件夹和 mdb 文件夹。

第 4 步　在站点文件列表中右键单击“站点—myweb(D:\myweb)”，在弹出的菜单中选择“新建文件”，文件列表中就会出现名为“新建文件”的网页文件，将该文件命名为 index.html，同样操作建立 jianjie.html、zuopin.html、xuexi.html。如图 14-11 所示。

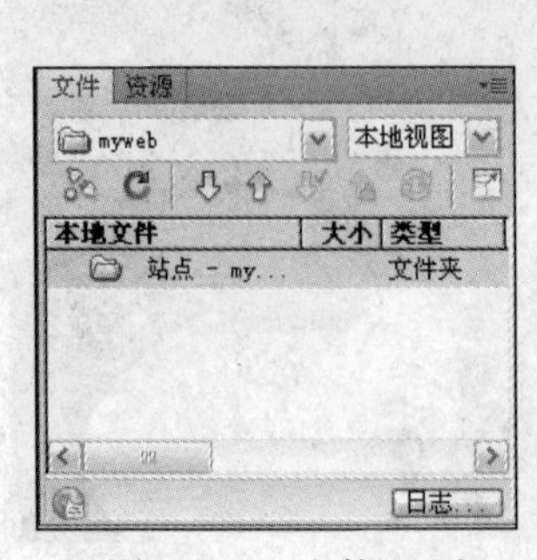

图 14-10　“文件”面板

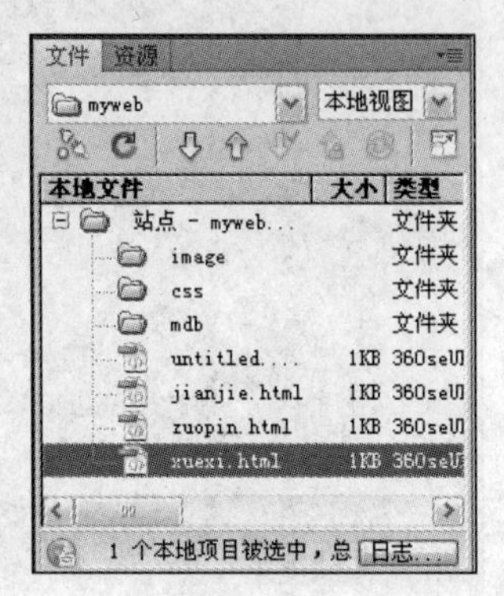

图 14-11　新建文件后的“文件”面板

第 5 步　在站点文件列表中双击打开 index.html 文件，打开该网页，将光标定位到“文档工具栏”中的“标题”，将标题中的内容改为“本站主页”，如图 14-12 所示。

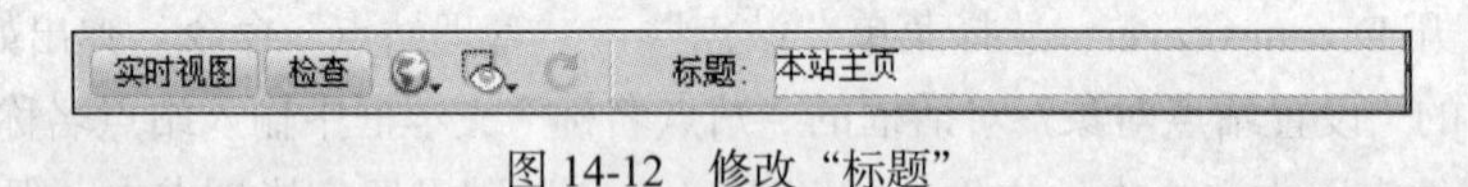

图 14-12　修改“标题”

第 6 步　单击“属性”面板中的“页面属性”按钮，弹出如图 14-13 所示的“页面属性”对话框，单击“背景图像”后面的“浏览”按钮，添加背景图像即可。

第 7 步 在工作区的“编辑窗口”中输入“欢迎光临我的小站”。

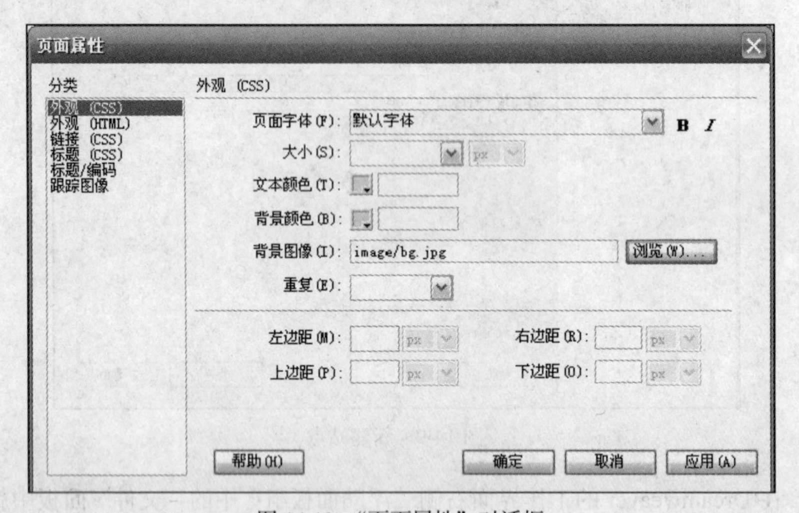

图 14-13　“页面属性”对话框

第 8 步 浏览测试。浏览测试的方法有 3 种，第 1 种方法是直接按“F12”键，这是最快捷的方法，建议大家以后尽量采用这种方法。第 2 种方法是单击“文档工具栏”中的 按钮，在弹出的菜单中选择“预览在 iexplore”命令后即可在 IE 浏览器中浏览当前网页。第 3 种方法是选择“文件”→“在浏览器中预览”→“iexplore”菜单命令即可在 IE 浏览器中浏览测试当前网页。

六、实验报告

根据实验情况完成实验报告，实验报告应包括以下内容。

1. 实验地点，实验人员，实验时间。

2. 实验内容：将实际观察到的情况做详细记录。

3. 实验分析。

（1）怎样对站点下的文件检查浏览器是否支持?

（2）站点的取出和存回是怎么回事?

（3）Dreamweaver 中无法使用中文文件名和路径吗?

（4）在规划站点结构时，应该遵循哪些规则?

4. 实验心得：写出使用 Dreamweaver 的方法和技巧，总结在 Dreamweaver 中建立站点的方法和注意事项。

实验 15 图文混排网页的制作

一、实验目的

1. 掌握网页布局的方法。
2. 掌握在网页中插入图片的方法。
3. 掌握网页中图文混排的排版方法。

二、实验理论

1. 文本的插入与编辑

（1）插入文本。

要向 Dreamweaver 8 文档添加文本，可以直接在文档窗口中输入文本，也可以剪切并粘贴，还可以从 Word 文档导入文本。

用鼠标在文档编辑窗口的空白区域点一下，窗口中出现闪动的光标，提示文字的起始位置，可进行文字素材的复制/粘贴操作。

（2）编辑文本格式。

网页的文本分为段落和标题两种格式。

在文档编辑窗口中选中一段文本，在“属性”面板的“格式”下拉列表框中选择“段落”，把选中的文本设置成段落格式。

“标题 1”～“标题 6”分别表示各级标题，应用于网页的标题部分。对应的字体由大到小，同时文字全部加粗。

另外，在“属性”面板中可以定义文字的字号、颜色、加粗、加斜、水平对齐等内容。

（3）设置字体组合。

Dreamweaver 8 预设的可供选择的字体组合只有 6 项英文字体组合，要想使用中文字体，必须重新编辑新的字体组合，在“字体”下拉列表框中选择“编辑字体列表”，弹出“编辑字体列表”对话框，如图 15-1 和图 15-2 所示。

（4）特殊字符。要向网页中插入特殊字符，需要在快捷工具栏中选择“文本”，切换到字符插入栏，单击字符插入栏的最后一个按钮，可以向网页中插入相应的特殊符号，如图 15-3 和图 15-4 所示。

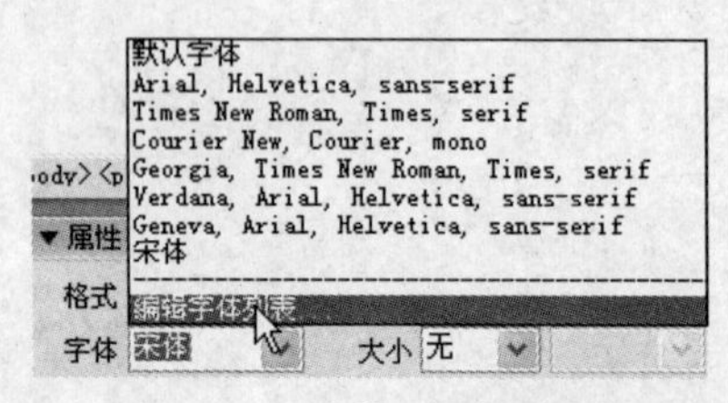

图 15-1 “字体”下拉列表框

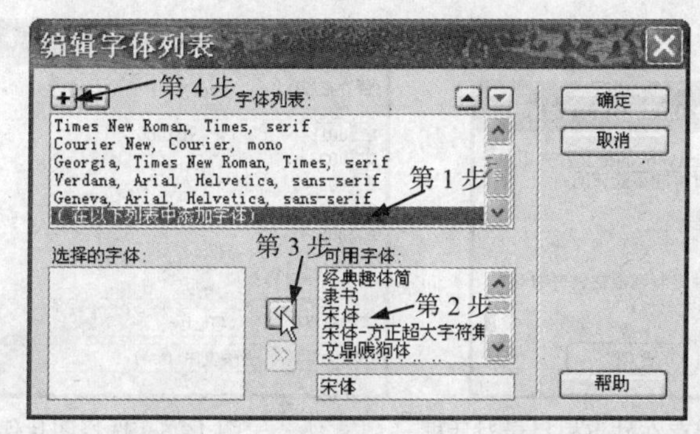

图 15-2 “编辑字体列表”对话框

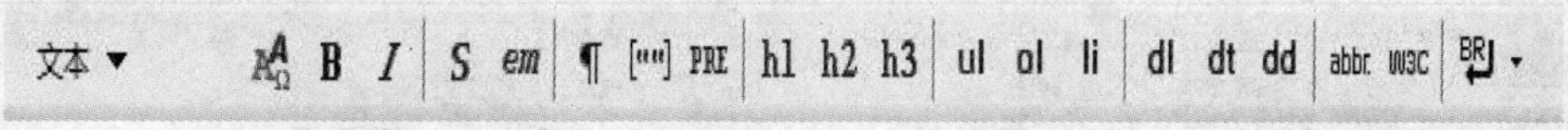

图 15-3 字符插入栏

（5）插入列表。列表分为两种：有序列表和无序列表。无序列表没有顺序，每一项前边都以同样的符号显示，有序列表前边的每一项有序号引导。在文档编辑窗口中选中需要设置的文本，在“属性”面板中单击按钮，则选中的文本被设置成无序列表；单击按钮则被设置成有序列表。

水平线起到分隔文本的排版作用，选择快捷工具栏中的“HTML”项，单击 HTML 栏的第一个按钮，即可向网页中插入水平线。选中插入的这条水平线，可以在“属性”面板对它的属性进行设置。

（6）插入时间。在文档编辑窗口中，将鼠标光标移动到要插入日期的位置，单击常用工具栏中的“日期”按钮，在弹出的“插入日期”对话框中选择相应的格式即可。

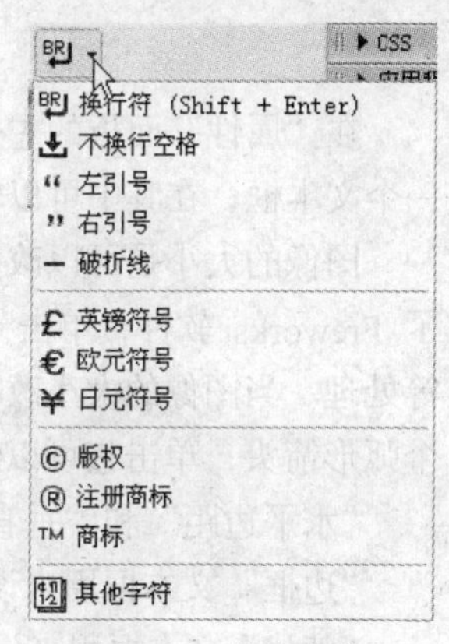

图 15-4 特殊字符

2. 插入图像

目前互联网上支持的图像格式主要有 GIF、JPEG 和 PNG。其中使用最为广泛的是 GIF 和 JPEG。

（1）插入图像。

在制作网页时，先构想好网页布局，在图像处理软件中对需要插入的图片进行处理，然后存放在站点根目录下的文件夹里。

插图图像时，将光标放置在文档窗口需要插入图像的位置，然后单击常用工具栏中的“图像”按钮即可。

如果在插入图片的时候，没有将图片保存在站点根目录下，会弹出图 15-5 所示的对话框，提醒要把图片保存在站点内部，这时单击“是”按钮，如图 15-5 所示。然后选择本地站点的路径将图片保存，图像也可以被插入到网页中，如图 15-6 所示。

（2）设置图像属性。

选中图像后，在“属性”面板中显示出了图像的属性，如图 15-7 所示。

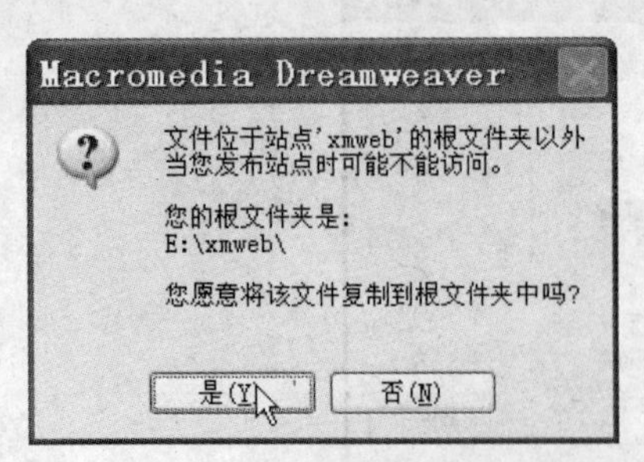

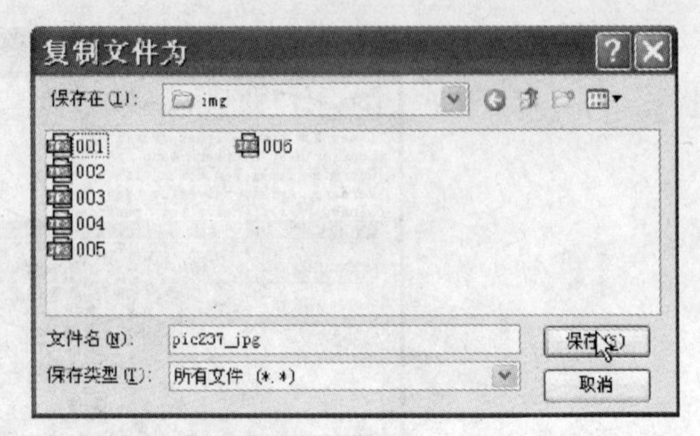

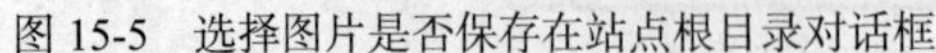

图 15-5　选择图片是否保存在站点根目录对话框　　　图 15-6　选择图片保存位置

图 15-7　图像“属性”面板

在“属性”面板的左上角，显示当前图像的缩略图，同时显示图像的大小。在缩略图右侧有一个文本框，在其中可以输入图像标记的名称。

图像的大小是可以改变的，但是在 Dreamweaver 里更改是极不好的习惯，如果计算机中安装了 Freworks 软件，单击“属性”面板的“编辑”旁边的按钮，即可启动同左对图像进行缩放等处理。当图像的大小改变时，属性栏中“宽”和“高”的数值会以粗体显示，并在旁边出现一个弧形箭头，单击它可以恢复图像的原始大小。

“水平边距”和“垂直边距”文本框用来设置图像左右和上下与其他页面元素的距离。

“边框”文本框用来设置图像边框的宽度，默认的边框宽度为 0。

“替代”文本框用来设置图像的替代文本，可以输入一段文字，当图像无法显示时，将显示这段文字。

单击“属性”面板中的对齐按钮，可以分别将图像设置成浏览器居左对齐、居中对齐和居右对齐。

在“属性”面板中，“对齐”下拉列表框用来设置图像与文本的相互对齐方式，共有 10 个选项。通过它可以将文字对齐到图像的上端、下端、左边和右边等，从而可以灵活地实现文字与图片的混排效果。

三、实验条件

1. 实验设备

接入因特网的计算机。

2. 实验软件

Windows XP/7、IE 浏览器、各种网络搜索引擎。

四、实验内容

制作“秋天的思念”网页效果，如图 15-8 所示。

图 15-8　效果图

五、实验步骤

第 1 步　背景颜色设置为“#313884”，页面标题设置为“秋天的思念”。

第 2 步　插入一个 3 行 1 列的表格，将表格宽度设置为“558”像素，边框粗细、单元格边距、单元格间距皆设置为“0”像素。如图 15-9 所示。在“属性”面板中设置表格对齐方式为“居中对齐”。

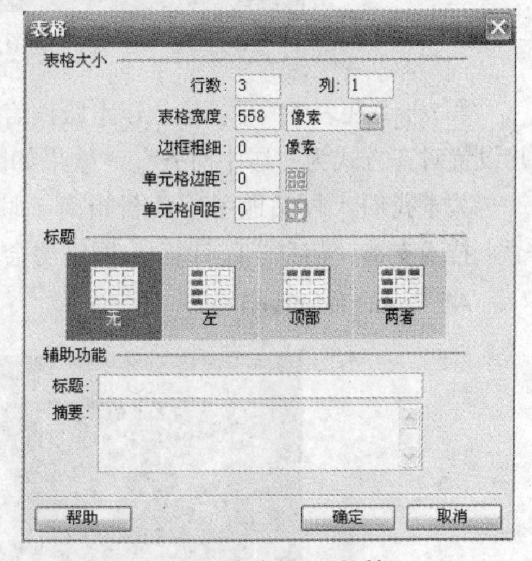

图 15-9　“表格”对话框

第 3 步　在“代码”视图中使用代码<td background="image/bg.gif"></td>将第 1 行的单元格的背景设置为图片“bg.gif”，同时在第 1 行的单元格内插入图片“logo.gif”，并设置为左对齐。效果如图 15-10 所示。

第 4 步　将第 2、3 行的单元格的背景颜色均设置为“#FFA200”，并在第 3 行的单元格内插入图片“blank.gif”，并将其宽度设置为“1”像素、高度设置为“10”像素。

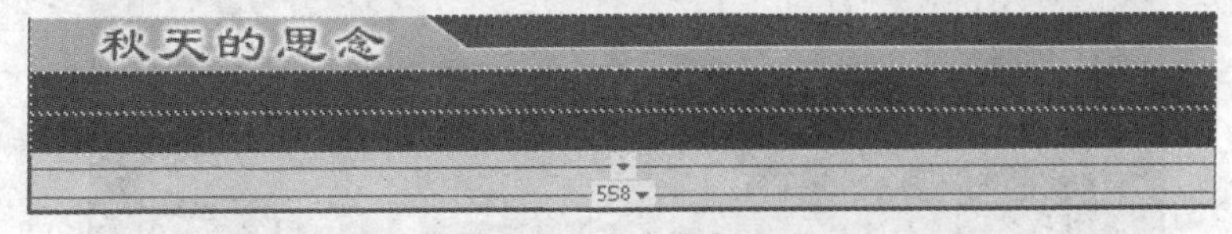

图 15-10　第 1 行单元格内容

blank.gif 是一个宽和高均为 1 像素的透明图片，在网页制作中经常利用这种透明图片来“撑开”表格，使其处于固定的宽度和高度。

第 5 步　在第 2 行单元格内插入一个 1 行 3 列的表格，将其宽度设置为 100%，边框粗细、单元格边距、单元格间距皆设置为“0”像素，对齐方式设置为“居中对齐”。

第 6 步　在新插入表格的第 2 列单元格内插入图片“autu.jpg”，将第 1、2、3 列的单元格的宽度分别设置为 2%、96%、2%，同时单击代码视图，将第 1、3 列单元格内的“ ”删除。效果如图 15-11 所示。

图 15-11　表格内容

第 7 步　在表格的下面输入以下版权信息，将文本大小设置为“14”像素，颜色设置为“#FFFFFF”，并设置对齐方式为“居中对齐”。效果如图 15-12 所示。

关于我们 | 网站地图 | 广告指南 | 联系我们 | 招聘精英

技术支持：信息学院计算机/网络协会

All Rights Reserved

图 15-12　效果图

六、实验报告

根据实验情况完成实验报告，实验报告应包括以下内容。

1. 实验地点，实验人员，实验时间。

2. 实验内容：将实际观察到的情况做详细记录。

3. 实验分析。

（1）制作好网页后预览，为什么在浏览器中看到的字体比在 Dreamweaver 中的大或小?

（2）在网页中，图片和表格接触的地方如何不留空隙?

（3）“ ；”是什么?它有什么作用?

（4）设置对象属性时，其长度单位可分为几类？都有哪些？如何利用不同的长度单位?

（5）在设置网页背景图像时，如果图像太小，铺不满整个网页，怎么办?

4. 实验心得：写出在 Dreamweaver 中输入文本信息和插入图片的方法，总结在制作过程中的注意事项、制作方法和技巧。

实验16

在网页中添加 Flash 元素

一、实验目的

1. 掌握在网页中插入 Flash 动画及属性设置的方法。
2. 掌握在网页中插入视频的方法。

二、实验理论

一个优秀的网站应该不仅仅是由文字和图片组成的，而是动态的、多媒体的。为了增强网页的表现力，丰富文档的显示效果，可以向其插入 Flash 动画、Java 小程序、音频播放插件等多媒体内容。

1. 插入 Flash

将光标放置在网页中需要插入 Flash 的地方，单击常用工具栏中的“媒体”按钮，然后在弹出的列表中选择“Flash”，如图 16-1 所示。

图 16-1 “媒体”按钮的弹出列表

在弹出“选择文件”对话框中，选择 swf 文件夹中的 huaduo.swf 文件。单击“确定”按钮后，插入的 Flash 动画并不会在文档窗口中显示内容，而是以一个带有字母 F 的灰色框来表示。

在文档窗口单击这个 Flash 文件，就可以在“属性”面板中设置其属性了，如图 16-2 所示。

选择“循环”复选框，影片将连续播放，否则影片在播放一次后自动停止。

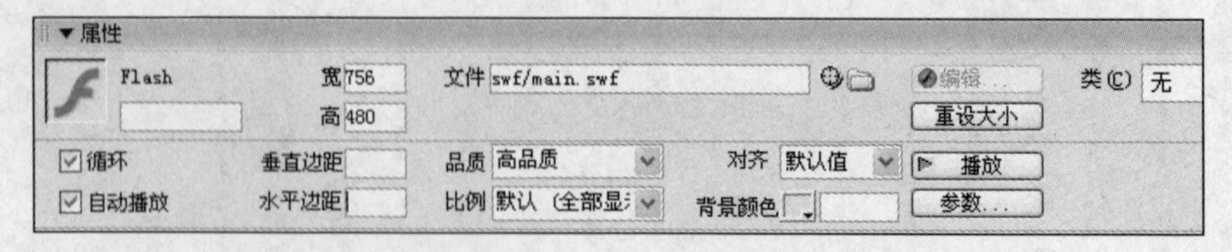

图 16-2 在“属性”面板中设置 Flash 文件的属性

通过选择“自动播放”复选框后，可以设定 Flash 文件是否在页面加载时就播放。

在“品质”下拉列表中可以选择 Flash 影片的画质，以最佳状态显示，就选择“高品质”。

“对齐”下拉列表框用来设置 Flash 动画的对齐方式，为了使页面的背景在 Flash 下能够衬托出来，可以使 Flash 的背景变为透明。单击“属性”面板中的“参数”按钮，打开“参数”对话框，设置参数为 wmode，值为 transparent，如图 16-3 所示。

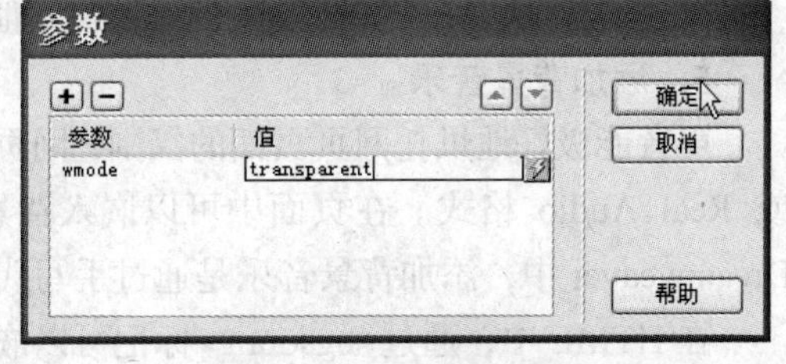

图 16-3　“参数”对话框

这样在任何背景下，Flash 动画都能实现透明背景的显示。

2. 插入 Flash 文本

将光标放置在表格 3 第 2 行的单元格中，用 Flash 文本制作导航栏目。单击常用工具栏的“媒体”按钮，在列表中选择 Flash 文本，弹出“插入 Flash 文本”对话框，字体随意，大小为 22px，颜色设置为#F5E458，转滚颜色为#54C994，文本为“图片素材”，背景颜色为#6DCFF6，选择自己需要的路径链接。用同样的方法分别在表格 3 的第 3～6 行制作“代码素材”、“Flash 动漫”、“精美壁纸”和“音频视频”等栏目。

3. 插入 Flash 按钮

在将光标放置于插入 Flash 按钮的位置，单击常用工具栏的“媒体”按钮，在列表中选择“Flash 按钮”，弹出“插入 Flash 按钮”对话框，如图 16-4 所示。

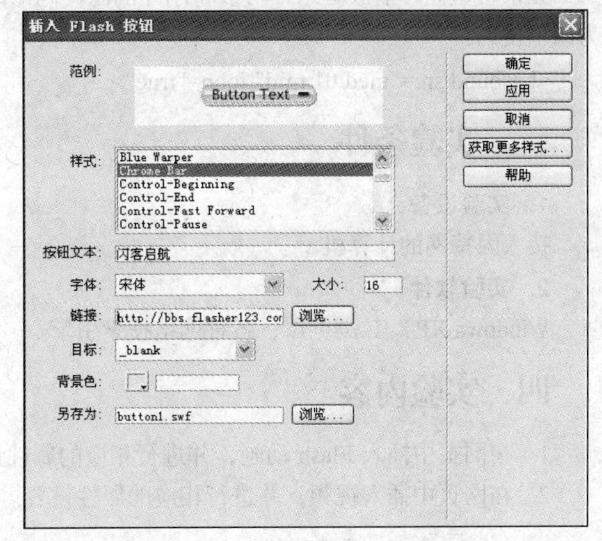

图 16-4　“插入 Flash 按钮”对话框

“样式”列表框用来选择按钮的外观。

“按钮文本”文本框用来输入按钮上的文字。

“字体”下拉列表框和“大小”文本框用来设置按钮上文字的字体和大小，字号变大，按钮并不会跟着改变。

“链接”文本框用于输入按钮的链接，可以是外部链接，也可以是内部链接。

“目标”下拉列表框用来设置打开的链接窗口。

如果需要修改 Flash 按钮对象，可以先选中它，然后在“属性”面板中单击“编辑”按钮，会自动弹出“插入 Flash 按钮”对话框，更改它的设置即可。

4. 插入 FlashPaper

还可以在网页中插入 Macromedia FlashPaper 文档。在浏览器中打开包含 FlashPaper 文档的页面时，浏览者能够浏览 FlashPaper 文档中的所有页面，而无需加载新的 Web 页。也可以搜索、打印和缩放该文档。

在文档窗口中，将光标放在页面上想要显示 FlashPaper 文档的位置，然后选择“插入”→“媒体”→“FlashPaper”命令。

在“插入 FlashPaper”对话框中，浏览到一个 FlashPaper 文档并将其选定。如果需要，通过输入宽度和高度（以像素为单位）指定 FlashPaper 对象在网页上的尺寸。FlashPaper 将缩放文档以适合宽度。单击“确定”按钮在页面中插入文档。由于 FlashPaper 文档是 Flash 对象，因此页面上将出现一个 Flash 占位符。

如果需要，可在“属性”面板中设置其他属性。

5. 添加背景音乐

声音能极好地烘托网页页面的氛围，网页中常见的声音格式有 WAV、MP3、MIDI、AIF、RA 或 Real Audio 格式。在页面中可以嵌入背景音乐。这种音乐多以 MP3、MIDI 文件为主，在 Dreamweaver 中，添加背景音乐是通过手写代码实现的。

在 HTML 中，通过<bgsoung>标记可以嵌入多种格式的音乐文件，具体步骤如下。

第 1 步　将 01.mid 音乐文件存放在 med 文件夹里。

第 2 步　打开 03.html 网页，为这个页面添加背景音乐。

第 3 步　切换到 Dreamweaver 的“拆分”视图，将光标定位到</body>之前的位置，在光标的位置添加代码<bgsound src = "med/01.mid">，如图 16-5 所示。

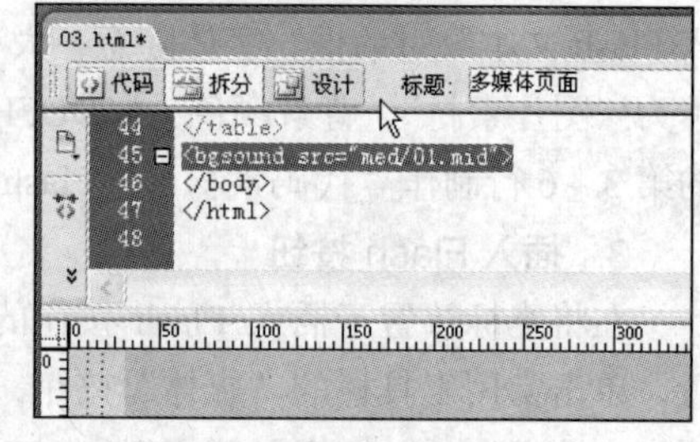

图 16-5　“拆分”视图

第 4 步　按下 F12 键，在浏览器中查看效果，可以听见背景音乐声。

如果希望循环播放音乐，可以将刚才的源代码修改为以下代码：

```
<bgsound src="med/01.mid" loop="true">
```

三、实验条件

1. 实验设备

接入因特网的计算机。

2. 实验软件

Windows XP、IE 浏览器、各种网络搜索引擎。

四、实验内容

1. 在网页中插入 Flash 动画，并进行相应的属性设置。
2. 在网页中插入视频，并进行相应的属性设置。

五、实验步骤

第 1 步　把光标定位在要插入动画的位置，然后单击菜单“插入”→“媒体”→“swf”，打开如图 16-6 所示的“选择 swf”对话框，在对话框中选择要插入的 Flash 动画文件，单击“确定”按钮。弹出如图 16-7 所示的“对象标签辅助功能属性”对话框，在该对话框中输入标题、访问键等辅助功能信息，然后单击“确定”按钮，也可不输入任何信息直接单击“确定”按钮。

第 2 步　Flash 动画插入到网页中指定位置后并不会在设计视图中显示其内容，而是以一个带有字母 f 的灰色框来表示，在浏览时就可看到插入的 Flash 动画了。

第 3 步　在页面中单击选中插入的 Flash 文件，然后在“Flash”的属性面板中设置 Flash 的属性，如图 16-8 所示。

第 4 步　把光标定位在要插入 Flash 视频的位置，然后单击菜单“插入”→“媒体”→“FLV...”，打开“插入 FLV”对话框，如图 16-9 所示。

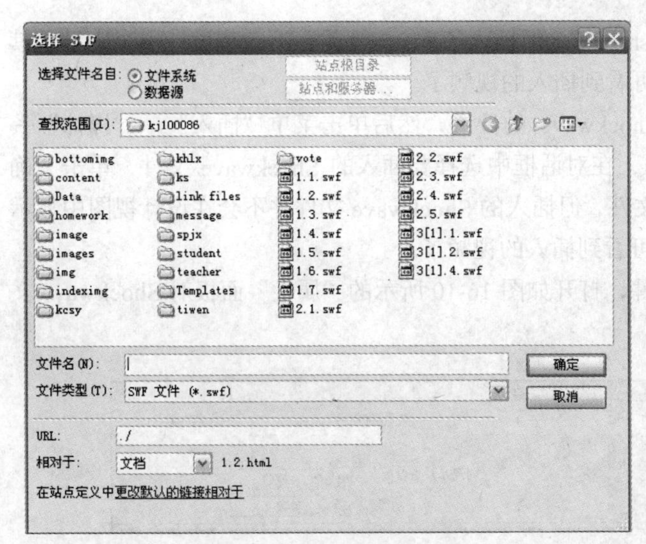

图 16-6 “选择 swf”对话框

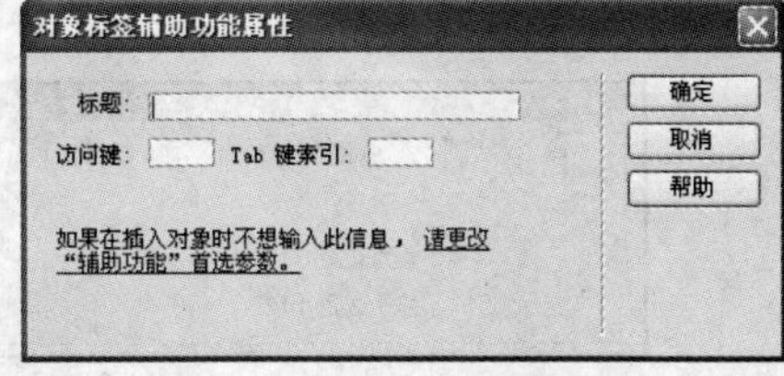

图 16-7 “对象标签辅助功能属性”对话框

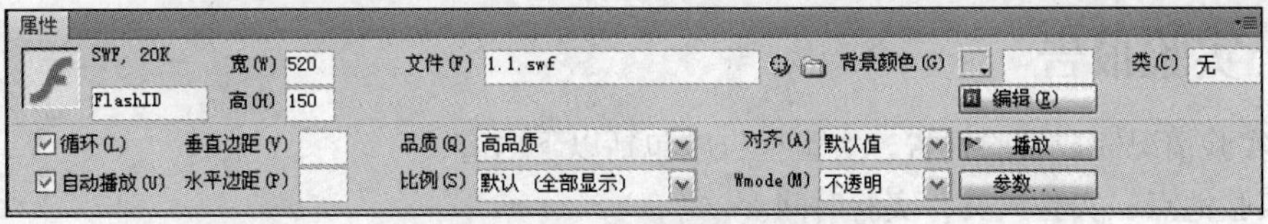

图 16-8 “Flash 文件”属性对话框

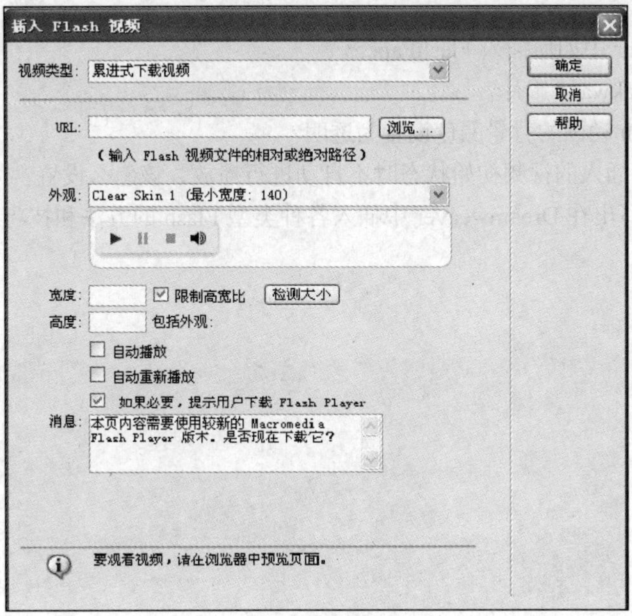

图 16-9 “插入 FLV ”对话框

第 5 步　在“插入 FLV”对话框的“视频类型”下拉列表框中选择视频的类型，在“URL”文本框中选择输入 Flash 视频文件的路径及名称，在“外观”下拉列表框中选择视频播放器的外观界面，在“宽度”和“高度”文本框中输入视频画面的宽度和高度，选中“自动播放”复选框将在网页加载后即自动播放 Flash 视频，选中“自动重新播放”复选框将使 Flash 视频循环播放，单击“确定”按钮关闭对话框，插入 Flash 视频，但插入的 Flash 视频并不会在设计视图中显示其内容，而是以来表示，在浏览时就可看到插入的视频了。

第 6 步　把光标定位在需要插入 Shockwave 的位置，然后单击菜单“插入”→“媒体”→“Shockwave”，打开“选择文件”对话框，在对话框中选择要插入的 Shockwave 文件，单击“确定”按钮关闭对话框，插入 Shockwave 文件，但插入的 Shockwave 文件并不会在设计视图中显示其内容，而是以来表示，在浏览时就可看到插入的视频了。

第 7 步　选定插入的 Shockwave 文件，打开如图 16-10 所示的“属性”面板对 Shockwave 文件进行属性设置。

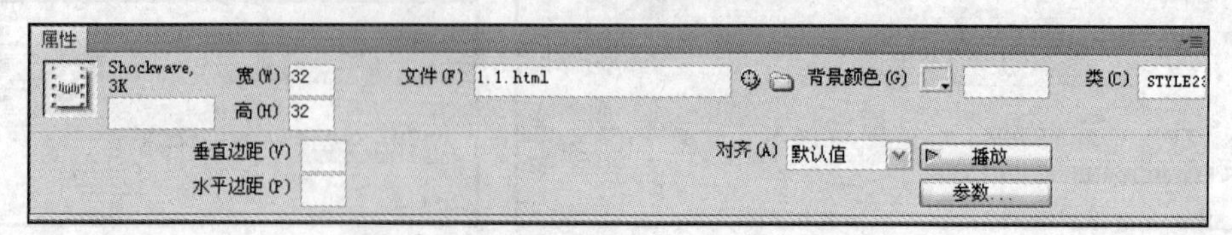

图 16-10　“Shockwave 文件”属性面板

六、实验报告

根据实验情况完成实验报告，实验报告应包括以下内容。

1. 实验地点，实验人员，实验时间。
2. 实验内容：将实际观察到的情况做详细记录。
3. 实验分析。

（1）Dreamweaver 中如何插入 FlashPaper?

（2）什么是 Shockwave 影片？

（3）如何将 Flash 动画的背景颜色设置为透明？

（4）如果要设置插入的视频初始状态时不自动进行播放，该怎么设置？

4. 实验心得：写出在 Dreamweaver 中插入各种类型 Flash 的方法和技巧。

实验 17 给文本和图像添加超级链接

一、实验目的

1. 了解超链接的基本概念和种类。
2. 掌握设置文本和图片超链接的方法。
3. 掌握设置锚点超链接和电子邮件链接的方法。

二、实验理论

链接是一个网站的灵魂，一个网站是由多个页面组成的，而这些页面之间依据链接确定相互之间的导航关系。

超链接是指站点内不同网页之间、站点与 Web 之间的链接关系，它可以使站点内的网页成为有机的整体，还能够使不同站点之间建立联系。超链接由两部分组成：链接载体和链接目标。

许多页面元素可以作为链接载体，如文本、图像、图像热区、动画等；而链接目标可以是任意网络资源，如页面、图像、声音、程序、其他网站、E-mail 甚至是页面中的某个位置——锚点。

如果按链接目标分类，可以将超链接分为以下几种类型。

- 内部链接：同一网站文档之间的链接。
- 外部链接：不同网站文档之间的链接。
- 锚点链接：同一网页或不同网页中指定位置的链接。
- E-mail 链接：发送电子邮件的链接。

1. 关于链接路径

（1）绝对路径：为文件提供完全的路径，包括适用的协议，例如 HTTP、FTP、RTSP 等。

（2）相对路径：最适合网站的内部链接。如果链接到同一目录下，则只需要输入要链接文件的名称。要链接到下一级目录中的文件，只需要输入目录名，然后输入“/”，再输入文件名；要链接到上一级目录中的文件，则先输入“../”，再输入目录名、文件名。

（3）根路径：是指从站点根文件夹到被链接文档经由的路径，以前斜杠开头，例如，/fy/maodian.html 就是站点根文件夹下的 fy 子文件夹中的一个文件（maodian.html ）的根路径。

2. 创建外部链接

不论是文字还是图像，都可以创建链接到绝对地址的外部链接。创建链接的方法可以直接输入地址，也可以使用超链接对话框。

（1）直接输入地址。

打开 02.html 页面，输入并选中文字“闪客启航网页技术区”。

在“属性”面板中，“链接”下拉列表框用来设置图像或文字的超链接，“目标”下拉列表框用来设置打开方式。在“链接”下拉列表框中直接输入外部绝对地址 http://bbs.flasher123.com/index.asp?boardid=4，在“目标”下拉列表框中选择_blank（在一个新的未命名的浏览器窗口中打开链接），如图 17-1 所示。

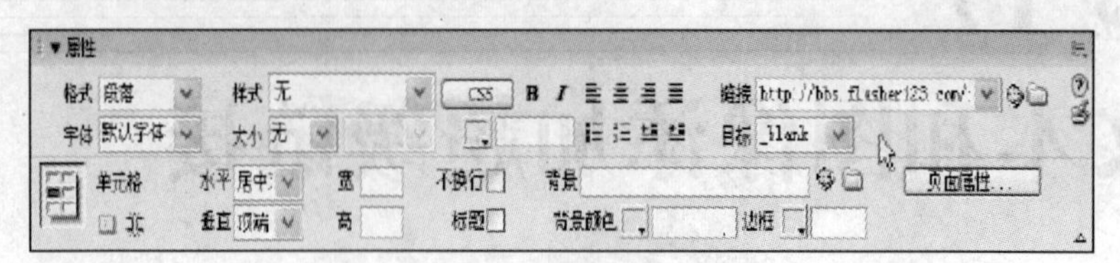

图 17-1　链接设置

（2）使用超链接对话框。

打开 03.html 页面，选中文字“闪客启航”。

单击常用工具栏中的“超级链接”按钮，如图 17-2 所示。

图 17-2　“超级链接”按钮

在弹出的超链接对话框中进行以下各项的设置。

- “文本”文本框用来设置超链接显示的文本。
- “链接”用来设置超链接连接到的路径。
- “目标”下拉列表框用来设置超链接的打开方式，共有 4 个选项。
- “标题”文本框用来设置超链接的标题。

设置好后，单击“确定”按钮，向网页中插入超链接。

3. 创建内部链接

在文档窗口选中文字，单击“属性”面板“链接”后的按钮，弹出“选择文件”对话框，选择要链接到的网页文件，即可链接到这个网页。

也可以拖动“链接”后的按钮到站点面板上的相应网页文件，则链接将指向这个网页文件。

此外，还可以直接将相对地址输入到“链接”文本框里来链接一个页面。

4. 创建 E－mail 链接

单击常用工具栏中的“电子邮件链接”按钮，弹出“电子邮件链接”对话框，在对话框的文本框中输入要链接的文本，然后在 E-mail 文本框中输入邮箱地址即可。

5. 创建锚点链接

所谓锚点链接，是指在同一个页面中的不同位置的链接。

打开一个页面较长的网页，将光标放置于要插入锚点的地方，单击常用工具栏的“命名锚记”按钮，插入锚点。再选中需要链接锚点的文字，在“属性”面板中拖动“链接”后的按钮到锚点上即可。

6. 制作图像映射

打开一包含图像的网页，选中其中的图片，在“属性”面板中，有不同形状的图像热区按钮，选择一个热区按钮单击。然后在图像上需要创建热区的位置拖动鼠标，即可创建热区。此时，选中的部分被称做图像热点。

选中这个图像热点，在“属性”面板上给这个图像热点设置超链接即可。

三、实验条件

1. 实验设备

接入因特网的计算机。

2. 实验软件

Windows XP/7、IE 浏览器。

四、实验内容

在网页中给文本和图像添加超级链接，某站点下有如下 4 个网页：index.html、depart.html、spec.html、stu.html。

1. 制作如图 17-3 所示首页效果图，图像显示在网页的中间，单击“系部简介”会在新的 IE 窗口打开 depart.html，单击“专业介绍”会打开 spec.html，单击“学生工作”会打开 stu.html，单击“与我联系”会发送电子邮件。

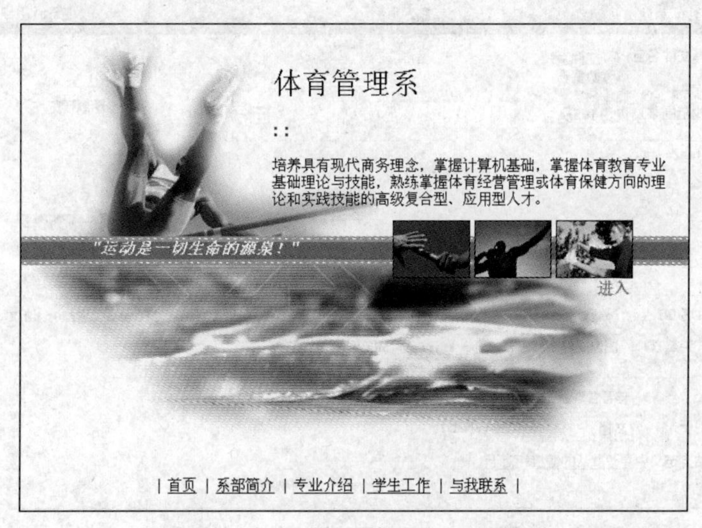

图 17-3　效果图

2. spec.html 效果图如图 17-4 所示，图 17-4(a)是网页上半部分的效果图，图 17-4(b)是网页下半部分的效果图，单击“再看一遍”能返回到“专业介绍”，单击右下角的“首页”能够返回首页。

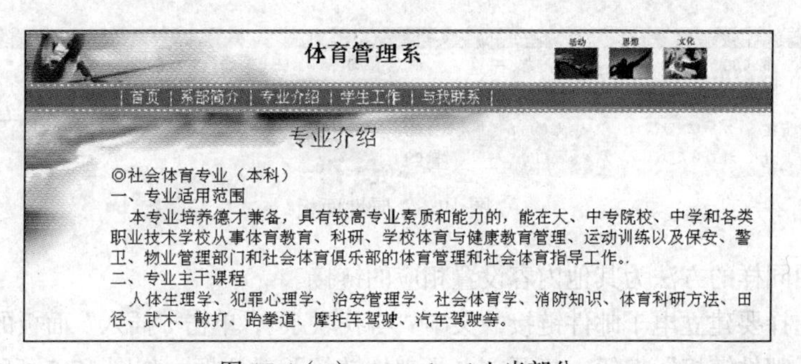

图 17-4（a）　spec.html 上半部分

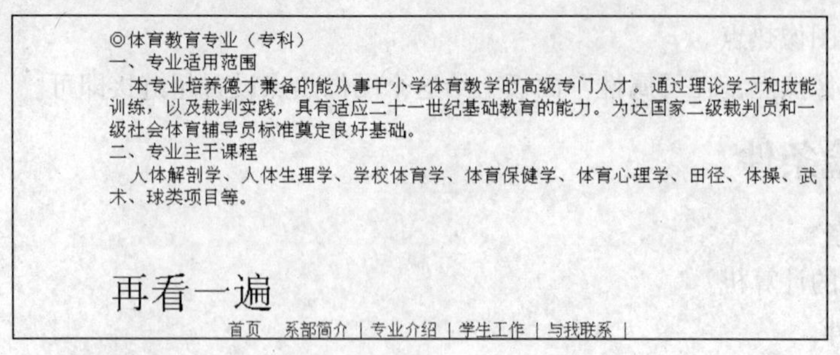

图 17-4（b） spec.html 下半部分

五、实验步骤

第 1 步　新建 4 个 HTML 文档，将其分别保存为 index.html、depart.html、spec.html、stu.html。

第 2 步　将光标定位到要插入图像的位置，选择“插入”→“图像”菜单命令，或单击“插入”面板的“常用”选项卡中的·按钮，打开如图 17-5 所示的“选择图像源文件”对话框，将所选的图像插入到网页中指定的位置。

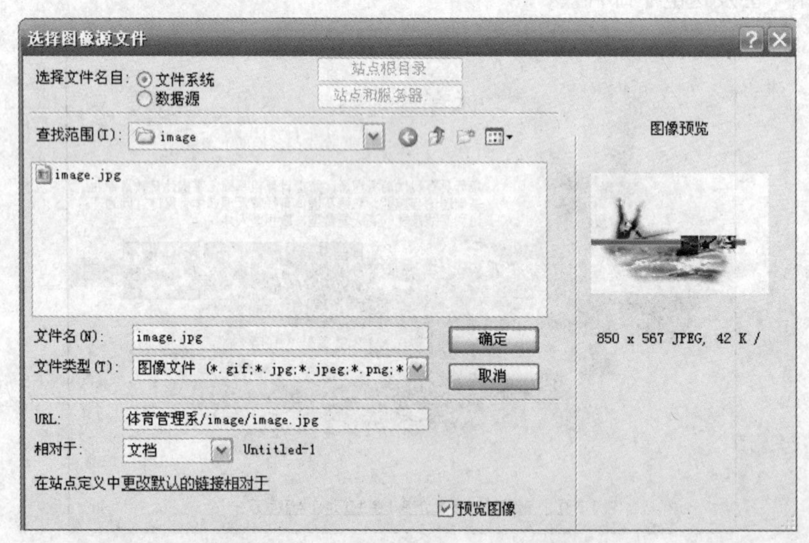

图 17-5 “选择图像源文件”对话框

第 3 步　在文档中输入需要建立超链接的文本，选取要添加超链接的文本“系部简介”，在“属性面板”中将“链接”改为 depart.html，在“目标”下拉列表框中选择“_blank”，如图 17-6 所示。

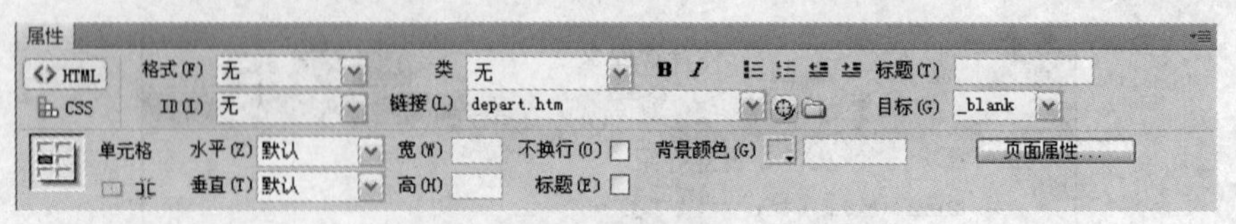

图 17-6 属性面板

第 4 步　用同样的方法为其他内容设置相应的链接。

第 5 步　选择要建立电子邮件链接的文本“与我联系”，单击“插入”面板的“常用”选项卡中的“插入电子邮件链接”按钮，打开“电子邮件链接”对话框，如图 17-7 所示。

第 6 步　在“文本”文本框中输入显示在 Web 页面中的链接文本，如“与我联系”，在“E-Mail”文本框中输入要链接到的电子邮箱地址，如“csygold@163.com”，单击“确定”按钮。

第 7 步　按“F12”键，预览。

第 8 步　打开已编辑好内容的“spec.html”页面，将插入点放在需要命名锚记的地方，如本例中“专业介绍”。

第 9 步　选择“插入”→“命名锚记”菜单命令，在打开的“命名锚记”对话框的“锚记名称”文本框中，输入锚记名称，如 top，并单击“确定”按钮，锚记标记出现在插入点处，如图 17-8 所示。

图 17-7　“电子邮件链接”对话框

图 17-8　“命名锚记”对话框

第 10 步　选择要创建命名锚记的文本或图像，如本例中的“再看一遍”，在属性面板的“链接”文本框中，输入符号“#”和锚记名称，如“#top”。

若要链接到当前文档中名为“top”的锚记，则输入“#top”。若要链接到同一文件夹内其他文档中的名为“top”的锚记，则输入“index.html#top”形式的锚记引用。

第 11 步　选中“首页”，打开“属性面板”，单击“链接”文本框后的 按钮，在打开的“选择新文件”对话框中选择要链接的文件，这里选择“index.html”（即首页），同时在“相对于”下拉列表框中选择相应的“站点根目录”选项，单击“确定”按钮。

第 12 步　按“F12”键，在 IE 浏览器中单击“再看一遍”链接，则返回到“专业介绍”（命名锚记处），单击“首页”链接，则打开 index.html。

六、实验报告

根据实验情况完成实验报告，实验报告应包括以下内容。

1. 实验地点，实验人员，实验时间。

2. 实验内容：将实际观察到的情况做详细记录。

3. 实验分析。

（1）超级链接的“目标”有哪些？

（2）什么是图像热点链接？如何设置？

（3）如何消除超级链接的下划线？

（4）超级链接如何链接到 Internet 的网站上面？

（5）大家经常在网页上会看到文字“加入收藏”，请问如何实现单击“加入收藏”可以将该网页加入到浏览器的收藏夹中？

4. 实验心得：写出在 Dreamweaver 中给文本和图像添加超链接的方法和技巧。

实验 18
EasyRecovery 数据恢复工具的使用

一、实验目的

1. 了解数据恢复工具的一般特点。
2. 掌握数据恢复工具的使用方法。

二、实验理论

1. 数据恢复

当存储介质出现损伤或操作系统本身出现故障、人员误操作等造成数据看不见、无法读取、丢失等问题时，可通过技术手段，将存储介质上的这些数据进行抢救和恢复。数据可恢复的前提是数据没有被覆盖。如：一个文件已被删除，当有新的文件写入到该文件所占用空间时，文件将被覆盖，恢复出来的将是异常错误的内容。因此，当用户误删除了某些文件，应当先使用数据恢复工具进行文件恢复，这样可以避免新文件覆盖旧文件的危险。

2. EasyRecovery Professional 数据恢复工具

EasyRecovery Professional 是著名数据恢复公司 Ontrack 推出的，具有安全、实惠、简单易操作等特点，主要功能包括了磁盘诊断、数据恢复、文件修复、E-mail 修复等各种数据文件修复和磁盘诊断方案。数据恢复主要包括误删除文件、误格式化硬盘、U 盘手机相机卡恢复、误清空回收站、万能恢复等。

三、实验条件

1. 实验设备

连接因特网的计算机一台。

2. 实验软件

Windows XP/7、MS Office 2010、EasyRecovery Pro

EasyRecovery 工具下载链接为：http://www.krollontrack.com/software/free-downloads/

四、实验内容

1. EasyRecovery 数据恢复软件的安装与使用。
2. 新建测试文件并删除。
3. 使用 EasyRecovery 恢复被删文件。

五、实验步骤

每个学生独立使用一台电脑，独立完成本次的实验内容，并写出实验报告。

1. EasyRecovery 数据恢复工具的安装

本实验使用的数据恢复工具 EasyRecovery 可从网络上下载获得，建议使用安全检测工具来检测下载程序的安全性。从 Ontrack 公司官方网站（http://www.krollontrack.com）下载使用不失为最好选择。

第 1 步　双击 EasyRecovery 的安装程序，使用安装向导，单击“下一步”按钮，逐步完成 EasyRecovery 的安装过程。

第 2 步　单击“开始”，选择“程序”，找到 EasyRecovery，双击运行。

第 3 步　EasyRecovery 启动运行后，界面如图 18-1 所示。

图 18-1　EasyRecovery 程序运行界面

2. EasyRecovery 工具的使用

在实际使用时，可以按实际所需进入相应功能块。本实验中，设计几个测试例子，来说明该工具的使用。

（1）使用“误删除文件”功能。

第 1 步　单击“误删除文件”，显示出目录树结构，要求用户选择将要恢复的文件和目录所在的位置。如：选中 C 盘。

第 2 步　单击“下一步”按钮，EasyRecovery 开始查找 C 盘上已经删除的文件，并且将最终的查找结果显示出。

第 3 步　用户从显示结果中，选择将要恢复的文件或目录。单击“下一步”按钮。

第 4 步　用户选择恢复出的文件将要存放的目录，EasyRecovery 提示如果所选盘符也有需要恢复的文件，请另外选择存放目录。这里选择一个不需要恢复文件的盘符，选择 F 盘。单击“下一步”按钮，开始恢复所选文件。

提示

如果一个文件已被删除，当有新的文件写入到该文件所占用空间时，文件将被覆盖，恢复出来的将是异常错误的内容。

（2）使用“U盘手机相机卡恢复”功能。

第1步　将要恢复的存储设备接入到计算机上。如：恢复U盘数据，将U盘插在计算机的USB接口上。

第2步　点击“U盘手机相机卡恢复”，显示出当前接入到计算机的移动存储设备，用户从中选择将要恢复的文件和目录所在的位置。如：选中H盘。

第3步　单击“下一步”按钮，EasyRecovery开始查找H盘上已经删除的文件，并且将最终的查找结果显示出。如图18-2所示。

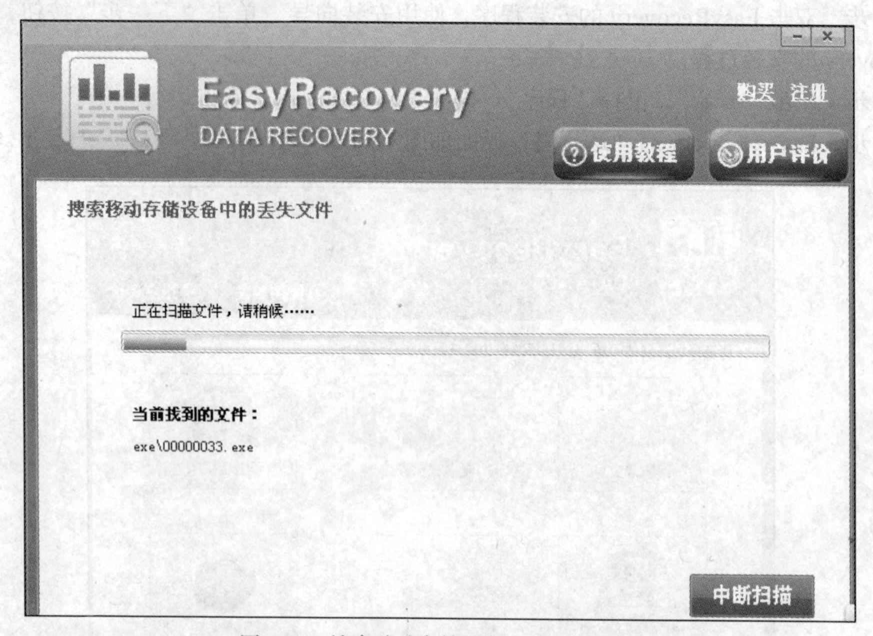

图18-2　搜索移动存储设备中的丢失文件

第4步　用户选择将要恢复的文件和文件将要存储的目录，选择F盘。单击“下一步”按钮，开始恢复。

3. EasyRecovery工具的恢复测试

（1）测试“误删除文件”。

第1步　打开C盘，在根目录下创建mytest.doc文件。

第2步　双击打开mytest.doc文件，在百度里搜索有关“数据恢复注意事项”，找出自己感兴趣的内容，粘贴到mytest.doc中。搜索有关“磁盘诊断”的图片，选两幅图插入到mytest.doc中。编辑完成后，保存文件并关闭word。

第3步　使用【shift+delete】键，不经回收站，将mytest.doc文件直接删除。

第4步　运行EasyRecovery的“误删除文件”，按照步骤进行操作，将恢复出的文件存储在F盘下。

第5步　进入F盘，双击打开恢复出的文件，查看恢复效果。

（2）测试“误清空回收站”的文件恢复。

第1步　如上步骤，在C盘下，创建mytest.doc文件。并向其中添加文本和图片信息，编辑完成后保存并关闭。

第2步　右击mytest.doc文件，选择“删除”，确认将文件放入回收站。

第 3 步　打开桌面，鼠标右键单击“回收站”，选择“清空回收站”。

第 4 步　运行 EasyRecovery 的“误清空回收站”，按照步骤进行操作，将恢复出的文件存储在 F 盘下。

第 5 步　进入 F 盘，双击打开恢复出的文件，查看恢复效果。

六、实验报告

根据实验情况完成实验报告，实验报告应包括以下内容。

1. 实验地点，实验人员，实验时间。

2. 实验内容：将实际观察到的情况做详细记录。

3. 实验分析。

（1）被误删除的文件是否应当尽早恢复，以保证恢复的质量？

（2）U 盘上的文件被删除时，是否会经过回收站？

（3）自己设计测试过程，使用 EasyRecovery 的“U 盘手机相机卡恢复”功能。

4. 实验心得：为了管理自己的重要文件，建议对分区进行类别管理，如：日常程序的安装文件存放在 D 盘，工作和学习文件存放在 E 盘，影视文件存放在 F 盘，G 盘保留。如果某重要文件被误删除，建议即刻使用数据恢复工具进行恢复。另外，在文件未被恢复之前，勿向所在盘符写入新文件。因为新文件有可能覆盖待恢复的文件，导致文件恢复失败。

实验 19 日常文件的安全保护技巧

一、实验目的

1. 理解文件安全保护的必要性。
2. 掌握几种简单常用的文件安全保护方法。

二、实验理论

日常学习和生活中，总有一些文件对我们而言，是极其重要的，即不能丢失也不能泄露。除了有可选用的专用工具来保护这些文件之外，还可以通过简单易行的几种方法，对文件起到一定的安全保护效果。

对于安全要求极高的文件，建议使用专业工具。本实验提供的方法，仅针对日常学习和工作、生活中，一些较为重要，不想被泄露的日常文件。

1. NTFS 分区格式

NTFS（New Technology File System）是微软 Windows NT 内核的系列操作系统支持的，一个特别为网络和磁盘配额、文件加密等管理安全特性设计的磁盘格式。除了在局域网安装了 NT 系列的用户使用 NTFS 外，随着 NT 内核的桌面系统 Windows 2000 和 XP 的普及，很多个人用户也开始把自己的分区格式化为 NTFS。NTFS 分区格式主要提供了 NTFS 权限、数据加密、数据压缩、磁盘配额管理等功能。

2. EFS 加密文件系统

使用 EFS 加密文件时，分区格式必须是 NTFS。EFS 加密过程用到了当前登录账户的私钥和公钥。不同用户的私钥和公钥均不相同。如此看来，只有当前用户才能打开被 EFS 加密的文件。如：jsj_user 用户登录系统，对 d:\my.txt 进行了 EFS 加密，该文件只能由 jsj_user 解密并打开。其他任何账户，即使是 administrator 管理员账户，也无法打开这一加密文件。

三、实验条件

1. 实验设备

计算机一台。

2. 实验软件

Windows XP/7、MS Office 2010、Winrar4.2。

四、实验内容

1. Office 文件的安全保护方法。
2. 利用压缩工具的密码保护。
3. 使用 EFS 文件加密系统。

五、实验步骤

每个学生独立使用一台电脑，独立完成本次的实验内容，并写出实验报告。

1. Office 文件的安全保护方法

（1）对 Word 文件的安全保护方法。

该方法只适合于一般文件的安全提醒，是在 Word 文件的页眉或页脚的位置写入“机密”字样，希望有权阅览该文件的读者认识到该文件的机密性。

第 1 步　在 D 盘下新建 Word 文件，重命名为“我的测试文件”。向其中输入任意的内容。

第 2 步　在 MS Word 2010 窗口中，选择“插入”选项卡的“页眉和页脚”组，单击“页眉”或“页脚”。

第 3 步　滚动浏览库中的选项，单击所需的页眉或页脚格式，编辑页眉或页脚，输入“机密”字样，以说明该文件的重要性。

第 4 步　单击“设计”选项卡下的“关闭页眉和页脚”工具，返回至文档正文。

第 5 步　观察文档页眉或页脚处的机密字样，传达出文件的重要性。

除了在文件的页眉或页脚位置写入机密字样外，还可以采用背景水印的方法来说明文件的重要性。具体步骤：选择“页面布局”选项卡的“页面背景”组，单击“水印”，浏览库中“机密”组的各个选项，选取合适的水印格式，观察文件背景会加上相应文字的水印。

以上提供的两种保护方法，是通过向文档的特殊部位加入“机密”字样，来向文件使用者传达重要文件这一信号。

（2）Office 文件的安全保护。

Office 三大组件(Word、Excel、PPT)都提供了共同的“保护文档”功能，通过设置密码来保护文件，具体操作步骤都相同，这里以 Word 文件为例。

第 1 步　打开 D 盘下“我的测试文件”。

第 2 步　单击“文件”选项，在弹出的项中选择“信息”。

第 3 步　页面中会显示“有关 我的测试文件 的信息”，第一项为“保护文档”。如图 19-1 所示。

第 4 步　单击“保护文档”，选择“用密码进行加密”，这样只有使用密码才能打开该文档。本实验，设置密码为 mydoc_123，单击“确定”。“保护文档”处发生变化，显示“必须提供密码才能打开此文档”。如图 19-2 所示。确认设置完成，单击“保存”按钮。

第 5 步　再次双击打开该文档，会出现“输入密码”对话框。输入正确的密码，便可打开该文档，否则将无法打开。

密码是区分大小写的，另外，一定要牢记密码，不要泄露密码。

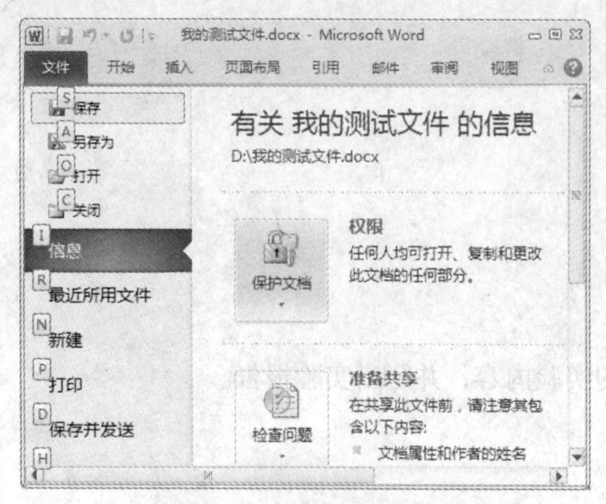

图 19-1 “我的测试文件”信息

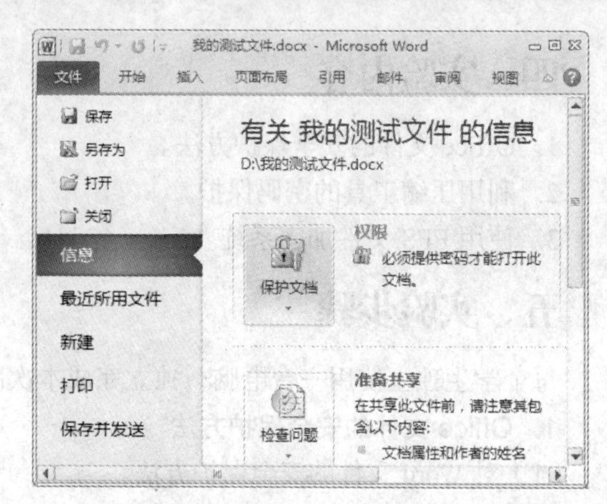

图 19-2 为“我的测试文件”设置打开密码

2. 使用压缩工具保护文件

日常生活中，重要文件可以是各种类型的，为了得到有效保护，这里借助压缩工具提供的密码保护来实现文件的保护。通常做法是将重要的文件添加到一个文件夹中，对该文件夹进行压缩，设置密码。这里新建几个文件，作为重要文件看待。

第 1 步 在 D 盘下分别新建 Excel 文件和 PowerPoint 文件，重命名为“我的测试文件“。

第 2 步 新建一个文件夹，命名为“重要文件”。将新建的 Word 文件、Excel 文件和 PowerPoint 文件放入“重要文件”文件夹中。

第 3 步 鼠标右键单击“重要文件”文件夹，选择“添加到压缩文件(A)...”，打开“压缩文件名和参数”对话框。单击“高级”选项卡，对话框如图 19-3 所示。

第 4 步 单击“设置密码”按钮，打开“输入密码”对话框，如图 19-4 所示。输入压缩密码 pass_789，选中“加密文件名”，单击“确定”按钮，生成压缩文件，名称为“重要文件”。

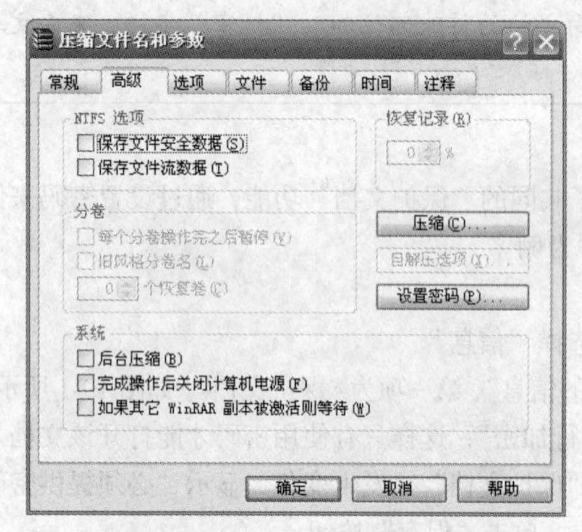

图 19-3 “压缩文件名和参数”对话框

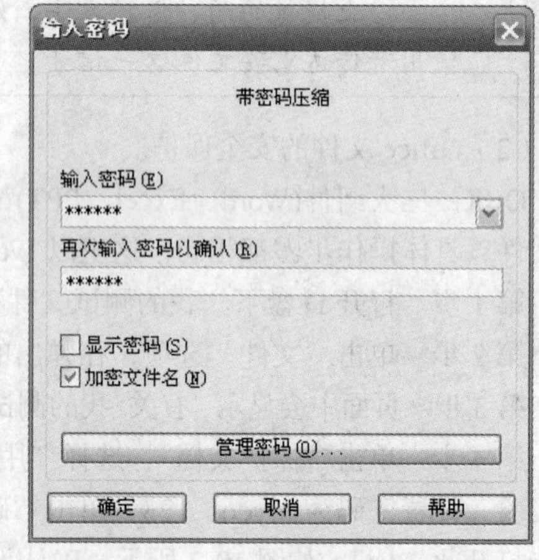

图 19-4 “输入压缩密码”对话框

提示：用户还可以对压缩文件做二次压缩，两次解密密码，双重保护。

第 5 步 双击“重要文件”压缩文件，要求输入密码，输入 pass_789，压缩文件成功打开。

3. 使用EFS加密文件系统

（1）加密文件。

创建 jsj_user 用户并登录系统，使用 EFS 加密 Word 文件。设计两个测试，来验证 EFS 加密的文件只能被加密该文件的用户访问，即使管理员用户也无法访问。

第 1 步　创建用户 jsj_user，密码设置为 jsj_123。

第 2 步　单击“开始”按钮，选择“注销”。 以 jsj_user 用户登录系统。

第 3 步　选择一个 NTFS 分区，方法很简单，这里以 D 盘为例，鼠标右键单击 D 盘，选择“属性”，在打开的对话框中，查看文件系统。

第 4 步　通过上一步的方法，选定一个 NTFS 分区，本实验以 D 盘为例。

第 5 步　打开 D 盘，新建一个名为“测试”的 Word 文件。将本实验的实验理论第一段内容输入到该 Word 文件中。

第 6 步　鼠标右键单击“测试”文件，选择“属性”，打开属性对话框。如图 19-5 所示。

第 7 步　单击“高级”，选中“加密内容以便保护数据”。单击“确定”按钮。如图 19-6 所示。

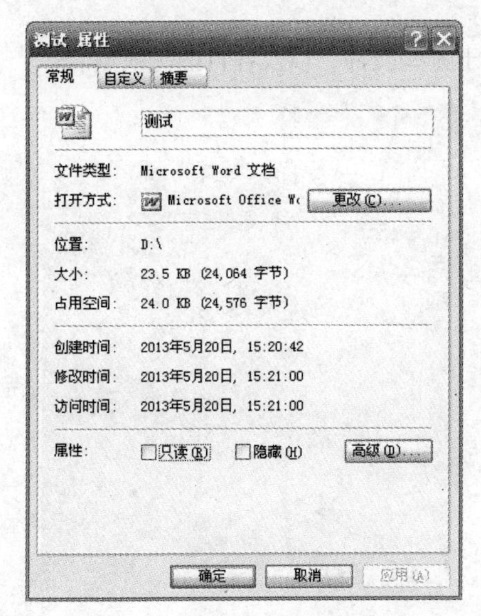

图 19-5　“测试”文件属性对话框

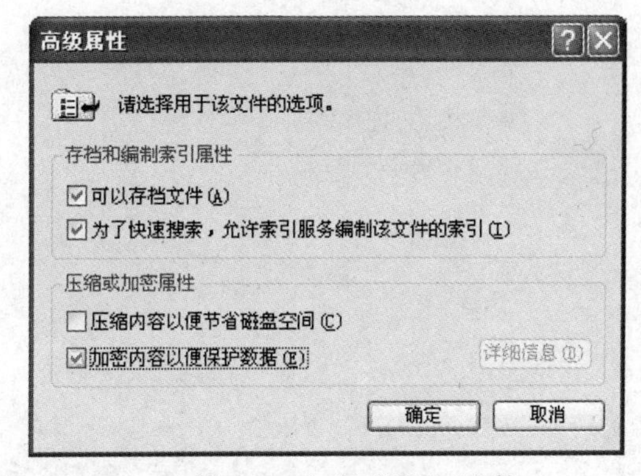

图 19-6　加密“测试“文件

第 8 步　单击文件属性对话框的“应用”按钮，在弹出的“确认属性更改”窗口中，选中“将该应用用于该文件夹、子文件夹和文件”，单击“确定”按钮。这样，“测试”Word 文件被 EFS 加密文件系统加密，在磁盘上存储的是该文件的密文，原始文件被删除。

（2）打开测试。

由于 EFS 加密过程用到了当前登录账户的私钥和公钥，只有当前用户才能打开。其他任何一个账户，即使是管理员账户，也无法打开该加密文件。现做如下两个测试。

测试 1：　以 administrator 管理员账户登录系统，访问被加密的“测试”Word 文件，是否可以打开？对结果进行分析。

当双击访问“测试”Word 文件时，会出现“拒绝访问”的提示信息。

测试 2：新建受限用户 computer，并使用该用户登录系统，访问被加密的“测试”Word 文件，是否可以打开？对结果进行分析。

六、实验报告

根据实验情况完成实验报告，实验报告应包括以下内容。

1. 实验地点，实验人员，实验时间。

2. 实验内容：将实际观察到的情况做详细记录。

3. 实验分析。

（1）使用 Office 的密码保护与使用 EFS 加密文件系统有什么区别？

（2）NTFS 文件系统提供的功能包括哪些？

（3）使用 EFS 加密的 NTFS 文件会以彩色文件名突显出来，如何取消这种显示方式？

（4）加密“测试”文件的用户 jsj_user 被误删除，显然该加密文件无法再打开了。倘若又重新创建一个 jsj_user 用户，密码也为 jsj_123，该加密文件是否可以被新建的 jsj_user 用户打开？试分析原因。

4. 实验心得：讨论实验中的几种方法，分别适用于哪些文件，以及各自的优缺点。

实验 20
用户账户的安全管理

一、实验目的

1. 学会创建和配置用户账户。
2. 掌握用户账户的安全管理方法。

二、实验理论

1. 用户账户

在 Windows XP 中，一台计算机可拥有多个用户账户，系统可以保留每个用户对计算机环境所做的各种设置，这样不同用户可以相对独立地拥有自己的个性化的计算机使用环境。

用户账户可看作是计算机使用者进入系统的出入证。一般家庭中，每个家庭成员都可以拥有自己的用户账户。只有计算机管理员账户才可以添加新的用户账户，而用户账户一旦创建出来，就可以使用该用户账户登录系统。用户的个性化设置包括：桌面、开始菜单、我的文档等。

2. 用户账户口令

计算机管理员在添加一个新的用户账户时，可以为其设置口令。使用新用户账户登录系统后，可以更改用户口令。口令设置如果不合理，会带来安全隐患。

口令破解是使用专用工具，对某个口令的 hash 值或加密的口令文件进行破解，致用户口令暴露。如果用户口令设置为生日或者用户名的简单变形等，如：19790115、zhangsan123，是极容易被破解的。

用户口令设置时，应当遵循以下几点。

- 不要使用用户账户或用户账户的变换形式作为口令，

如：用户名为 fool，口令为 fool、fool123、loof 等。

- 不要使用自己或亲友的生日作为口令。
- 不要使用英文单词作为口令。
- 不要使用过短口令，口令长度至少为 8 位。

较安全的口令应当由英文字母（区分大小写）、数字组合而成，如：83ER967Y。也可以使用一句有意义的话作为口令，如：This Is My Password!

三、实验条件

1. 实验设备

计算机一台。

2. 实验软件

Windows XP/7。

四、实验内容

1. 添加新用户账户并设置密码。
2. 开启密码策略。
3. 重命名管理员账户。
4. 禁用 Guest 账户。

五、实验步骤

每个学生独立使用一台电脑，独立完成本次的实验内容，并写出实验报告。

1. 添加并使用新用户账户

（1）添加新用户账户。

第 1 步　使用计算机管理员账户 administrator 登录系统。

第 2 步　单击“开始”按钮，选择“控制面板”，在打开窗口中选择“用户账户”并单击。

第 3 步　在“用户账户”窗口中，单击“创建一个新账户”，如图 20-1 所示。

第 4 步　为新账户键入一个名称 jsj_user，单击“下一步”按钮。

第 5 步　挑选一个账户类型，这里选择“计算机管理员”。单击“创建账户”。如图 20-2 所示，出现 jsj_user 账户图标。

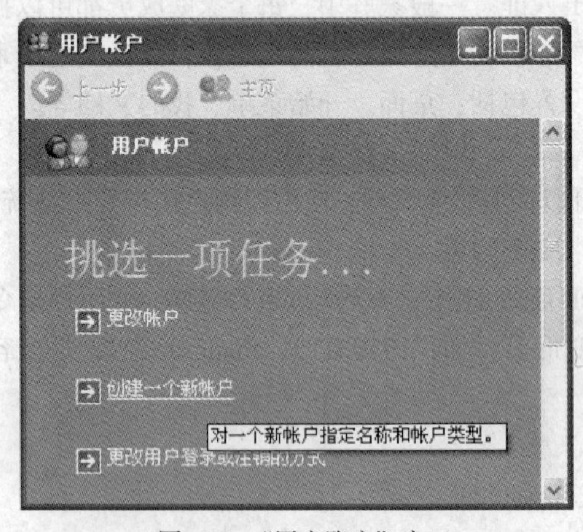

图 20-1 “用户账户”窗口

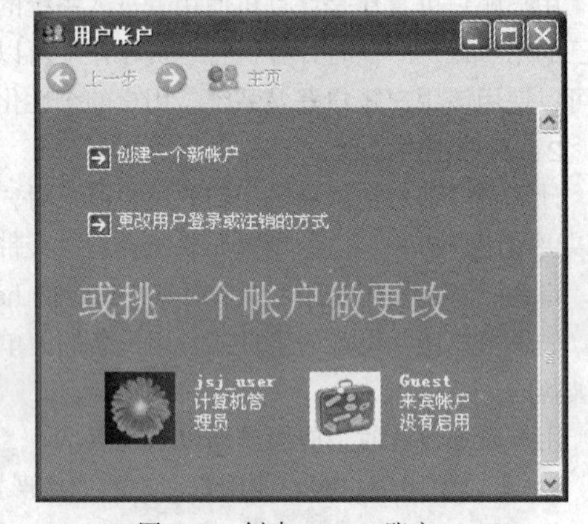

图 20-2 创建 jsj_user 账户

第 6 步　单击 jsj_user 账户图标，为其创建密码 awert_123。完成后单击“确定”按钮。

（2）使用新用户账户登录系统。

第 1 步　单击“开始”按钮，选择“注销”，注销 Windows 方式选为“切换用户”。

提示　选择切换用户，则所有应用程序都将继续运行，当再次登录时，一切将保留原样。

第 2 步　选择 jsj_user 用户登录系统，输入密码 awert_123。

观察登录后的桌面、“开始”菜单、“我的文档”等与 administrator 账户的有何不同。

思考：右击桌面，在弹出的快捷菜单中选择“属性”，在打开的窗口中，选择“桌面”选项卡，任选一个背景来修改桌面，设置完成后进行确定。这一设置是否会影响 administrator 账户的桌面背景？

第 3 步　重复步骤 1，切换到 administrator 管理员账户。

务必切换，实验后面相关配置只有管理员账户才有权限。

2. 用户账户相关安全配置

（1）重命名 administrator 账户。

administrator 账户是 Windows XP 操作系统为了管理计算机设置的内置账户，属于管理员账户。为了对外掩盖该账户，可以为其重命名。

第 1 步　鼠标右键单击“我的电脑”，单击“管理”，打开“计算机管理”属性窗口。

第 2 步　在左侧目录树中，依次展开“系统工具→本地用户和组”，单击“用户”，右侧会显示系统当前的用户信息，如图 20-3 所示。

第 3 步　鼠标右键单击“administrator”，选择“重命名”，输入 zhangsan，单击“确定”按钮。完成后，窗口如图 20-4 所示。

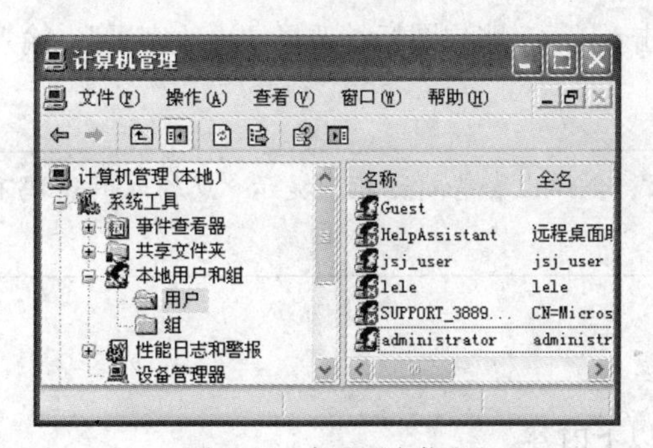

图 20-3　本地用户信息

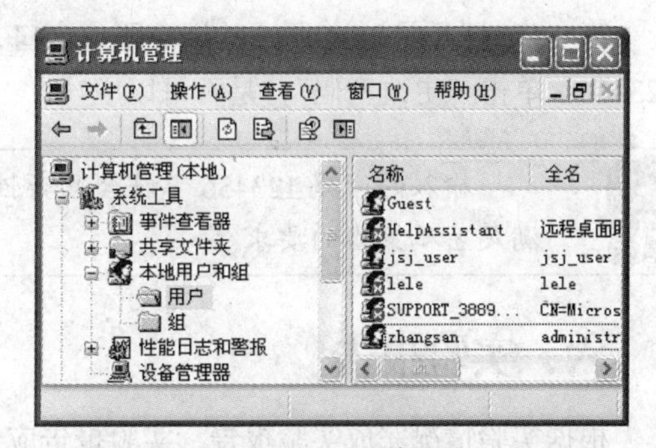

图 20-4　administrator 重命名为 zhangsan

对 administrator 账户的重命名，只是修改了账户名称，账户的口令、所属组等均不会发生变化。这样做，只是为了对外掩盖该账户。因为 zhangsan 用户看起来更像受限用户。

（2）禁用 Guest 账户。

在图 21-3 所示的本地用户信息窗口中，右击 Guest 账户，选择“属性”，弹出 Guest 属性对话框，选中“账户已停用”。设置完成后，Guest 账户图标上会出现红色叉号。

Guest 账户，即来宾账户。它可以访问计算机，但受到限制。Guest 账户往往被黑客攻击利用，如果不需要用到它，最好将其禁用。禁用成功，账户图标会有红色叉号。

（3）启用密码策略。

第 1 步　单击“开始”按钮，选择“控制面板”，在打开的窗口中，选择“管理工具”，打开相应窗口，如图 20-5 所示。

第2步　双击“本地安全策略”图标，打开“本地安全策略“属性窗口。在窗口的左侧列表的“安全设置”目录树中，逐层展开“账户策略→密码策略”。如图20-6所示。

第3步　单击“密码必须符合复杂性要求”，选择“已启用”，单击“确定”按钮。

启用此策略，密码设置时必须符合一些最低要求，可以借助“解释此设置”卡中的内容来了解。

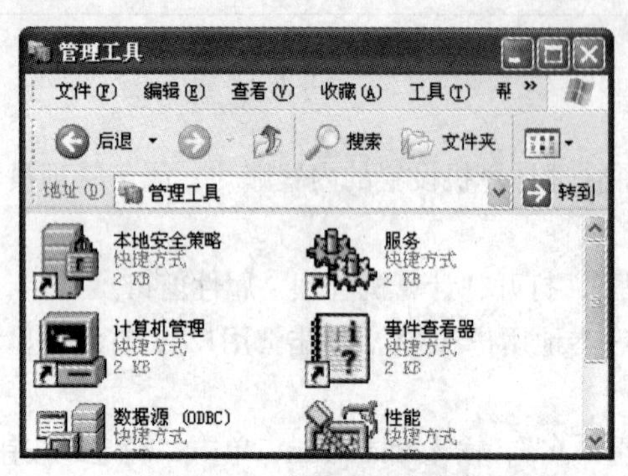

图20-5　管理工具窗口

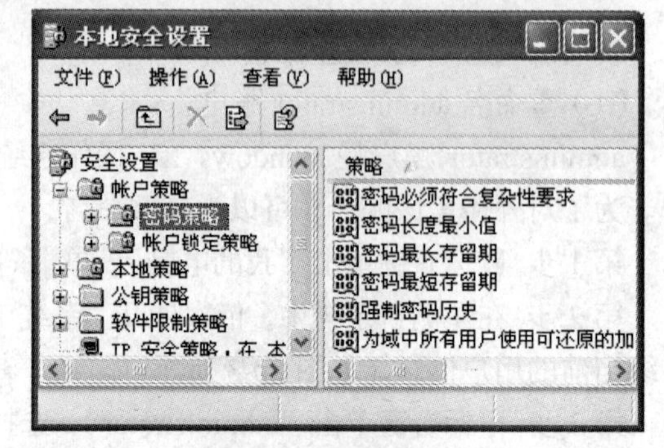

图20-6　设置密码策略

第4步 打开图20-1所示的用户账户窗口，单击jsj_user账户图标，选择“更改密码”，输入123456，单击“更改密码”，是否可以成功?

输入的密码123456不符合复杂性要求，会弹出警告对话框，提示“您输入的密码不满足密码策略的要求。”

六、实验报告

根据实验情况完成实验报告，实验报告应包括以下内容。

1. 实验地点，实验人员，实验时间。
2. 实验内容：将实际观察到的情况做详细记录。
3. 实验分析。

（1）启用密码策略后，对密码设置的最低要求分别是什么?

（2）本地安全策略的主要功能哪些什么?

（3）管理员账户与受限账户有哪些具体权限上的不同?

4. 实验心得：查阅资料，总结出弱口令可能带来哪些危害。总结对administrator账户进行重命名和禁用Guest账户，都有哪些必要性。

实验21 漏洞扫描工具的使用

一、实验目的

1. 理解漏洞的含义及其安全风险。

2. 掌握 X-Scan 漏洞扫描工具的使用。

二、实验理论

1. 系统安全漏洞

系统安全漏洞，也可称为系统脆弱性，是指计算机系统在硬件、软件、协议的设计、具体实现以及系统安全策略上存在的缺陷和不足。系统脆弱性是相对系统安全而言的，从广义的角度来看，一切可能导致系统安全性受影响或破坏的因素都可以视为系统安全漏洞。

漏洞虽然可能最初就存在于系统当中，但一个漏洞并不是自己出现的，必须要有人发现。在实际使用中，用户会发现系统中存在错误，而入侵者会有意利用其中的某些错误，并使其成为威胁系统安全的工具，这时一个系统安全漏洞就被发现。系统供应商会尽快发布针对这个漏洞的补丁程序，纠正这个错误。这就是系统安全漏洞从被发现到被纠正的一般过程。

2. 漏洞检测技术

漏洞可分为已知漏洞和未知漏洞，所以漏洞检测可以分为对已知漏洞的检测和对未知漏洞的检测。已知漏洞的检测主要是通过安全扫描技术，检测系统是否存在已公布的安全漏洞；而未知漏洞检测的目的在于发现软件系统中可能存在但尚未发现的漏洞。现有的未知漏洞检测技术有源代码扫描、反汇编扫描、环境错误注入等。

3. X-Scan 漏洞扫描工具功能简介

X-Scan 漏洞扫描工具采用多线程方式对指定 IP 地址段(或单机)进行安全漏洞检测，支持插件功能。扫描内容包括远程服务类型、操作系统类型及版本、各种弱口令漏洞、后门、应用服务漏洞、网络设备漏洞、拒绝服务漏洞等二十几个大类。对于多数已知漏洞，给出了相应的漏洞描述、解决方案及详细描述链接。

三、实验条件

1. 实验设备

接入局域网的计算机一台。

2. 实验软件

Windows XP/7、X-Scan-v3.3-cn.rar。

四、实验内容

1. 运行并配置 X-Scan 的扫描模块。
2. 修改 X-Scan 口令文件。
3. 使用 X-Scan 对目标主机进行漏洞扫描。

五、实验步骤

每人一台计算机，两个学生为一个实验小组，相互合作完成本次的实验内容，并写出实验报告。设定实验小组的学生甲使用计算机 A，学生乙使用计算机 B。计算机 B 上运行 X-Scan，扫描对象为计算机 A。具体步骤如下。

1. 计算机 A 的操作设置

（1）查看计算机 A 的 IP 地址信息。

单击“开始”→“运行”，输入“cmd”，打开命令提示符窗口。输入“ipconfig/all”命令查看本机的 IP 地址信息，并做详细记录。

（2）启动 Telnet 服务。

第 1 步　单击“开始”→“设置”→“控制面板”→“管理工具”→”服务”，打开服务组件窗口。在所列服务项中，查找 Telnet 服务。

可以按下 t 键，快速定位以 t 开头的服务项。

第 2 步　鼠标右键单击“Telnet”，选择“属性”。在打开的属性窗口中，修改“启动类型”为“手动”。单击“确定”按钮。

第 3 步　鼠标右键单击“Telnet”，选择“启动”。Telnet 服务将启动成功。

（3）设置 Telnet 账户信息。

创建管理员账户 user1，密码设为 123456。该账户将作为 Telnet 账户，远程登录计算机 A 时使用。

2. 计算机 B 的操作设置

（1）运行 X-Scan-v3.3。

X-Scan 软件不需要安装，解压 X-Scan-v3.3-cn.rar 文件，逐层打开，找到“xscan_gui.exe”图形界面主程序，双击运行。启动后的界面如图 21-1 所示。

X-Scan 可以自动检查并安装 winpcap 驱动程序。若系统已安装的 winpcap 版本不正确，可以通过单击“工具”菜单，选择“Install Winpcap”重新安装 Winpcap 3.1 beta4 或另外安装最高版本。

（2）配置 X-Scan-v3.3。

第 1 步　单击“设置”菜单，选择“扫描参数”，打开设置项窗口。如图 21-2 所示。

第 2 步　选择左侧目录树中的“检测范围”，检测 IP 地址设置为计算机 A 的 IP。

第 3 步　展开左侧目录树“全局设置”→“扫描模块”，选中“开放服务”、“nt-server 弱口令”、“telnet 弱口令”三个扫描模块。

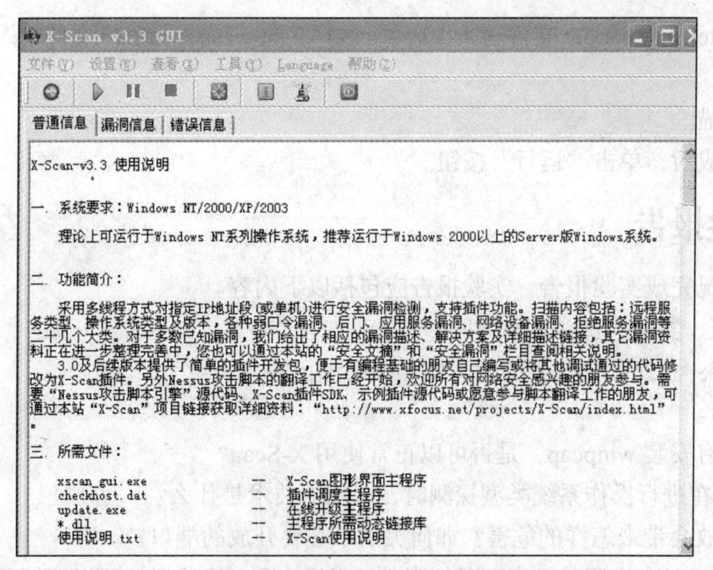

图 21-1　X-Scan 程序界面

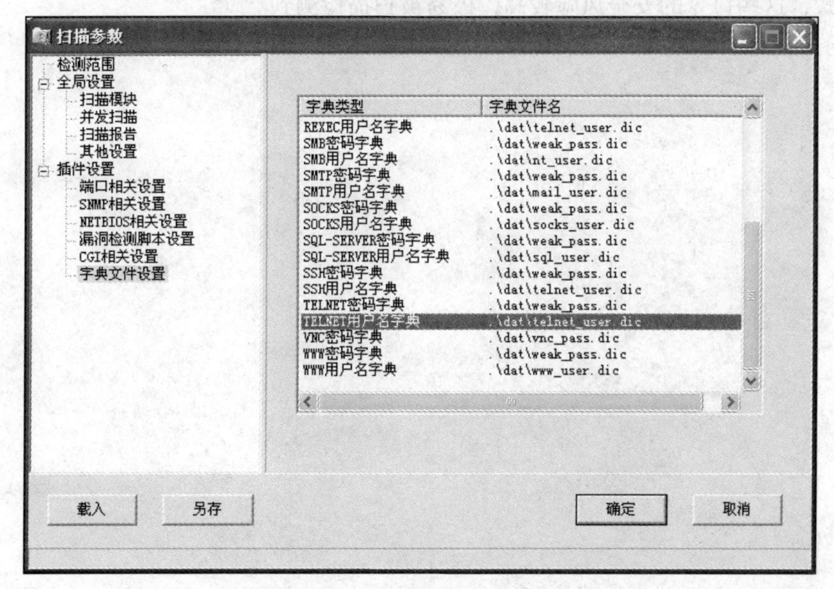

图 21-2　扫描参数设置窗口

弱口令扫描，要利用 X-Scan 提供的用户字典和口令字典。字典文件可以在“字典文件设置”中进行修改。如果字典文件能与口令信息相一致，就可检测出。

第 4 步　展开左侧目录树“全局设置”→“其他设置”，建议选择“无条件扫描”。

第 5 步　展开左侧目录树“插件设置”→“字典文件设置”，查看“TELNET 用户名字典”文件为 telnet_user.dic，查看“TELNET 密码字典”文件为 weak_pass.dic。

第 6 步　两个文件均为纯文本文件，使用写字板打开。查看 telnet_user.dic 文件所列的用户名有哪些，做详细记录。查看 weak_pass.dic 文件所列的口令有哪些，这些口令是否是日常生活中较为常见的口令形式？做详细记录。

第7步　向 telnet_user.dic 文件写入内容“user1”，向 weak_pass.dic 文件写入内容“123456”。单击“确定”。

（3）漏洞扫描。

所有配置完成后，单击“运行”按钮。

六、实验报告

根据实验情况完成实验报告，实验报告应包括以下内容。

1. 实验地点，实验人员，实验时间。

2. 实验内容：将实际观察到的情况做详细记录。

3. 实验分析。

（1）如果没有安装 winpcap，是否可以正常使用 X-Scan？

（2）X-Scan 在进行操作系统类型探测时，采用的技术是什么？

（3）端口开放会带来怎样的危害？如何关闭不必要开放的端口？

4. 实验心得：口令设置时一定要足够强壮，通过查看口令文件，可以了解日常生活中口令设置的一般形式，这些口令的安全风险较高，极易被扫描检测到。

实验 22 IE 浏览器和搜索引擎的使用

一、实验目的

1. 认识 WWW。
2. 掌握 IE 浏览器使用。
3. 搜索引擎使用。

二、实验理论

1. WWW

WWW 是基于 Internet 的信息服务系统，是 Internet 上发展最为迅速的服务。WWW 以客户机/服务器模式进行工作。在服务器端，它以超文本或超媒体技术为基础，将 Internet 上的各种信息集成在一起，为用户提供快速的信息查询；在客户端，安装上 WWW 浏览器就可以看到 WWW 服务器上提供的信息。

目前，Internet 上使用的 WWW 浏览器有微软公司的 Internet Explorer（简称 IE）、搜狗浏览器、傲游浏览器、360 安全浏览器等。

2. 基本概念

（1）HTTP：超文本传输协议，是 WWW 服务程序使用的网络传输协议。
（2）URL：全球统一资源定位器，可唯一地标识某个网络资源。
（3）网页：WWW 上的信息页面，其中包括指向其他页面的链接。
（4）HTML：超文本标识语言，用来编写 Web 网页。

3. Internet Explorer

IE 8.0 浏览器是微软公司于 2009 年正式推出的基于超文本技术的 Web 浏览器，它是 Internet Explorer 7.0 的升级版。

IE 8.0 中文浏览器和其他的 Web 浏览器一样，可以使用户的计算机连接到 Internet 上，从 Web 服务器上寻找信息并显示 Web 页面。IE 8.0 功能强大，无论是搜索信息还是浏览喜欢的站点，都可以使用户轻松地完成。

IE 8.0 比以前的版本增加了新功能特性，其中包括 Activities （活动内容服务）、WebSlices（网站订阅）、Favorites Bar （收藏夹栏）、Automatic Crash Recovery （自动崩溃恢复）和 Improved Phishing Filter （改进型反钓鱼过滤器）。

4. Internet Explorer 8.0 的界面

Internet Explorer 8.0 浏览器的界面非常友好，使用起来极其方便，其界面如图 22-1 所示。

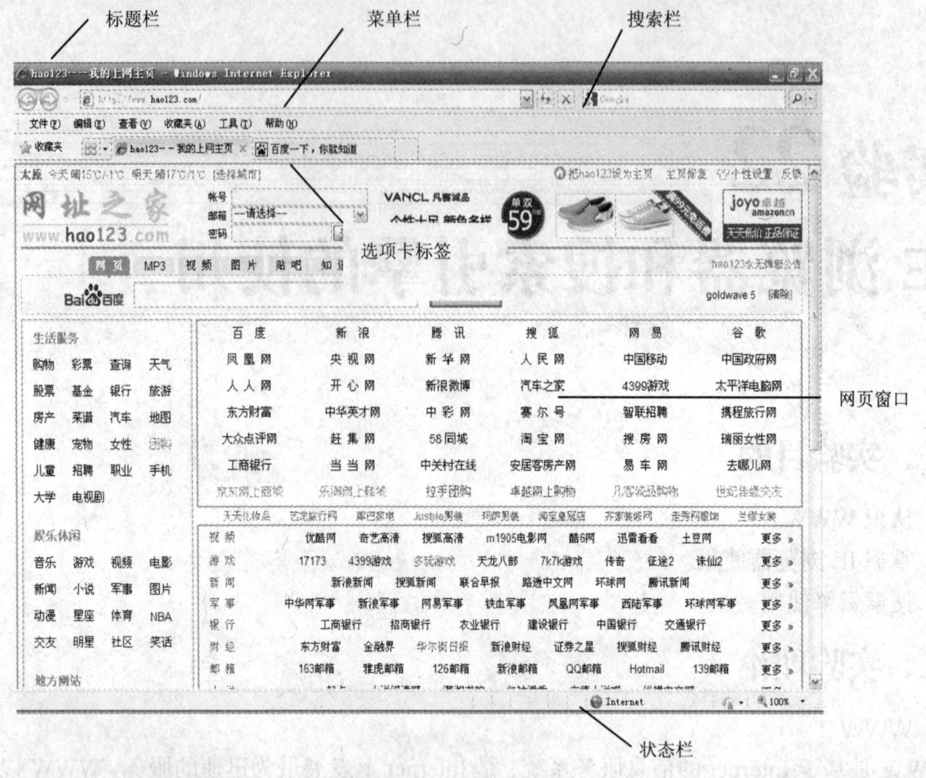

图 22-1　IE 8.0 界面

（1）标题栏：位于页面的最上方，包括网页名称和控制窗口按钮。

（2）地址栏：用于显示当前网页的地址，在此输入网址可以打开相应的网页。

（3）搜索栏：用于在网站中查找相关内容，在此输入要搜索的内容或者关键字，单击“查找”按钮即可进行搜索。

（4）选项卡标签：打开某个网页后会显示出相应的选项卡，若打开多个网页，可以通过单击选项卡来进行不同网页之间的切换。

（5）工具栏：工具栏提供了 IE 8 中常用命令的快捷方式，单击某一按钮就可以完成菜单中相应的命令。

（6）网页浏览窗口：网页浏览窗口显示当前网页的内容，将鼠标指针指向网页上的一个对象时，如果鼠标指针变成手的形状，单击该对象可以打开新的网页。

（7）状态栏：状态栏位于窗口的最下方，用于显示浏览器当前网页或正在进行操作的相关信息。

5. 搜索引擎

网络搜索引擎是指对 WWW 站点资源和其他网络信息资源进行收集、组织，并提供用户对这些资源检索和访问的一种信息查询系统。作为一个网络信息发现服务系统，网络搜索引擎主要涉及两个方面的功能，即数据的存储和信息的查询。所以，网络搜索引擎的基本结构包括数据采集、数据提取、数据组织和数据检索等几个不同的模块。

搜索引擎按其工作方式主要可分为三种，分别是全文搜索引擎（Full Text Search Engine）、目录索引类搜索引擎（Search Index/Directory）和元搜索引擎（Meta Search Engine）。

三、实验条件

1. 实验设备

能上网的计算机。

2. 实验软件

Windows XP/7、WWW 浏览器 IE 8.0。

四、实验内容

1. 学会设置 IE。
2. 学会使用 IE。
3. 掌握搜索引擎的使用。

五、实验步骤

给每个学生分配一台能上网的计算机，独立完成本次实验内容，并写出实验报告。具体步骤如下。

1. 设置 IE

第 1 步　单击 IE“工具”菜单中“Internet 选项”命令或右击桌面的“Internet Explorer”图标，在弹出的快捷菜单中单击“属性”命令，如图 22-2 所示。

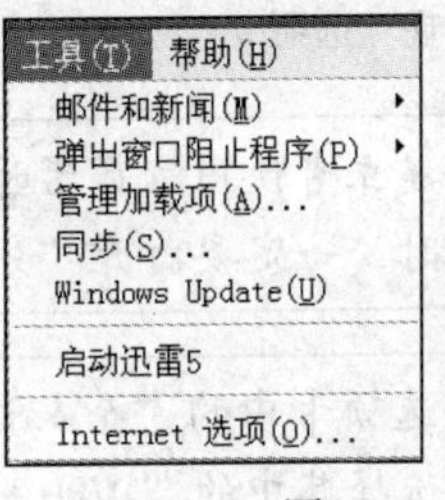

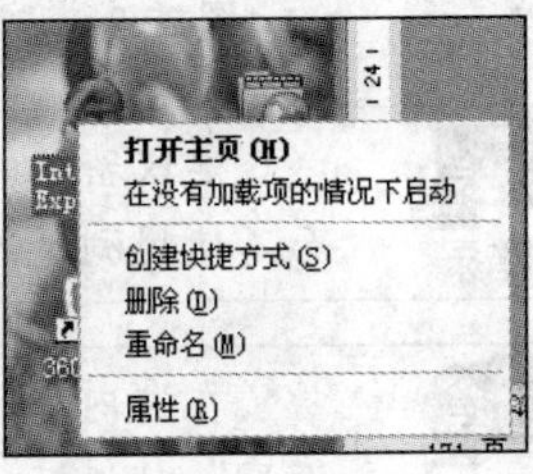

图 22-2　“属性”命令

第 2 步　在弹出的“Internet 选项”或“Internet 属性”窗口中，有 7 个选项卡，选择“常规”选项卡，如图 22-3 所示。在“主页”选项区的“地址（R）:”处键入一个网址（如：http://www.263.net），这个网址就是主页地址。在“浏览历史记录”选项区可以设置 Internet 临时文件夹（临时文件夹默认的位置：C:\Windows\Temporary Internet Files）和网页保存在历史记录中的天数。

第 3 步　选择“安全”选项卡，从中可以设置查看信息的权限，如图 22-4 所示。在这里，不同的站点有不同的权限，其中可信站点的安全度最低，受限站点的安全度最高。用户可通过单击“站点”按钮来设置具体的可信站点和受限站点。

上网后，网络上的 Web 站点，可以在电脑上建立称为“Cookie”的文件，也就是说，其他人确实是能够进入自己的电脑的。有关“Cookie”可参考 Windows 的“帮助”。

第 4 步　选择“隐私”选项卡，如图 22-5 所示。网站使用 Cookie 向用户提供个性化体验以及收集有关网站使用的信息。很多网站也使用 Cookie 存储提供站点部分之间的一致体验的信息，例如，购物车或自定义的页面。对于受信任的网站，Cookie 可通过使站点学习您的首选项或允许您跳过每次转到网站必须的登录操作来丰富您的体验。但是，有些 Cookie，如标题广告保存的 Cookie，可能通过跟踪您访问的站点使得您的隐私存在风险。

第 5 步　选择“内容”选项卡，如图 22-6 所示。在其中的“分级审查”选项区中可对不同站点设定不同的访问权限，单击“启用”按钮来完成具体的设置。设置结束时系统要求输入一个密码，并确认一次密码。这样用户若想再进行相关的设置时就必须输入密码。在进行信息浏览时，若用户想打开某些受限网页时就必须输入密码。分级审查启动后，原来的“启用”按钮将改为“禁用”按钮。若要停止使用分级审查，则单击“禁用”按钮，输入密码即可。

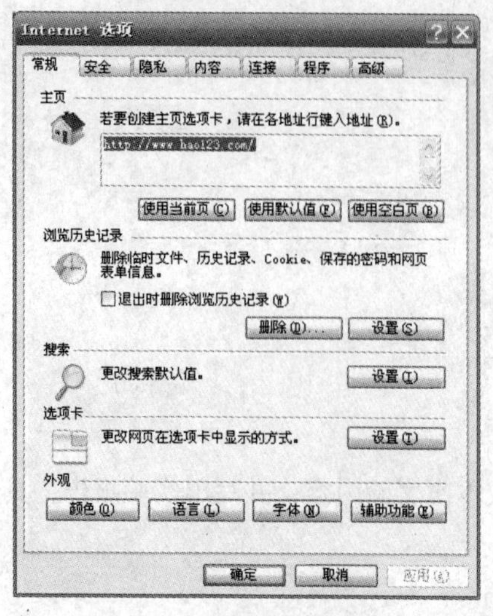

图 22-3 “常规“选项卡

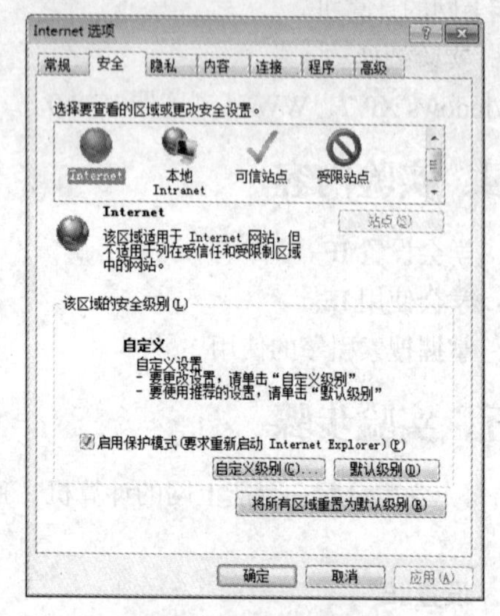

图 22-4 “安全”选项卡

提示

建议密码的建立者使用浏览器时，关闭“分级审查”，避免总是出现密码输入窗口，而不使用浏览器时，一定要打开“分级审查”，以防别人使用浏览器。

提示

在“内容”选项卡中的“个人信息区”，单击“自动完成”按钮，弹出“自动完成设置”对话框，选择其中的“Web 地址”复选框，可以实现网址的“联想”输入。

第 6 步　选择“连接”选项卡，可以设置 Internet 连接方式，如图 22-7 所示。如果计算机采用单机连接方式，单击“建立连接”按钮，利用“连接向导”建立一个连接。如果计算机是通过局域网与 Internet 连接，可单击“局域网设置”按钮来进行相应的设置。

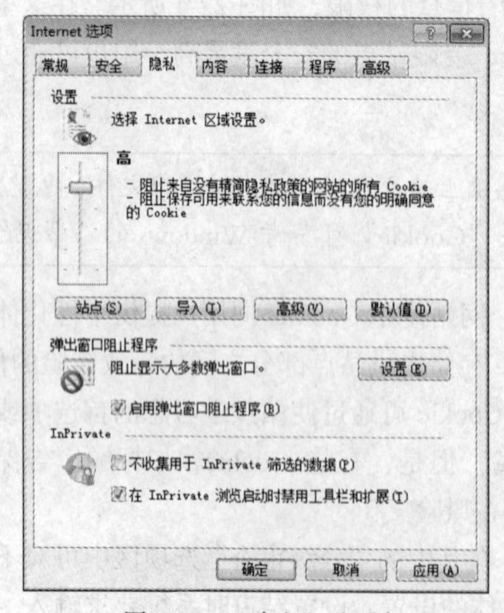

图 22-5 “隐私”选项卡

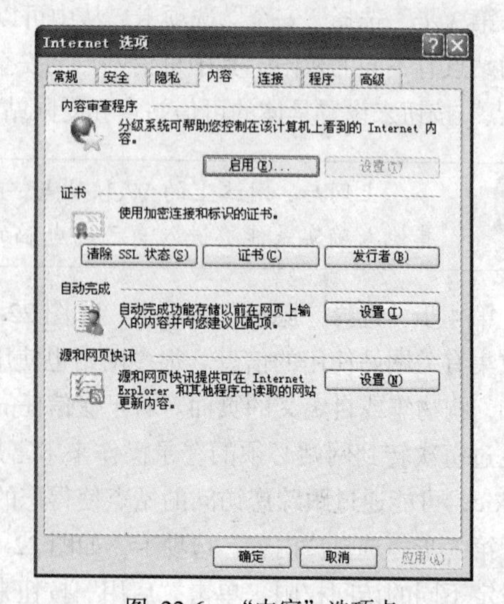

图 22-6 “内容”选项卡

第 7 步　选择“程序”选项卡，从中可设置与 IE 相关的 Internet 服务程序，如电子邮件服务程序、新闻组服务程序及 HTML 编辑器服务程序等。不过这里一般都取默认值，如图 22-8 所示。

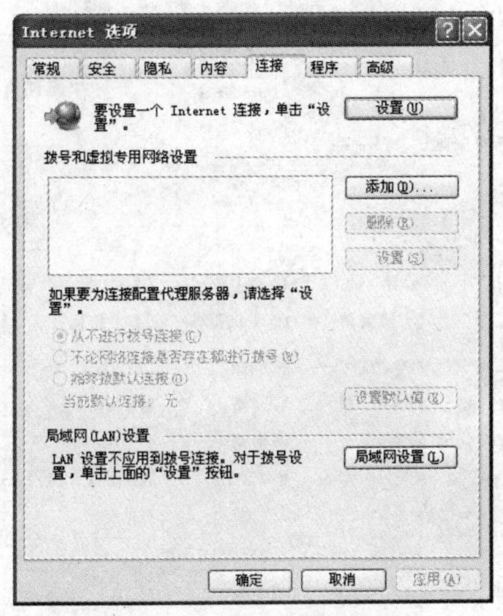

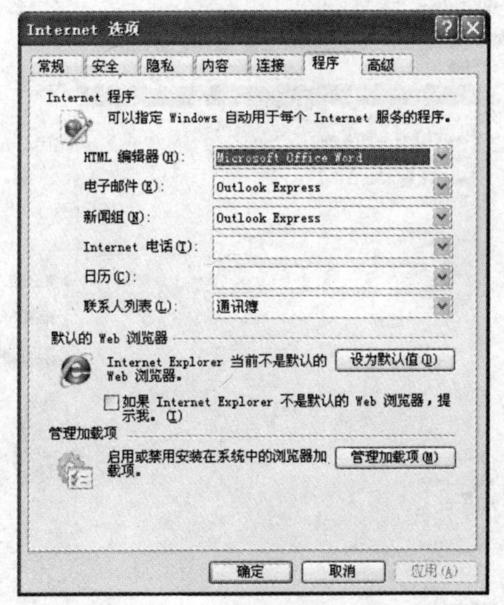

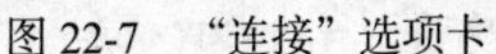
图 22-7　“连接”选项卡　　　　图 22-8　“程序”选项卡

第 8 步　选择“高级”选项卡，从中可设置 IE 浏览信息的方式，主要用于完成 IE 对网页浏览的特殊控制。

如果用户仅仅想尽快看到网页上的文字，可以在“高级”选项卡中关闭多媒体信息传输选项，以换取时间和速度。

2. 浏览网页

（1）在地址栏中输入 URL，打开网页，进行浏览。

（2）使用工具栏上的导航按钮浏览网页。

（3）使用“历史纪录”浏览。

单击工具栏上的“收藏夹”按钮，在浏览区打开“历史纪录”窗格，从中可查看曾经访问过的网页，如图 22-9 所示。

历史记录的查看方式共有 4 种，分别是“按日期”、“按站点”、“按访问次数”和“按今天的访问顺序”，其中“按日期”是默认的查看方式。

（4）使用“链接”栏浏览。

在链接栏中有一些经常访问的网址，单击其中的任意一个，可以打开相应的网站，访问该站点。

（5）利用网页中的超链接浏览。

并不是将鼠标指针放到链接点上时都会变成手形状，鼠标指针是否改变形状的关键是看该网页的制作方法。有许多网页的链接点，会使鼠标指针变成大箭头或其他图形，也就是说只要用户发现鼠标指针改变了形状，那么该处可能就是一个链接点。

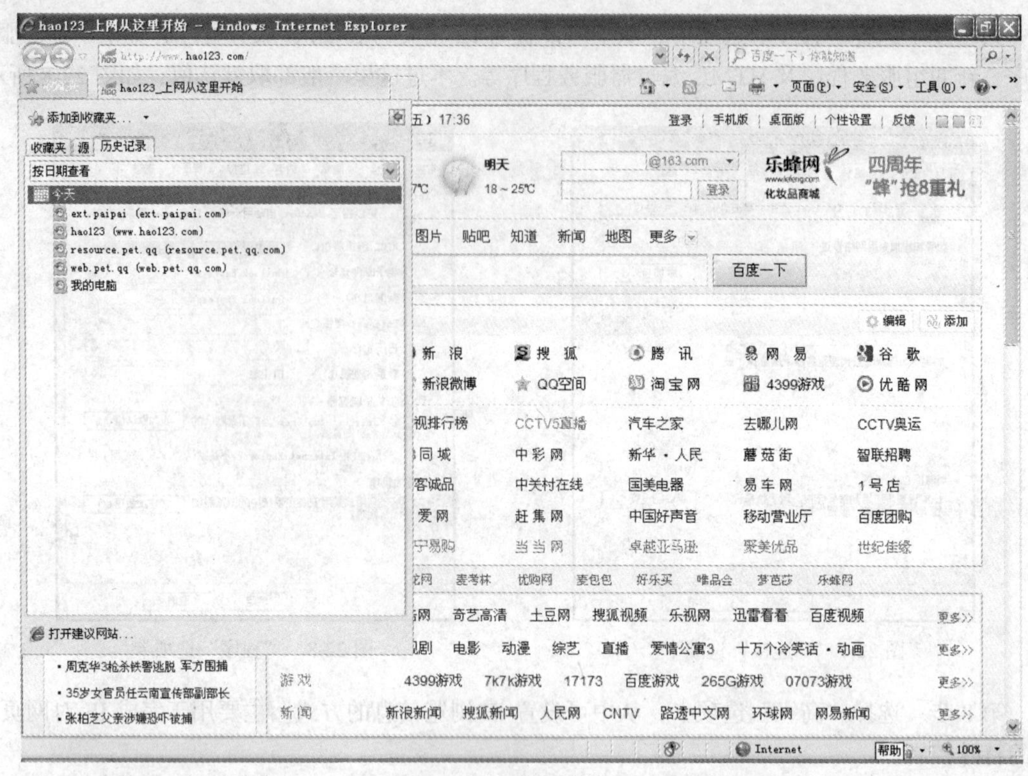

图 22-9　历史纪录浏览区

3. 使用 IE 的搜索功能

第 1 步　在 IE 地址栏上，先输入“GO”、“FIND”或“？”，后面再输入一个空格及希望查找的关键字。

第 2 步　按回车键，系统就可以搜索到想要的信息。

4. 使用收藏夹

（1）添加网址到收藏夹。

第 1 种方法　拖动“地址栏”中的网址图标到“收藏”按钮即可。

第 2 种方法　拖动“地址栏”中的网址图标到浏览区的“收藏夹”窗格内即可。

（2）把网页保存在收藏夹中。

第 1 步　打开网页，在“收藏”菜单中，选择“添加到收藏夹”命令，将弹出“添加到收藏夹”对话框，如图 22-10 所示，选择“添加”，网页就保存在收藏夹里了。

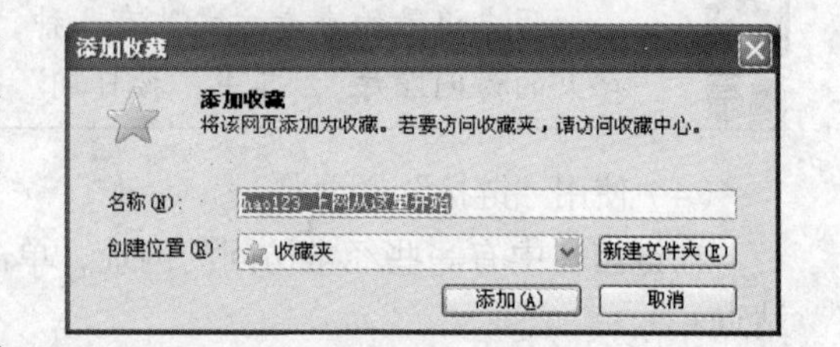

图 22-10　“添加到收藏夹”对话框

（3）整理收藏夹。

第 1 步　在“收藏”菜单中，选择“整理收藏夹”命令或在“收藏夹”窗格，单击“整理”按钮，弹出“整理收藏夹”对话框，如图 22-11 所示。

第 2 步　在“整理收藏夹”对话框中，可以进行创建、删除、移动、重命名文件或文件夹操作。

5. 导入和导出

在浏览器之间分享信息的操作称为“导入”和“导出”，“导入”是把其他应用程序如 Netscape

中的信息给 IE 使用。“导出”则正好相反。

第 1 步　在“文件”菜单中，单击“导入和导出”命令，弹出“导入/导出向导”对话框，如图 22-12 所示。

第 2 步　在“导入/导出向导”对话框中，即可进行“导入”和“导出”设置。

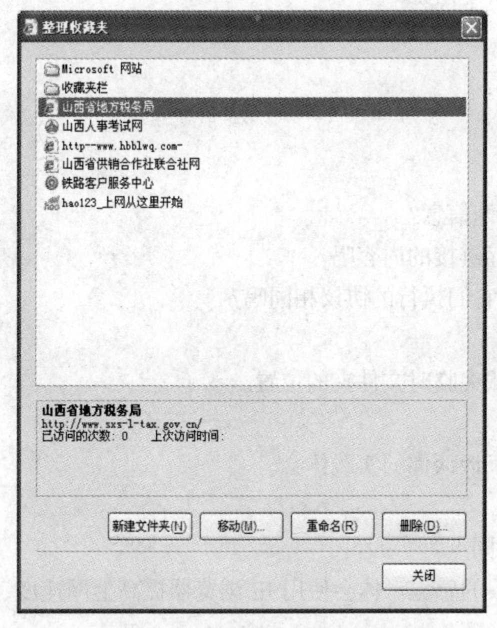

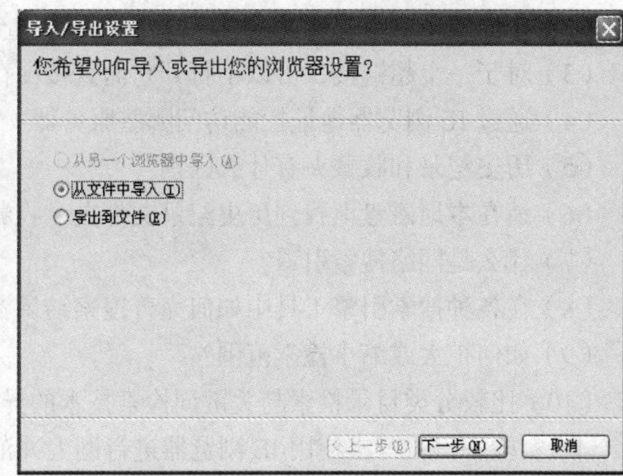

图 22-11　“整理收藏夹”对话框　　　　图 22-12　“导入/导出向导”对话框

6. 搜索引擎的使用

第 1 步　登录 Baidu 搜索引擎。如图 22-13 所示。

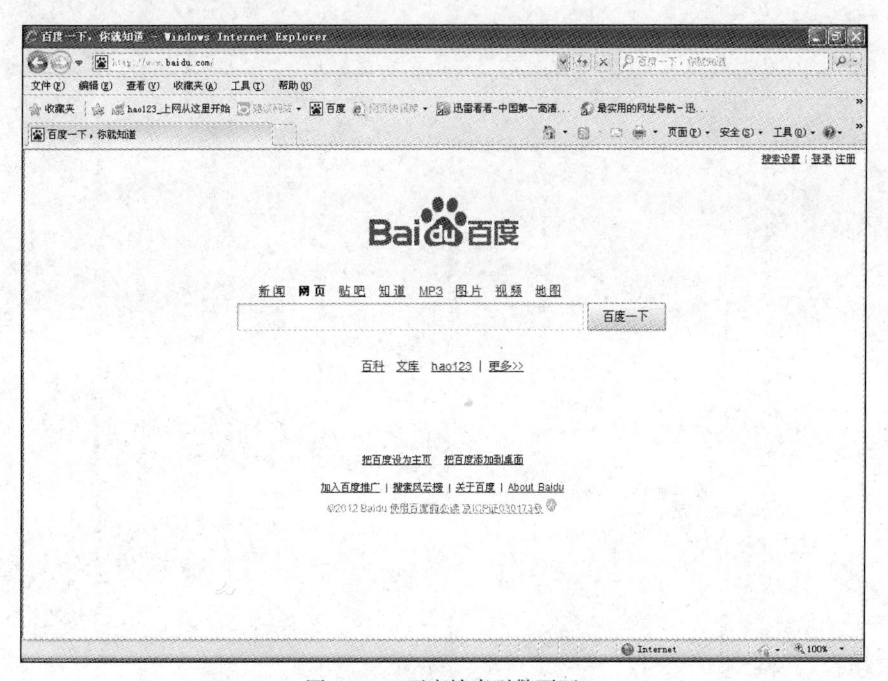

图 22-13　百度搜索引擎页面

第 2 步　进行关键字检索。

第 3 步　登录其他搜索引擎网站进行检索。

六、实验报告

根据实验情况完成实验报告，实验报告应包括以下内容。

1. 实验地点，实验人员，实验时间。

2. 实验内容：将实际观察到的情况做详细记录。

3. 实验分析。

（1）IE 浏览器中收藏夹的作用是什么？

（2）如何使用 IE 浏览器的查找功能在网页中查询信息？

（3）对于一个超链接，可以不打开它而直接保存链接的内容吗？

（4）通过 IE 浏览器地址栏能访问哪些服务器？它们执行的协议相同吗？

（5）历史纪录和收藏夹有什么区别？

（6）请在本地磁盘上找到历史纪录文件夹、收藏夹临时文件夹的位置。

（7）什么是网络搜索引擎？

（8）在各种搜索引擎工具中如何完善搜索结果？谈谈你的实践体会。

（9）如何扩大或缩小检索范围？

（10）比较分类目录检索与关键词检索技术的异同点？

4. 实验心得：写出使用 IE 浏览器进行网上冲浪的感觉。体会使用 IE 浏览器提高上网速度、效率的各种技巧。

实验23 电子邮箱的使用

一、实验目的

1. 认识网站电子邮件系统 WebMail。
2. 使用免费的电子邮箱。
3. 掌握使用 Outlook Express 收发电子邮件的方法。

二、实验理论

1. 电子邮件概述

电子邮件是 Internet 最早提供的服务之一，也是目前深受用户欢迎并被频繁使用的 Internet 服务。如果想在 Internet 上收发电子邮件，首先，应当向电子邮件服务器管理员或 ISP 或提供电子邮件服务的网站申请一个电子邮件账号。电子邮件账号包括电子邮件地址和密码，电子邮件地址格式为:〈用户名〉@〈邮件服务器域名〉。@的意义是 at ，是必不可少的分隔符。@前的用户名是由用户提供给 ISP 的，它可以用自己的名字或是一些有“特殊意义”、便于记忆的字母、文字、数字来命名。@后是代表邮件服务器的域名（Domain name）或主机名（Host name），如 126.COM。然后，借助于各种专门的电子邮件应用程序或者网站电子邮件系统 WebMail（简称网站邮箱）就可以轻松地收发电子邮件了。常用的电子邮件应用程序有微软的 Outlook Express、张小龙开发的 Foxmail 等。各大门户站点都提供网站电子邮件系统 WebMail。

2. 电子邮箱简介

目前，在 Internet 上，很多的网站提供了申请免费 E-mail 信箱的服务。也有很多网站推出了收费邮箱来缓解网站的经济状况，而且为用户提供了比免费邮箱更优越、更方便的服务。另外，为了满足用户不断增长的需求，一些网站还提供了新的企业邮箱服务。免费或收费电子邮箱大都是通过网站电子邮件系统 WebMail 方式实现电子邮件收发。免费或收费电子邮箱的特点可归纳如下。

（1）界面简单直观，易学易用。

（2）提供了抄送、暗送、回复、签名文档等功能，允许用户选择信件的优先级和定时发送信件。

（3）站点可以提供大容量的信箱空间。

（4）可以传送文字、声音、图形、图像等各种信息。

（5）能够提供众多的增值功能，如支持手机短信息、手机短信提醒功能等服务。

（6）提供了各种安全措施，通过数字签名和加密方式，邮件接收者可以确定发送人的身份，确保邮件的保密性，防止来路不明的邮件（如病毒邮件等）侵扰。

3. Outlook Express 简介

Outlook Express 简称 OE，是微软公司出品的电子邮件应用程序，该软件已经整合在 IE 浏览器中，而且从 IE 4.0 以上版本都会自动安装 OE。OE 支持全部的 Internet 电子邮件功能，比 WebMail 系统（网站邮件系统）更为全面。通过这个软件可轻松实现电子邮件的发送与接收，而且登录时不用下载网站页面内容，速度更快。同时发送的信件比较有特色，是目前最流行、功能最强大的电子邮件工具。

用户要使用 Outlook Express 收发电子邮件必须首先建立自己的邮件账号，即设置从哪个邮件服务器接收邮件，通过哪个服务器发送邮件及接收邮件时的登录账号等。Outlook Express 可以管理多个账号，用户可以设置 Outlook Express 从多个账户接收和发送邮件。

三、实验条件

1. 实验设备

接入 Internet 的计算机。

2. 实验软件

Windows XP/7 、IE 浏览器、Outlook。

四、实验内容

1. 申请一个免费的电子邮箱。
2. 使用免费或收费的电子信箱收发电子邮件。
3. 学会收发邮件附件。
4. 学会使用 Outlook 收发电子邮件。

五、实验步骤

为每位学生分配一台已经接入 Internet 的计算机，要求每位学生申请一个免费的电子邮箱，并通过电子信箱从网上提交实验报告。具体步骤如下。

1. 从网上申请电子邮箱

第 1 步　运行 IE，登录提供免费或收费电子邮箱的网站（我们以登录 126 网站为例），进入免费电子邮件主页，如图 23-1 所示。

第 2 步　单击“注册”，开始申请工作。首先要求输入一个邮件地址，并对邮件地址是否可用进行检查，如图 23-2 所示，输入注册信息，单击“立即注册”即可。

图 23-1　126 邮件主页

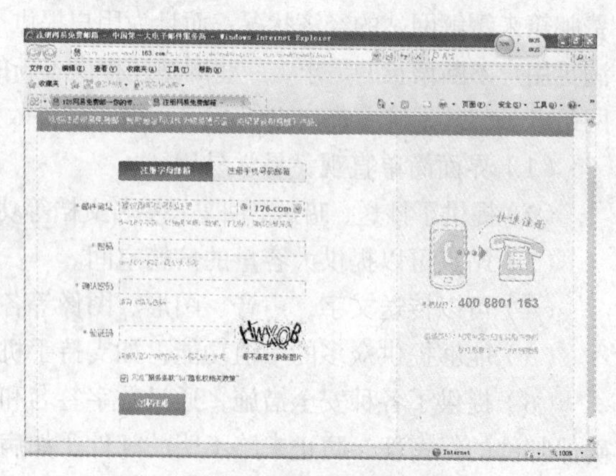

图 23-2　输入注册信息

提示

如果在申请过程中出现“你输入的账号已经被占用了”的信息，表明你输入的用户名已经被别人占用，只有换一个名字重新申请。

第 3 步　注册成功后，申请者就有了自己的邮箱地址，如图 23-3 所示，利用这一地址就可以在网上进行电子邮件的发送和接收了。

2. 在网站上使用免费电子邮箱

第 1 步　登录网站。

第 2 步　输入用户名和密码，单击“进入”按钮。如果用户名和密码无误，就会成功进入邮箱界面，如图 23-3 所示。

第 3 步　单击“收件箱”按钮，会看到收件箱中的邮件列表，单击邮件列表中某封邮件的主题，就能阅读这封邮件，如图 23-4 所示。

第 4 步　单击“写信”按钮，就可以书写并发送自己的电子邮件，如图 23-5 所示。

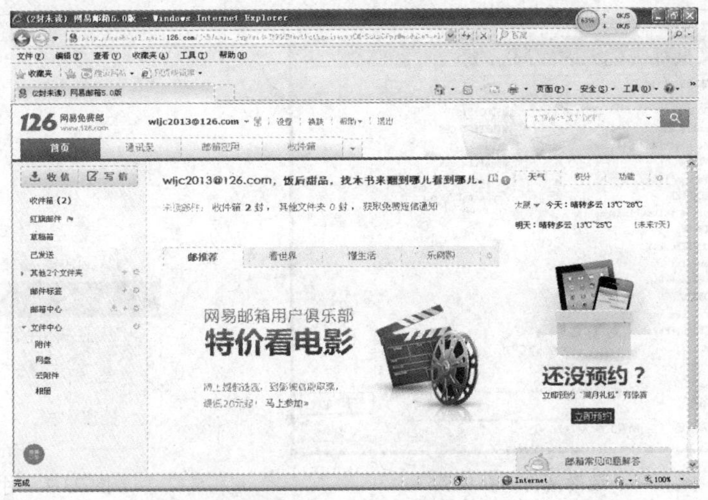

图 23-3　电子信箱界面

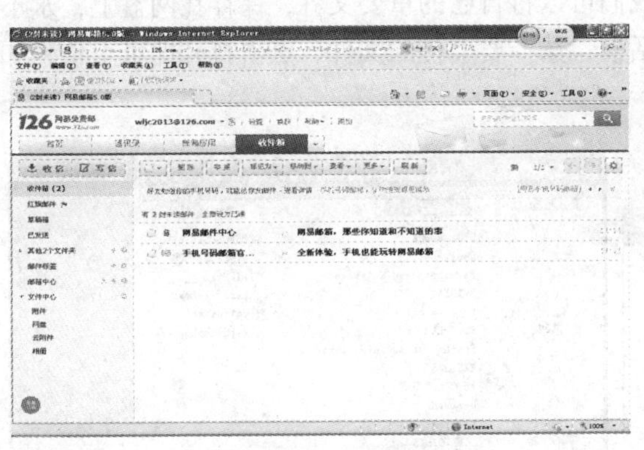

图 23-4　收件箱

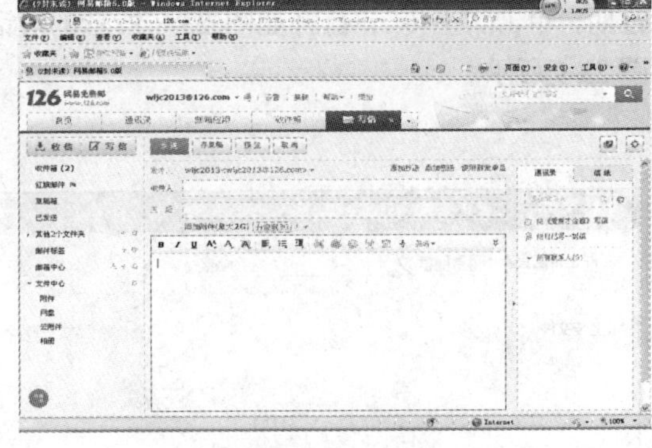

图 23-5　写邮件

提示

可以使用“通讯录”来管理别人的电子邮件地址，使用“文件中心”来管理自己的邮件。

可以通过格式按钮来设置字号、字体大小、字体颜色，可以插入超链接、粘贴表情，还可以设置信纸的样式。

第5步　在写信中，可以粘贴附件，单击附件会出现选择文件所在的位置，如图23-6所示，选好后单击“打开”，附件就会粘贴上去。

现在的邮箱都支持超大附件，最多可上传2GB的附件。

第6步　在写信中，粘贴附件可以从“云附件”，“网盘”，“往来附件”，“有道笔记”中添加，如图23-7所示。

现在的QQ邮箱还有文件中转站的功能，可以使用2GB，存放时间为30天。

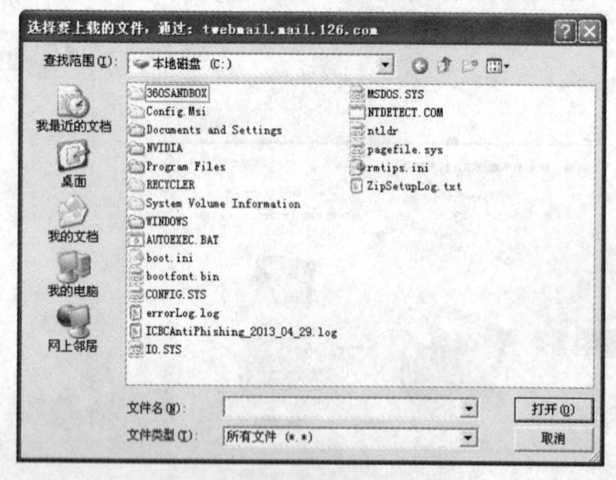

图23-6　选择文件所在位置

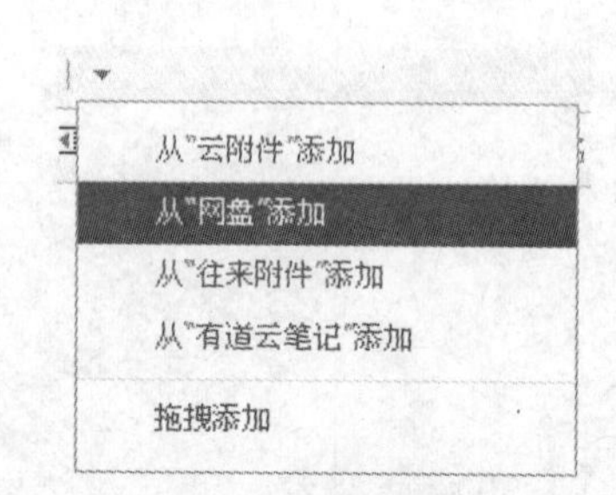

图23-7　附件添加

第7步　在邮箱中，有“网盘”的功能，我们可以将自己的重要文件，保存在网盘上，永不过期。单击“上传”，打开如图23-8所示的对话框，选择要上传的文件，点击打开即可上传，如图23-9所示。

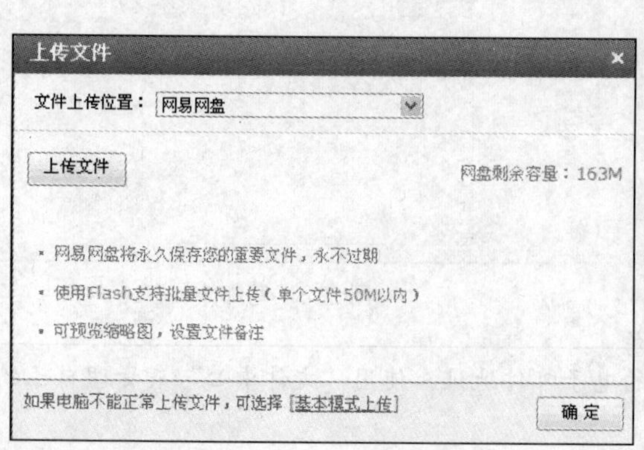

图23-8　上传文件对话框

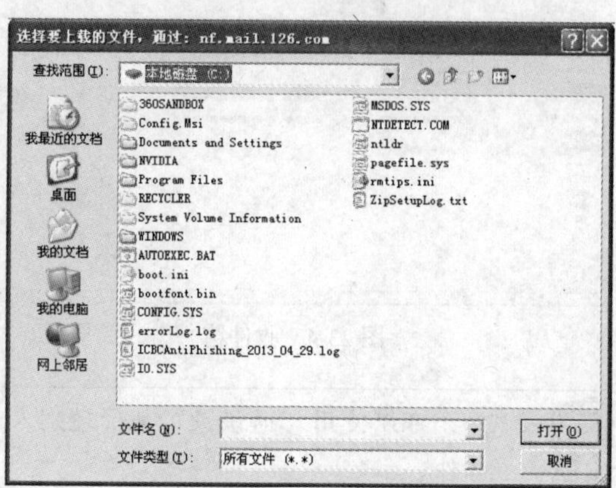

图23-9　上传文件对话框

第 8 步　在邮箱中，还有“云附件”的功能，我们可以上传 2GB 云附件，上传后有效期为 15 天，到期后收件人无法下载，如图 23-10 所示。

使用云附件的功能首先要安装网易邮箱助手。

3. 设置邮箱

利用网站电子邮件系统 WebMail 在线收发电子邮件时，还可以对邮箱进行设置。

第 1 步　对个人信息进行设置，如图 23-11 所示。在这里可以更改姓名、地址，修改密码，还可以设密码保护，在邮箱密码忘记或丢失后，通过密码保护找回自己的密码。

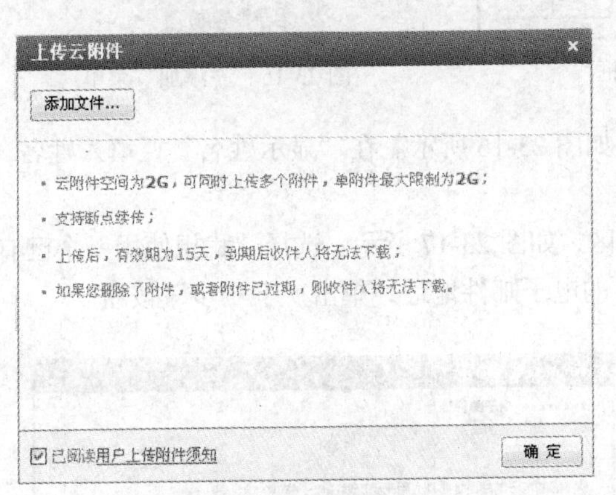

图 23-10　云附件添加

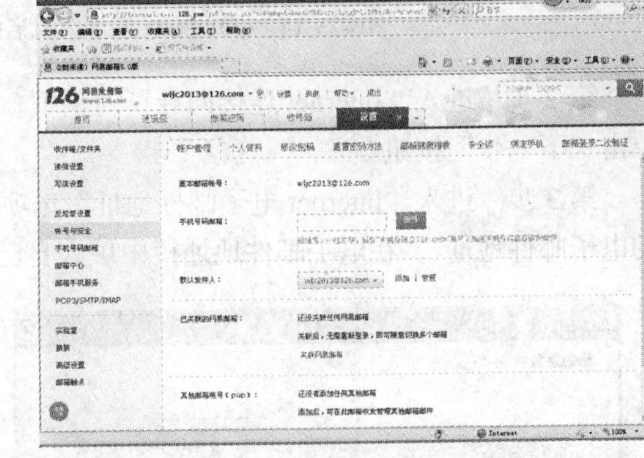

图 23-11　个人管理设置

第 2 步　对邮件管理进行设置，如图 23-12 所示。在这里可以设置各种参数，设置自己的个性签名、自动转发、自动回复、定时发信等。

第 3 步　对杀毒反垃圾进行设置，如图 23-13 所示。在这里可以设置黑名单、白名单、反垃圾的处理等。可以有效地防止自己的邮箱受到骚扰，远离病毒的侵袭。

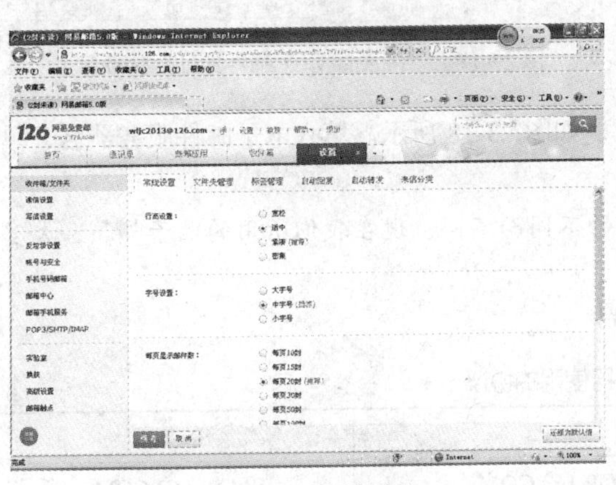

图 23-12　邮件设置

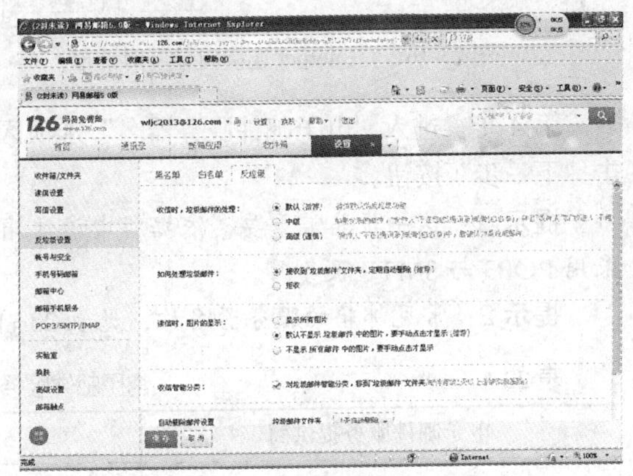

图 23-13　杀毒反垃圾

4. 使用电子邮件客户端

（1）创建邮件账户。

第 1 步　打开 Outlook Express，单击“工具”→“帐户”命令，打开“Internet 账号”对话框，如

图23-14所示。在“邮件”选项卡中，单击“添加”按钮，选择其中的“邮件”命令，如图23-15所示。

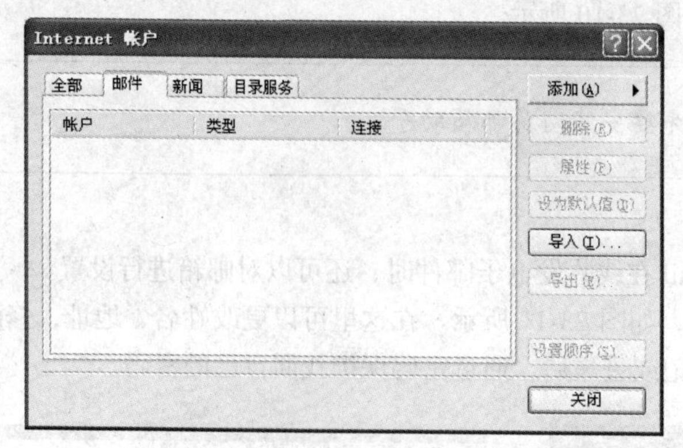

图23-14 “Internet账号”对话框

图23-15 “添加”菜单

第2步 进入“Internet连接向导”对话框，如图23-16所示。在“显示姓名”栏填入姓名，单击“下一步”按钮。

第3步 进入“Internet电子邮件地址”选项区，如图23-17所示。选择“我想使用一个已有的电子邮件地址”，在电子邮件地址栏中填入自己的电子邮件地址，单击“下一步”按钮。

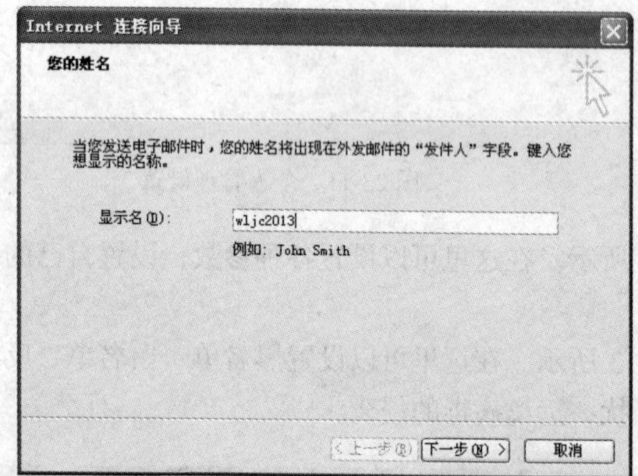

图23-16 “Internet连接向导”对话框

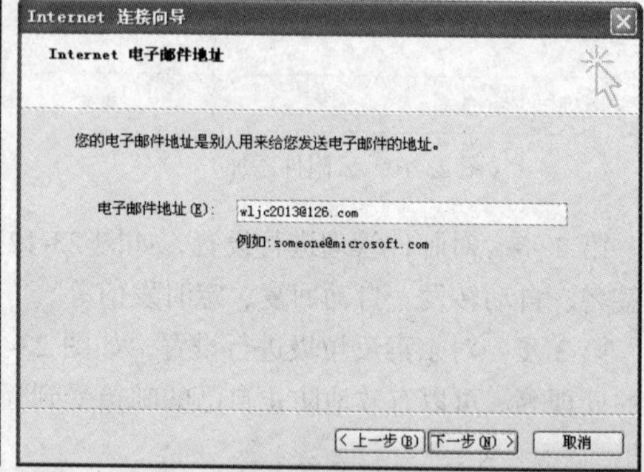

图23-17 “Internet电子邮件地址”选项区

第4步 进入“电子邮件服务器名”选项区，如图23-18所示。填入电子邮件服务器名，单击“下一步”按钮。

提示1：这一步非常重要，依据所申请信箱的不同而不同，现在我们所用的电子邮箱，大多采用POP3与SMTP服务器。

提示2：常见邮箱的服务器名称，见表23-1。

表23-1 常用邮件服务器使用的协议

电子邮件服务提供商	POP3	SMTP
163	POP.163.COM	SMTP.163.COM
126	POP.126.COM	SMTP.126.COM
QQ	POP.QQ.COM	SMTP.QQ.COM
Sina	POP.SINA.CN	SMTP.SINA.CN

第 5 步　进入“Internet Mail 登录”选项区，如图 23-19 所示。输入用户名和密码，单击“下一步”按钮。

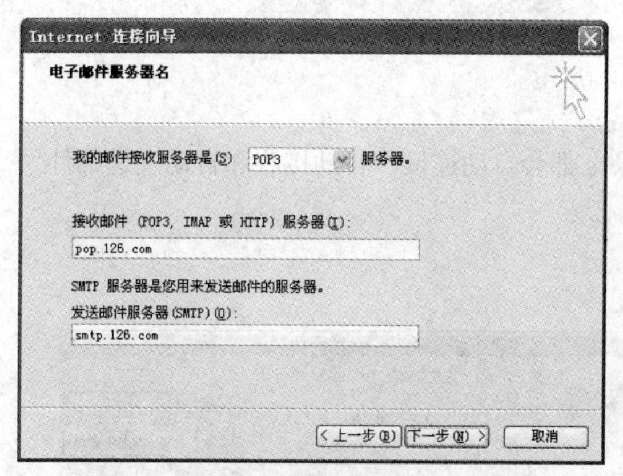

图 23-18　“电子邮件服务器名”选项区

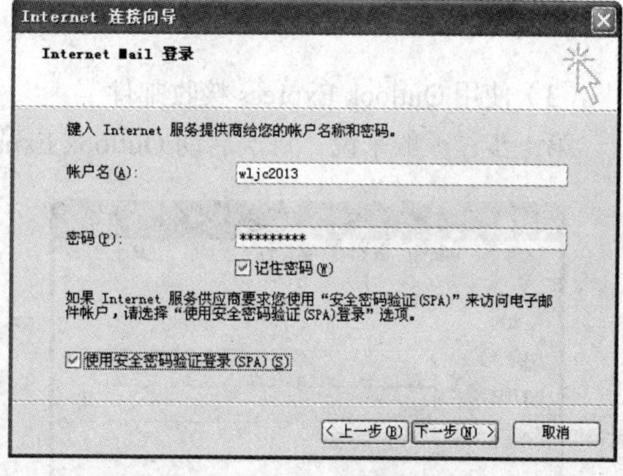

图 23-19　“Internet mail 登录”选项区

第 6 步　完成 Outlook Express 的设置。单击菜单栏的“发送/接收”按钮就可以自动收取新的邮件。

提示　如果在添加账号过程中出现错误，可以单击“上一步”按钮进行修改，或者在“Internet 账号”窗口中，选择该账号，然后单击“属性”按钮，打开账号属性窗口，在“常规”选项卡（如图 23–20 所示）和“服务器”选项卡（如图 23–21 所示）中进行修改。

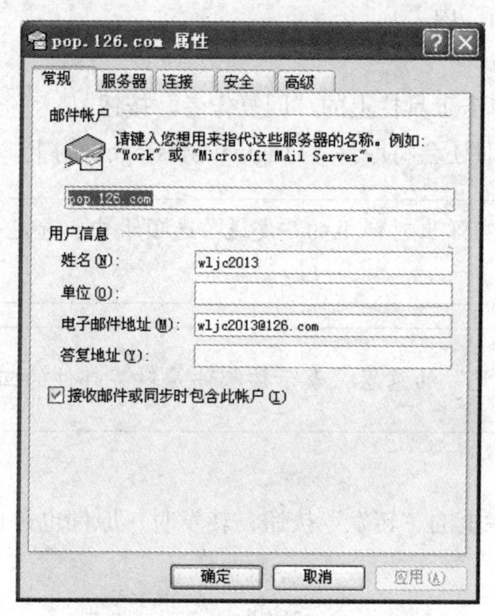

图 23-20　“常规”选项卡

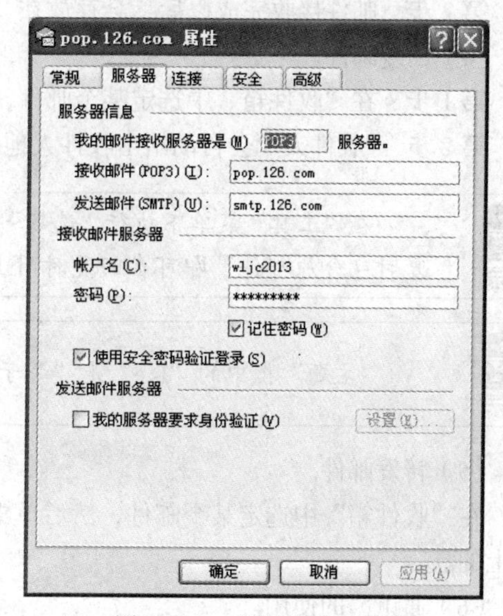

图 23-21　“服务器”选项卡

（2）使用 Outlook Express 发送邮件。

第 1 步　单击“邮件”菜单或工具栏中的“新邮件”命令，如图 23-22 所示。进入“新邮件”发送窗口，如图 23-23 所示。

第 2 步　在收件人、主题、信件正文框中分别填入对方 E-mail、信件主题、信件内容，单击“发送”按钮，开始发送邮件，如图 23-24 所示。

图 23-22　“新邮件”

（3）使用 Outlook Express 接收邮件。

第 1 步　一般来说，每次启动 Outlook Express 都会自动连接、自动接收和自动发送邮件。

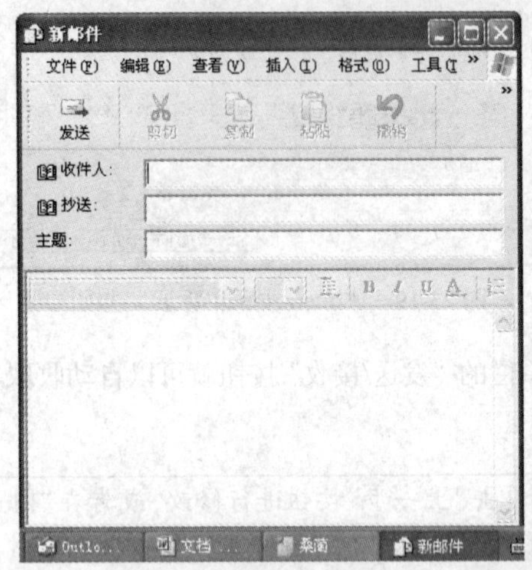

图 23-23　新邮件发送窗口

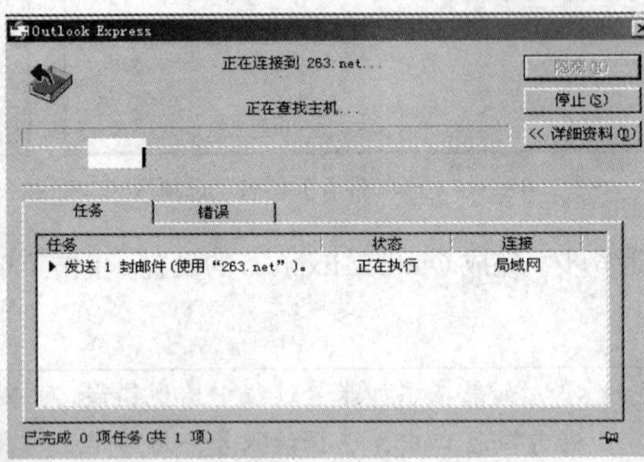

图 23-24　发送邮件过程

第 2 步　邮件接收完成以后，会存放在“收件箱”内。

（4）回复邮件。

第 1 步　在“收件箱”中选定某个邮件，然后单击工具栏上的“回复作者”按钮。

第 2 步　“收件人”会自动给出收件人地址。有时还会将原件（Original Message）附上。

在“工具”菜单下执行“选项”命令，在弹出对话框的“发送”选项卡中，选定“回复时包含原邮件”即可在回复时附上原件。

“主题”框中的“Re”是“关于”、“参见”的意思，表示该邮件是对某邮件的回复。

（5）转发邮件。

在“收件箱”中选定某个邮件，然后单击工具栏上的“转发”按钮，转发时，原件也是自动附上的。

（6）通讯簿的使用。

- 添加联系人

第 1 步　单击工具栏上的“通讯簿”按钮，打开“通讯簿”窗口，如图 23-25 所示。

第 2 步　单击工具栏上的“新建”按钮，在弹出的菜单中选择“联系人”命令，打开联系人“属性”对话框。在对话框中输入此人的资料，单击“确定”按钮，就可将联系人添加到通讯簿中。

- 使用通讯簿上的地址

第 1 种方法：在主窗口的“联系人”窗格中，双击联系人就会打开邮件撰写窗口，该联系人的地址会自动输入到“收件人”框。

第 2 种方法：单击“收件人”框前的图标，就可以打开通讯簿，选择联系人，如图 23-26 所示。

- 管理通讯簿

第 1 步　单击工具栏上的“新建”按钮，在弹出的菜单中选择“组”命令，可将联系人分组。

第 2 步　可以按照多种方式组织、排列通讯簿，以便轻松地找到联系人和组。

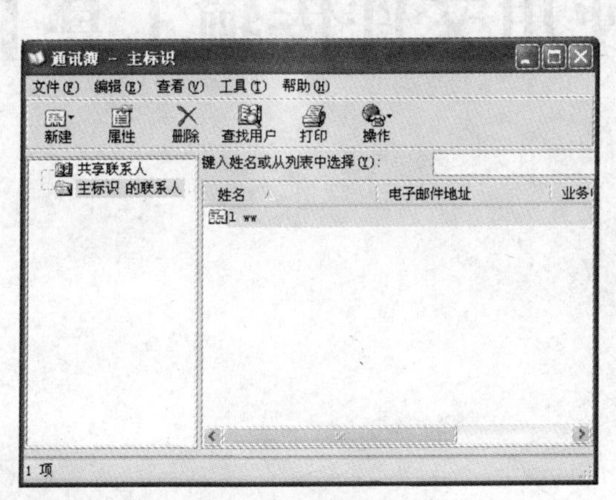

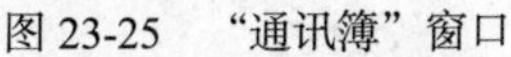
图 23-25　“通讯簿”窗口

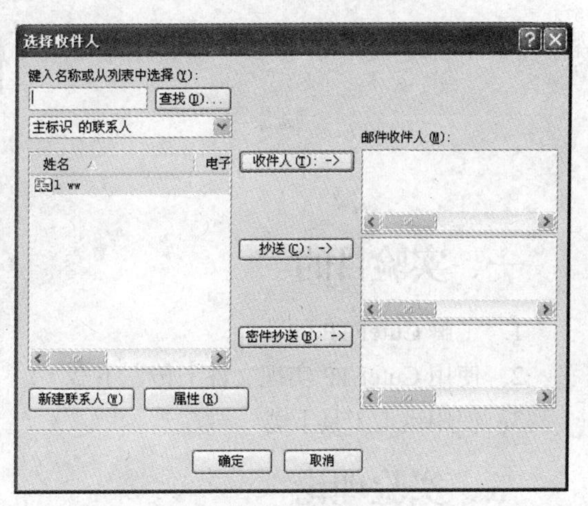

图 23-26　选择联系人

电子邮件账号是否为 POP 账号？接受邮件服务器 POP 和发送邮件服务器 SMTP 的名称是什么？这些问题的答案均可在申请邮箱所在的网站中查到。

六、实验报告

根据实验情况完成实验报告，实验报告应包括以下内容。

1. 实验地点，参加人员，实验时间。
2. 实验内容：将实际观察到的情况做详细记录。
3. 实验分析。

（1）如何设置收费或免费电子邮箱？

（2）怎样回复和转发信件？

（3）一个规范的电子邮箱有哪几部分组成？

（4）电子邮箱的密码可以修改吗？怎样修改？

（5）什么是网站电子邮件系统 WebMail？

（6）如何设置 Outlook Express？

（7）网站邮箱和 Outlook Express 都可以接受邮件，但他们在功能上有许多不同，请举出 3 个例子。

（8）请说出你所知道的接收邮件服务器的名称。

（9）怎样从邮件服务器上收取新邮件？

4. 实验心得：写出使用收费或免费电子邮箱收发电子邮件的方法、收获和经验。

实验24 使用文件传输工具

一、实验目的

1. 了解 CuteFTP 的功能。
2. 使用 CuteFTP 实现文件上传、下载。
3. 使用迅雷工具下载

二、实验理论

1. FTP 服务器

在 Internet 上有许多极具价值的文件资料，存放这些文件资料的计算机叫文件服务器（亦称为 FTP 服务器）。用户可以通过 Internet 的 FTP 服务访问 FTP 服务器，共享其中的资源信息。FTP 服务器分专用文件服务器和匿名文件服务器两种。访问 FTP 专用文件服务器和浏览 WWW 服务器是不同的。WWW 服务器通常是可以随意浏览的，而要访问一个专用 FTP 服务器上的信息资源，一般要先在该服务器上进行注册，以获得合法的用户账号（用户名 Username 和口令 Password），此为非匿名 FTP 服务器。还有一种匿名 FTP 服务器，它的用户名是 Anonymous，口令是自己的电子邮件地址，输入匿名的用户名和口令后便可享受 FTP 服务。

2. CuteFTP 简介

CuteFTP 是一款图形界面的 FTP 客户端工具软件。其功能完善，操作方便简捷，既支持文件下载，也支持文件上传，而且支持上传、下载的断点续传。实际使用中 CuteFTP 更多用于文件上传，是一个非常流行的 FTP 工具软件。CuteFTP 是一个共享软件，可以到它的主页 http://www.cuteftp.com/或一些大的门户网站的下载中心去免费下载 。不论通过何种途径，下载解压缩之后，得到的应该是一个 Setup.exe 的可执行安装文件。

3. 迅雷简介

迅雷使用的多资源超线程技术基于网格原理，能够将网络上存在的服务器和计算机资源进行有效的整合，构成独特的迅雷网络，通过迅雷网络各种数据文件能够以最快的速度进行传递。多资源超线程技术还具有互联网下载负载均衡功能，在不降低用户下载速度的前提下，迅雷网络可以对服务器资源进行均衡，减小了服务器负载。

三、实验条件

1. 实验设备

接入 Internet 的计算机。

2. 实验软件

Windows XP/7、IE 浏览器、工具软件 CuteFTP、迅雷。

四、实验内容

1. 安装配置工具软件 CuteFTP。
2. 使用站点管理器。
3. 利用 CuteFTP 上传、下载文件。
4. 安装迅雷并使用迅雷进行文件下载。

五、实验步骤

给每个学生分配一台能上网的计算机，完成利用 CuteFTP 上传、下载文件的实验内容，并写出实验报告。具体步骤如下。

1. 下载安装工具软件 CuteFTP

双击 CuteFTP 的安装程序，根据提示安装 CuteFTP，安装完成后进入 CuteFTP 连接向导。

2. 连接 CuteFTP

第 1 步　如果安装 CuteFTP 时选择了启动连接向导选项，那么，在第一次启动 CuteFTP 时，系统将提示进行站点连接设置，如图 24-1 所示。本实验以连接微软的 FTP 服务器 microsoft 站点为例。

第 2 步　单击“下一步”按钮，弹出输入用户名和口令对话框，如图 24-2 所示。可选择匿名登录也可选择标准登录，或者两者结合去登录 FTP 站点。输入完成后，单击“下一步”按钮。

第 3 步　弹出默认的本地目录选择对话框，如图 24-3 所示。输入或单击“Browse”按钮来选择默认的本地目录，然后单击“下一步”按钮。建议在这里选择存放需要上传的文件目录。

第 4 步　弹出设置完成对话框，如图 24-4 所示，单击“完成”按钮。

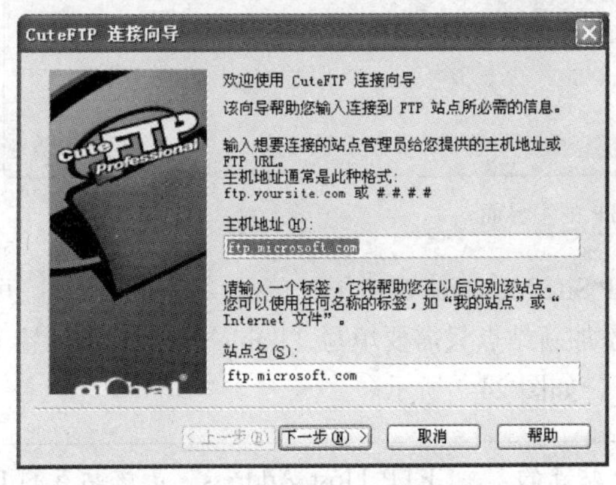

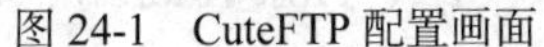

图 24-1　CuteFTP 配置画面

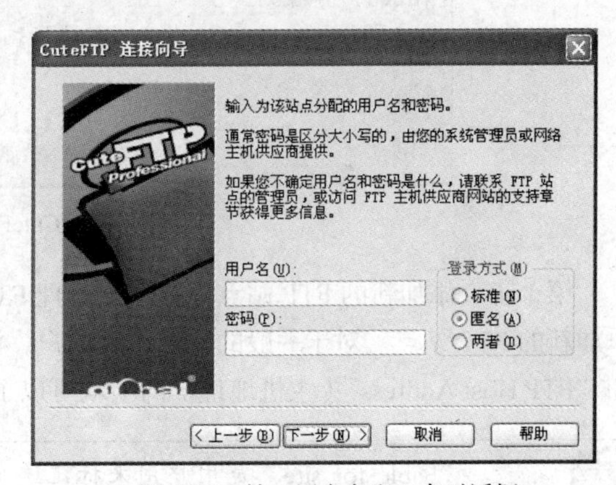

图 24-2　输入用户名和口令对话框

第 5 步　如果在上面各项中输入的信息均正确无误，CuteFTP 将直接接入所设定的微软公司的 FTP 服务器，完成设置，CuteFTP 主界面如图 24-5 所示。

3. 使用站点管理器

启动 CuteFTP 后，首先进入站点管理器 FTP Site Manager 窗口，如图 24-6 所示。打开 General FTP Sites 文件夹可以看到下一级文件夹，里面有 FTP 站点地址，用户也可以添加自己所需的站点。

利用这个窗口可以管理 FTP 站点。

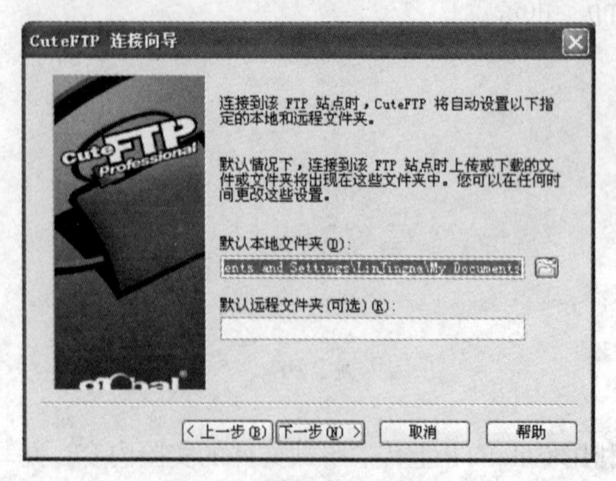

图 24-3　默认本地文件夹

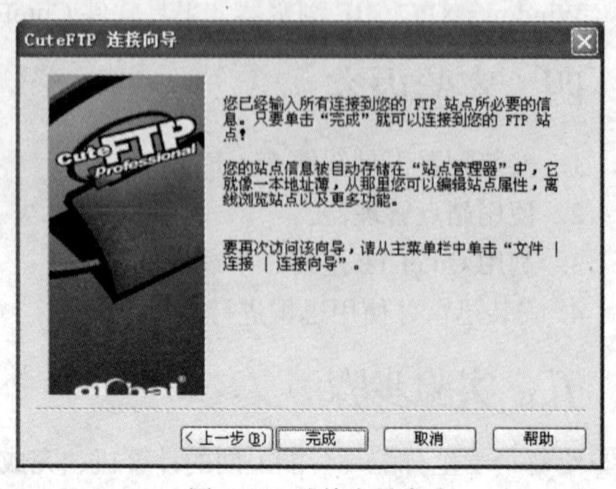

图 24-4　连接向导完成

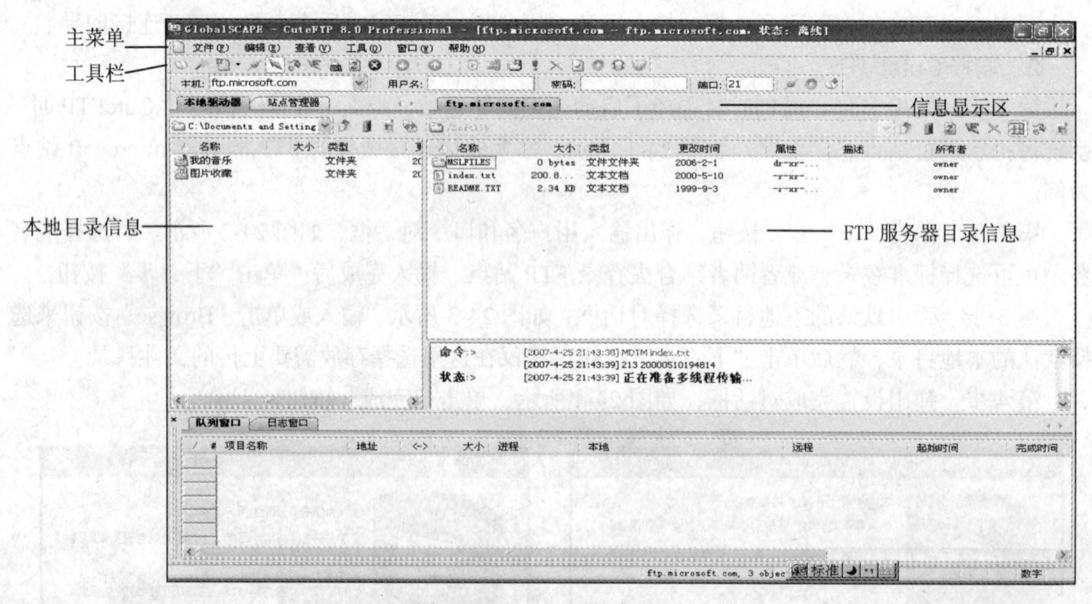

图 24-5　CuteFTP 的主界面

第 1 步　添加新的 FTP 站点。在站点管理 FTP Site Manager 窗口中，单击“新建”按钮，可添加新的 FTP 站点。对于一般的匿名站点用户，添加新站点只需要填写“Lable for site”（标签）和“FTP Host Address”（主机地址）两项就可以了，如图 24-7 所示。

“Lable for site”是用户用来标记这个站点的。“FTP Host Address”是该站点的 IP 地址或域名。FTP 的端口号 (FTP site connection post) 一般为 21。

第 2 步　连接站点。在站点管理 FTP Site Manager 对话框中选择一个 FTP 地址，单击“Connect(连接)”按钮，CuteFTP 开始连接这个站点。连接成功后，会弹出欢迎信息对话框，单击“OK”按钮就可以进入 CuteFTP 主界面开始文件的上传或下载。

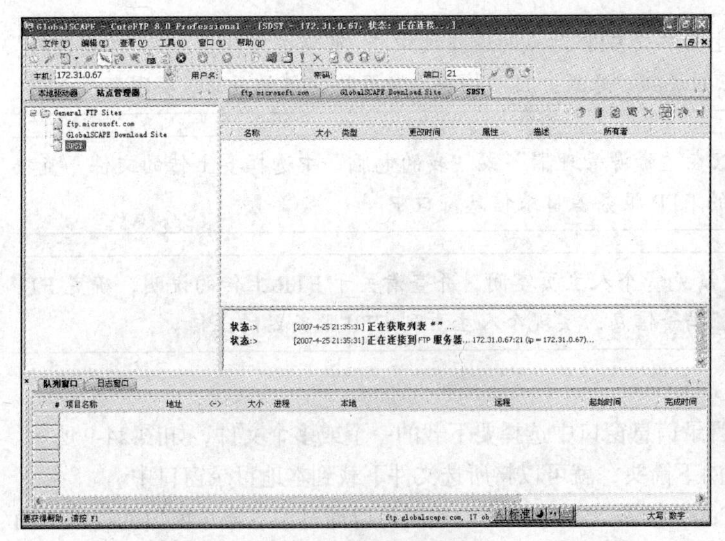

图 24-6　站点管理器界面

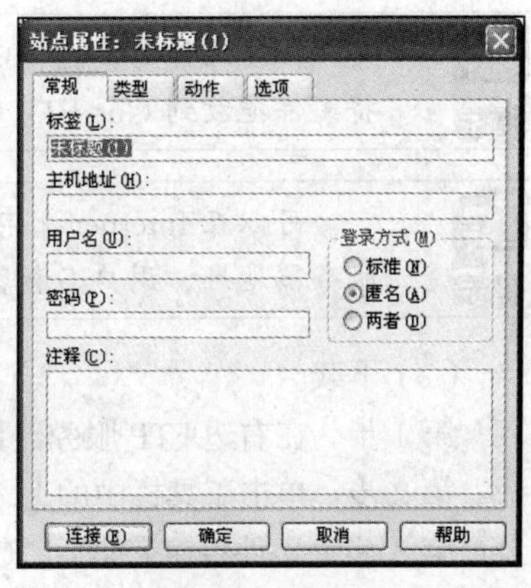

图 24-7　新建站点

4. 利用 CuteFTP 上传、下载文件

(1) 上传。

第 1 步　在左边本地目录信息窗口中选择要上传的一个或多个文件，如图 24-8 所示。

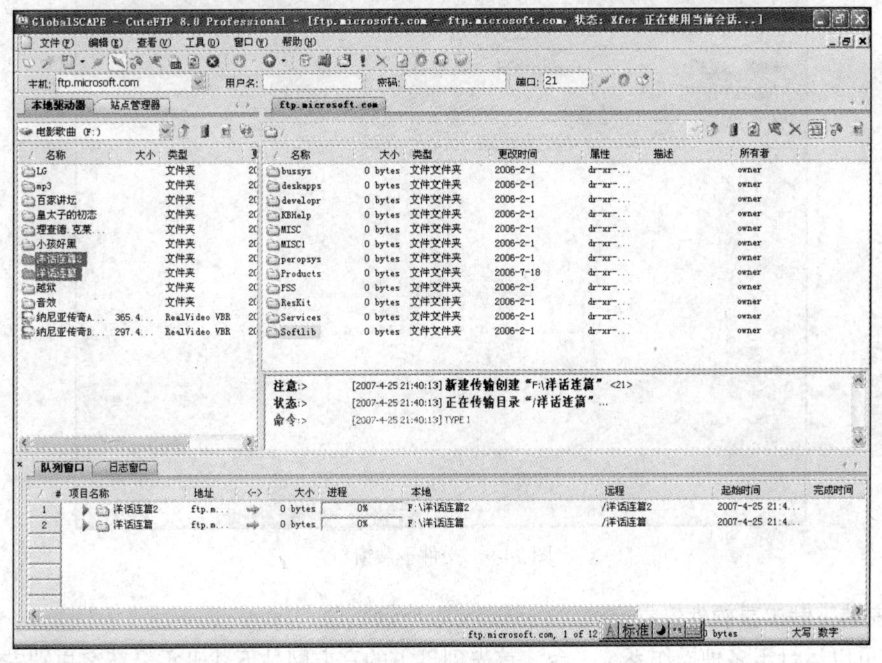

图 24-8　文件上传窗口

提示

如果要同时上传多个文件，可以进行以下操作：在本地目录信息窗口中，按下 Ctrl 键，再用鼠标单击要上传的每一个文件。将选中的文件拖动到 FTP 服务器目录信息列表窗口，或单击工具栏中的向上箭头即可完成。

第 2 步　单击工具栏中的向上箭头，就可以将所选文件上传到 FTP 服务器中。

如果在上传或下载过程中与FTP站点的连接被中断，可单击工具栏上的“重新连接”按钮，重新建立与该站点的连接，并且会自动切换至断开连接前的目录，实现断点续传。

上传文件时，也可以在“资源管理器”或“我的电脑”中选择要上传的文件，直接将文件拖放到CuteFTP的FTP服务器目录信息窗口中。

可以在Internet上申请免费个人主页空间，并查看关于FTP上传的说明，确定FTP服务器地址、用户名和密码等信息，实现个人主页到FTP服务器的上传。

（2）下载。

第1步　在右边FTP服务器目录信息窗口中选择要下载的一个或多个文件，如图24-9所示。

第2步　单击工具栏中的向下箭头，就可以将所选文件下载到本地目录窗口中。

第3步　文件传输完毕后，CuteFTP发出默认声音。这时可以通过信息显示窗口的提示来确认所有文件是否都传输成功。

在FTP服务器目录信息窗口中新建、更改、删除文件或目录时有权限限制。

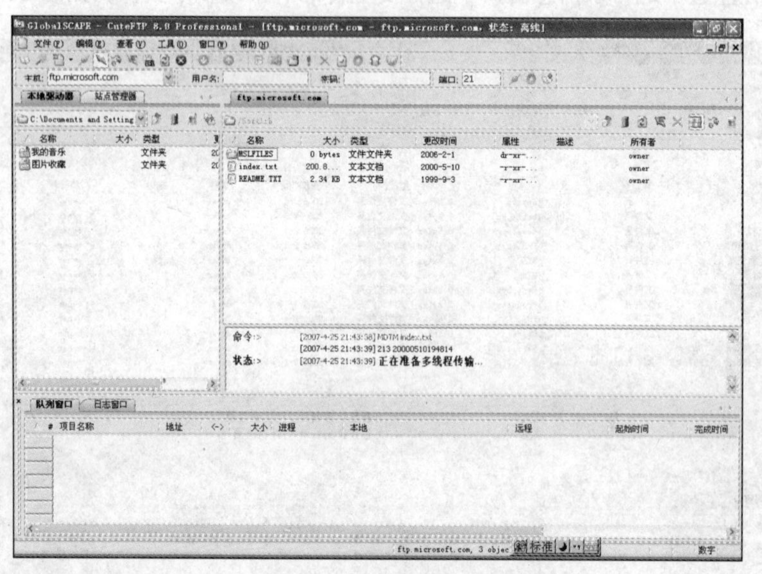

图24-9　文件下载窗口

5. 安装下载工具软件迅雷

迅雷可以运行于多种操作系统平台，首先到迅雷的官方网站下载迅雷最新客户端安装包。双击安装迅雷。

6. 通过监视浏览器单击进行下载

迅雷可以监视浏览器的单击。当单击URL时，迅雷可监视该URL，如果该URL符合下载的要求，就会自动添加到下载任务列表中。

第1步　在迅雷主界面中，选择“工具”菜单中的“配置”命令，弹出“配置”对话框，选择“监视”选项卡，将浏览器监视设置为如图24-10所示的情况。

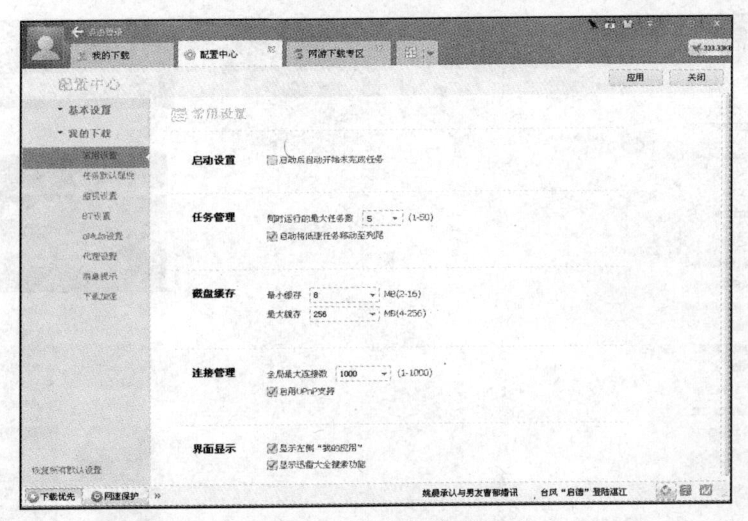

图 24-10　“监视”选项卡

在“配置”对话框中，可以对诸如常规、类别/目录、任务默认属性、连接、监视、病毒保护、图形/日志和高级等选项进行设置，让迅雷按用户的需要更好地运行。

第 2 步　在浏览器中，单击想下载的 URL。

第 3 步　迅雷会弹出“添加新的下载任务”对话框，如果想改变保存的目录，单击“目录”框后面的“浏览”按钮选择目录，如图 24-11 所示，选择好后单击“确定”按钮，开始下载。

图 24-11　“添加新的下载任务”对话框

第 4 步　迅雷下载任务窗口，如图 24-12 所示。下载过程中会在下载界面任务列表区中显示一些状态，表示下载任务正在进行或下载任务成功完成等执行情况，如图 24-13 所示。

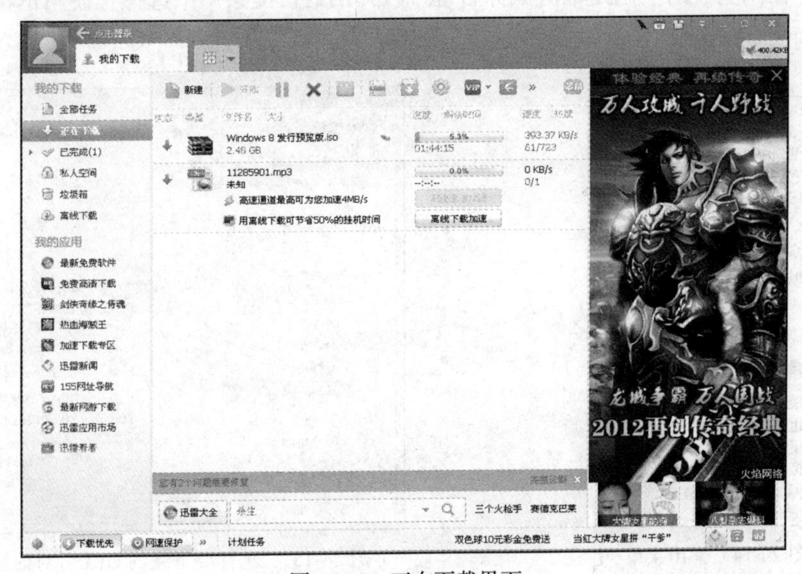

图 24-12　正在下载界面

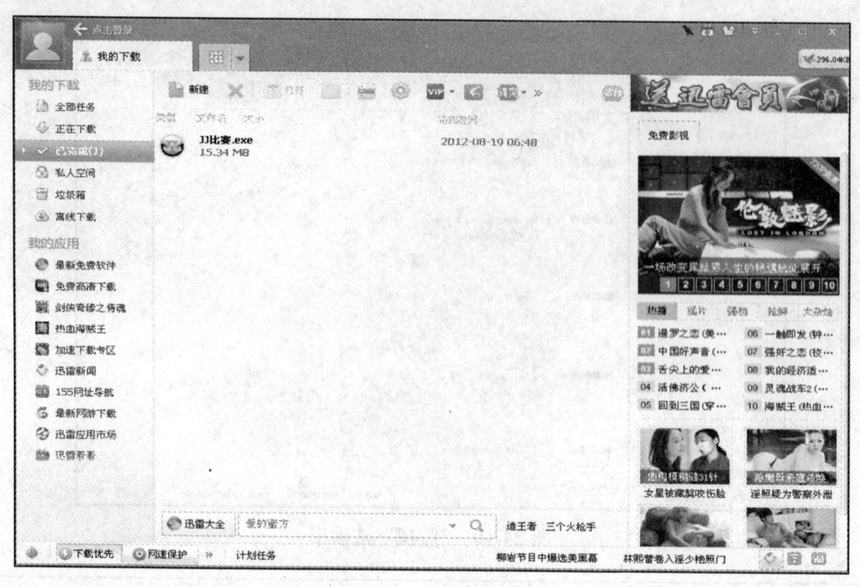

图 24-13　下载完成界面

7. 通过 IE 的弹出式快捷菜单进行下载

迅雷会添加“使用迅雷下载”和“使用迅雷下载全部链接”两个菜单项到 IE 的弹出式快捷菜单中，以便下载本页所有的链接或选择单个链接。

（1）“使用迅雷下载”快捷菜单项下载的操作步骤如下。

第 1 步　在要下载的链接上单击鼠标右键，在弹出的菜单中选择“使用迅雷下载”命令，如图 24-14 所示。

第 2 步　迅雷会弹出“添加新的下载任务”对话框，如果想改变保存的目录，单击“目录”文本框后面的“浏览”按钮选择目录，单击“确定”按钮，下载任务就添加到任务列表了。

第 3 步　开始下载。

（2）“使用迅雷下载全部链接”快捷菜单下载的操作步骤如下。

第 1 步　在浏览器的空白处单击鼠标右键，在弹出的快捷菜单中选择“使用迅雷下载全部链接”命令，如图 24-15 所示。

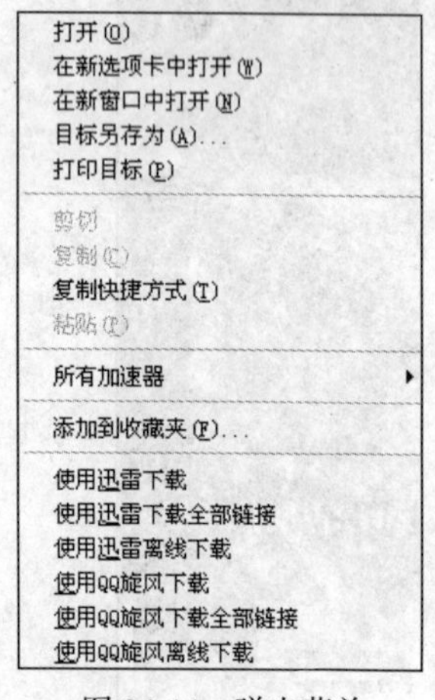

图 24-14　弹出菜单

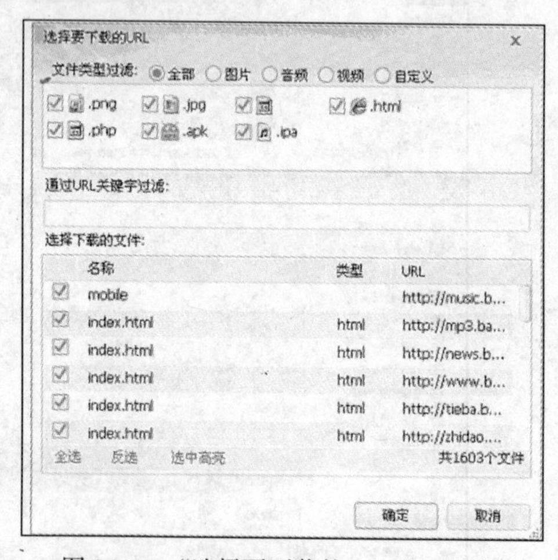

图 24-15　“选择要下载的 URL”对话框

第 2 步　这时会弹出“选择要下载的 URL”对话框，在这里可以通过单击每个 URL 前面的复选框选择文件下载，当想取消对某个文件的选择时，同样单击前面的复选框就可以了，如图 24-16 所示。

第 3 步　单击“确定”按钮，迅雷会弹出“添加新的下载任务”对话框，如果要改变保存的目录，单击“目录”文本框后面的浏览按钮选择目录，选择好后单击“确定”按钮。

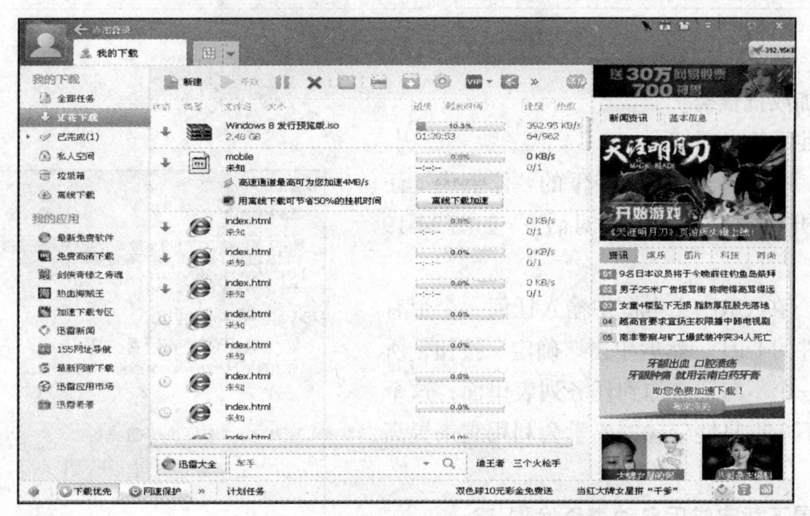

图 24-16　“添加新的下载任务”对话框

第 4 步　这时会弹出一个对话框询问“其他文件是否使用同样的设置？”，一般单击“是”按钮，如果需要对不同的文件分别设置，单击“否”按钮，如果选择了“不要再次询问”复选框，这个对话框以后就不会出现了。这时下载任务就全部添加到任务列表了。

8. 拖动下载方式

可以从浏览器中拖动 URL 到迅雷的悬浮窗。对于 IE 浏览器，迅雷支持一次拖放一个或多个链接。

（1）一次拖动一个链接。

第 1 步　在浏览器中，直接拖动想要下载的链接到迅雷的悬浮窗，如图 24-17 所示。由于它一直处于其他的窗口之前，所以叫做“悬浮窗”。

图 24-17　悬浮窗

第 2 步　迅雷会弹出“添加新的下载任务”对话框，如果要改变保存的目录，单击“目录”文本框后面的“浏览”按钮选择目录，选择好后单击“确定”按钮，下载任务就添加到任务列表了。

（2）一次拖动多个链接。

第 1 步　在浏览器中，用鼠标选中想要下载的链接，然后拖动到迅雷的悬浮窗。

第 2 步　迅雷会自动弹出“选择要下载的 URL”对话框，然后单击“确定”按钮，下载任务就全部添加到任务列表了。

9. 通过直接输入 URL 进行下载

有的时候需要用直接输入 URL 的方法来添加新的任务。一般来讲，直接输入 URL 的方法是最灵活的方法。先选择“文件”菜单中的“新建下载任务”命令，或者按 CTRL+N 键打开“添加新的下载任务”对话框。在网址（URL）文本框中输入想要下载文件的 URL，如图 24-18 所示。单击“确定”按钮，开始下载。

图 24-18 “添加新的下载任务”对话框

10. 添加成批任务

添加成批任务步骤如下。

第 1 步 选择“任务”菜单下的“添加成批任务”命令，打开“添加成批任务”对话框，如图 24-19 所示。

第 2 步 在 URL 文本框中输入任何一个带有通配符的文件的 URL，然后单击“确定”按钮，所有的文件被一个不漏地添加到任务列表里面，这个功能免除了不少重复性劳动，要学会利用它来提高工作效率。

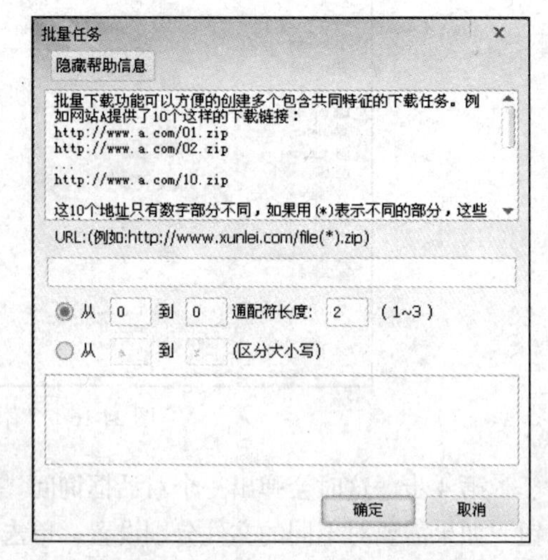

图 24-19 “添加成批任务”对话框

11. 设置下载完成后自动查杀病毒

第 1 步 在“工具”中选择“基本配置”项中的“安全设置”，如图 24-20 所示选中“下载后自动杀毒”项。

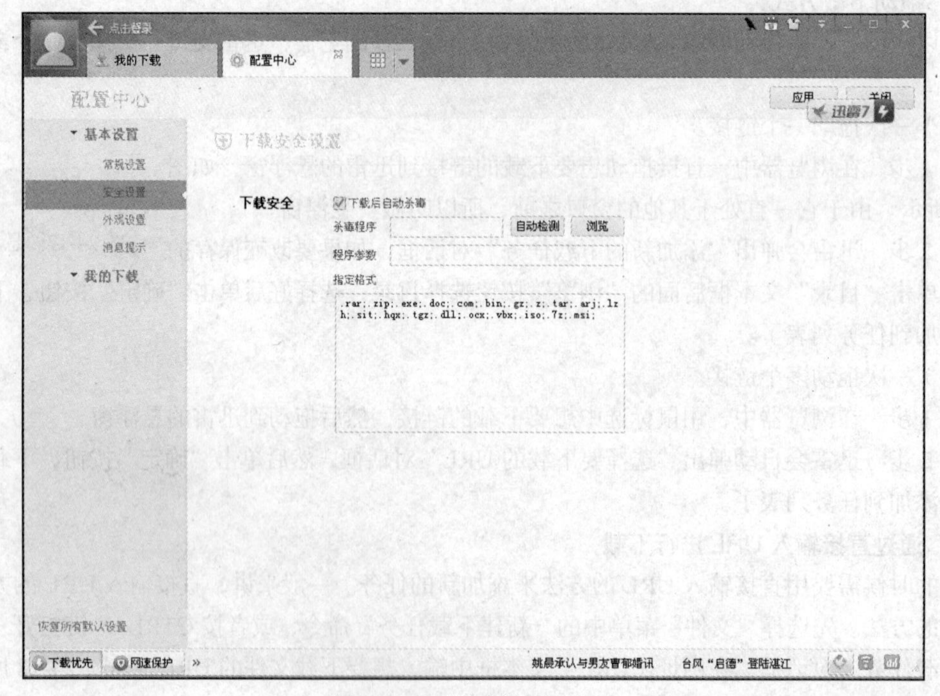

图 24-20 “安全设置”选项

第 2 步　单击“浏览”后，会弹出“打开”对话框，选择你的杀毒软件的位置，单击“打开”后选择的杀毒软件就会对你下载的资源进行扫描了，直接点击确定即可，如图 24-21 所示。

图 24-21　选择杀毒位置

六、实验报告

根据实验情况完成实验报告，实验报告应包括以下内容。

1. 实验地点，参加人员，实验时间。
2. 实验内容：将实际观察到的情况做详细记录。
3. 实验分析。

（1）如何将你计算机中的文件上传到你的网站？

（2）如何直接登录到 FTP 服务器上编辑网页？在公用计算机上应以什么身份登录？

（3）匿名 FTP 服务器上提供有哪些免费下载的软件？

（4）如何将上传、下载的文件保存在不同的目录中？

（5）如何在上传、下载之前了解文件的大小？

（6）在 CuteFTP 中如何设置文件传输队列？

（7）利用迅雷进行下载时，如何判断网站是否支持断点续传？

（8）如何设置迅雷为默认下载工具？

（9）如何备份任务列表？

（10）在你的计算机中创建一个“我的文件”，并将下载的文件保存到该文件夹；然后将它们归类管理，进行添加新类别、移动类别、删除类别、改变属性等操作。

（11）在迅雷中如何隐藏栏目、调整栏目显示顺序？

（12）迅雷悬浮窗的作用是什么？如何使用悬浮窗进行下载？

4. 实验心得：写出使用 CuteFTP 进行上传、下载的方法，总结 CuteFTP 的功能以及体会 CuteFTP 的使用技巧。

实验 25 使用网络寻呼工具 QQ

一、实验目的

1. 了解 QQ 的各种应用功能。
2. 使用网络寻呼工具 QQ。

二、实验理论

1. QQ 简介

QQ 就是一款由深圳腾讯计算机系统有限公司开发的、功能较为全面的、基于 Internet 的免费即时中文网络寻呼软件。QQ 具有和好友进行在线交流、即时发送、即时回复、文件传输、语音、视频等功能。目前，QQ 已成为国内网上最常用的聊天和联络的软件之一。

2. QQ 的工作原理

QQ 在安装时也需要到 QQ 服务器中登录基本数据，以便能够取得个人专用的寻呼号码 UIN。QQ 采用标准的 TCP/IP 为通信协议，是一款基于 Internet 的即时通信（IM）软件，QQ 软件界面如图 25-1 所示。

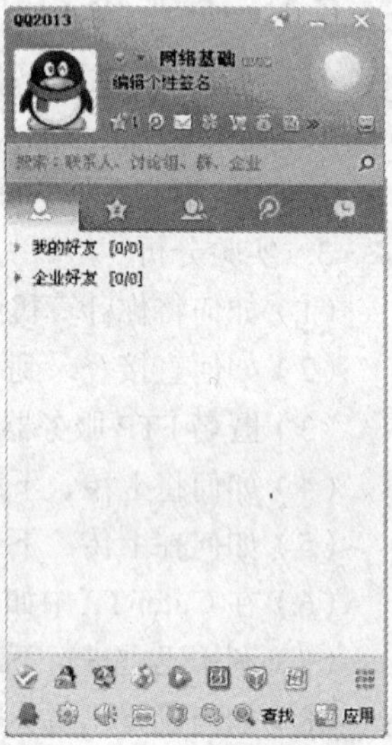

QQ 是可以任意下载、传播和免费使用的开放式软件。下载 QQ 最好的地方，就是它的大本营——腾讯网站（http://www.qq.com/），用户可以在 QQ 主页中找到“腾讯软件”链接，打开该页面后，会看到里面提供了不同版本的 QQ。用户也可以从其他一些软件下载站点找到它。

图 25-1　QQ 界面图

三、实验条件

1. 实验设备

接入 Internet 的计算机、音箱或耳机、麦克风、声卡。

2. 实验软件

Windows XP/7、IE 浏览器、网络寻呼工具软件 QQ。

四、实验内容

1. 完成 QQ 的下载、安装及注册。

2. 使用 QQ 收发消息。

3. 使用 QQ 进行文件传输。

4. 使用 QQ 进行视频聊天。

五、实验步骤

给每个学生分配一台能上网的计算机，每个学生在各自的计算机中完成本次实验内容，并写出实验报告。具体步骤如下。

1. QQ 的下载、安装及注册

下载最新的 QQ 安装程序。执行所下载的安装程序，根据提示完成 QQ 程序的安装。

2. 使用 QQ 收发消息

第 1 步　启动 QQ 程序，输入 QQ 号码及 QQ 密码，单击“登录”按钮，如图 25-2 所示。

图 25-2　QQ 启动界面

如果你是一个新用户，应单击“申请号码”进行注册，注册成功后，就会获得一个独一无二的 QQ 号码。也可以通过手机去注册一个新的号码。

第 2 步　通过 QQ 用户登录后，打开 QQ 界面，如图 25-2 所示。双击好友的头像或者在好友的头像上用鼠标右键单击，从弹出的联系人快捷菜单中选择“发送即时消息”命令，弹出“发送消息”，如图 25-3 所示，在对话框中输入要发送的消息。

第 3 步　消息输入完毕，单击“发送”按钮即可。

第 4 步　打开 QQ 界面，双击正在闪动的 QQ 头像，弹出消息接收对话框，如图 25-4 所示。

图 25-3　收发消息

图 25-4　接受消息窗口

聊天的时候可以选择“聊天记录”或“消息模式”。

3. 使用 QQ 传输文件

第 1 步　在发送消息界面的工具栏上，选择“传送文件”命令。弹出“打开”文件对话框，如图 25-5 所示。

第 2 步　在“打开”文件对话框中选定待发送文件，单击“打开”按钮，弹出“等待接收文件”的提示，服务器会给对方发出文件传送请求，如图 25-6 所示。

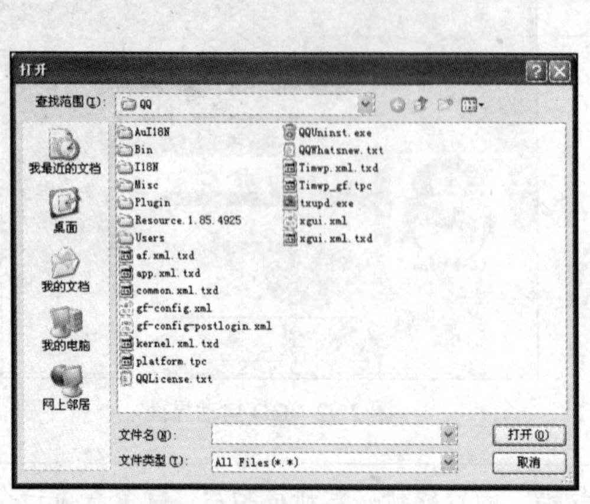

图 25-5　传送文件的选择

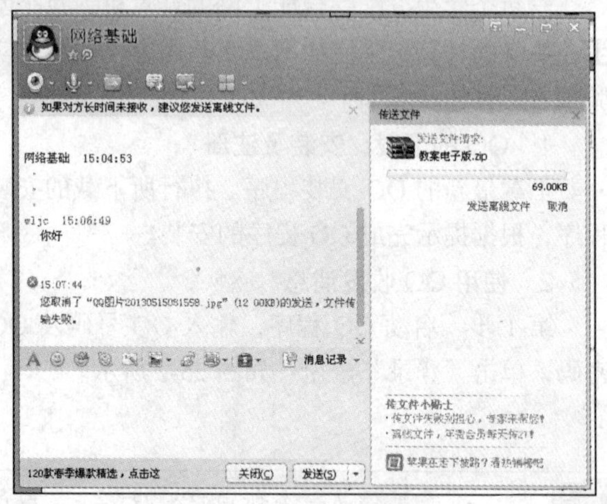

图 25-6　发送文件请求

第 3 步　当对方接受传送请求，如图 25-7 所示。选择保存位置后，文件开始传送，如图 25-8 所示。

第 4 步　如果对方不在线，可以选择发送离线文件。文件将保存在服务器上 7 天。

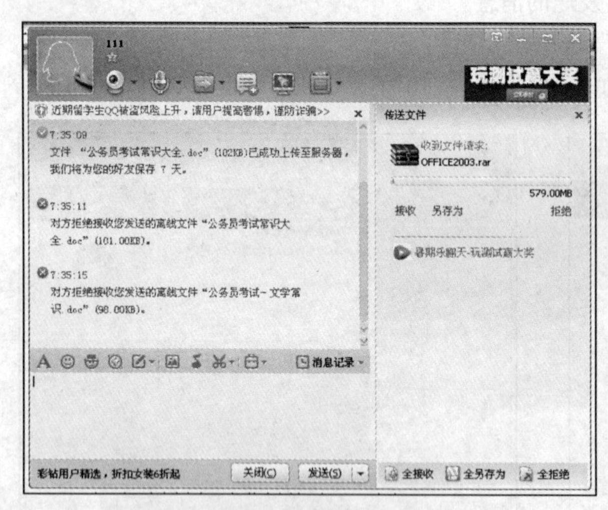

图 25-7　接受文件请求

图 25-8　选择文件保存位置

4. QQ 视频聊天

QQ 还提供了视频的功能。

第 1 步　打开要视频的对象，选择“视频聊天”按钮，如图 25-9 所示。

第 2 步　选择“开始视屏会话”，则开始呼叫对方，如图 25-10 所示。

第 3 步　对方收到邀请后，如图 25-11 所示。选择“接受”将建立视频连接，就可以进行视频聊天了。

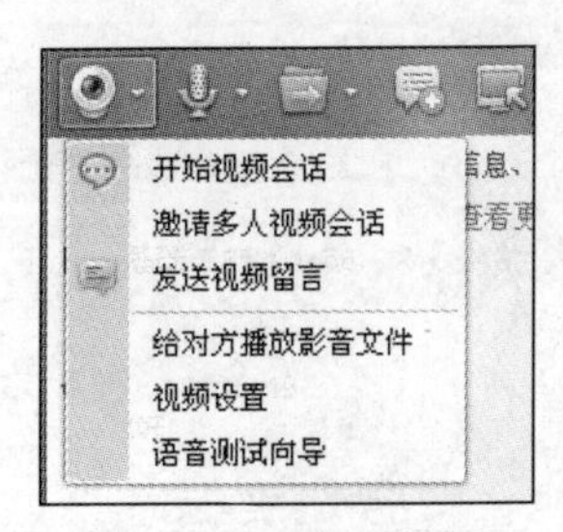

图 25-9　视频聊天按钮

图 25-10　视频聊天

在 QQ 按钮中，还有语音聊天、给好友点歌、和好友一起看电影、和好友一起玩 QQ 游戏、同步看网络电视等，请大家通过实践掌握。

5. 远程协助

QQ 提供了远程协助的功能。

第 1 步　单击“邀请对方远程协助”，如图 25-12 所示，然后等待对方接受协助，如图 25-13 所示。

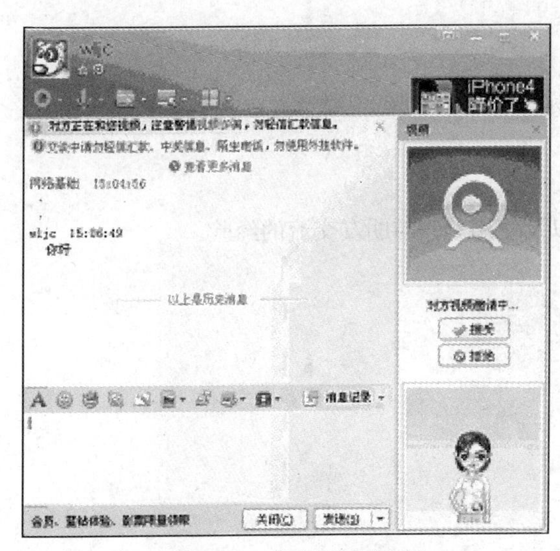

图 25-11　视频聊天接受方

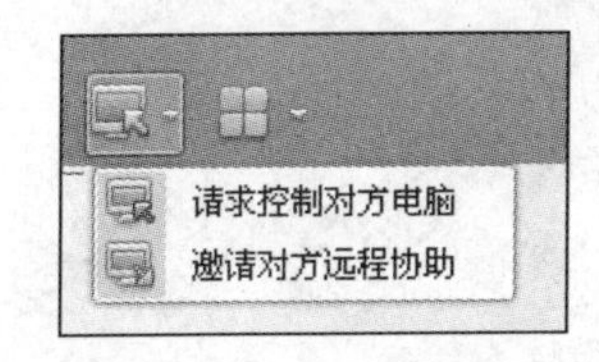

图 25-12　远程协助

第 2 步　对方单击“接受”，如图 25-14 所示，双方成功建立连接，接收方就出现对方的桌面。

第 3 步　要想控制对方电脑还得由申请方单击“申请控制”，在双方又再次单击接受之后，才能控制对方的电脑。

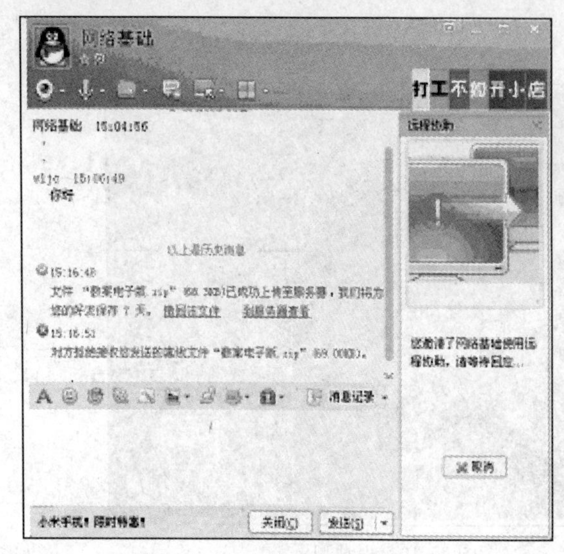

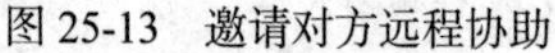
图 25-13　邀请对方远程协助

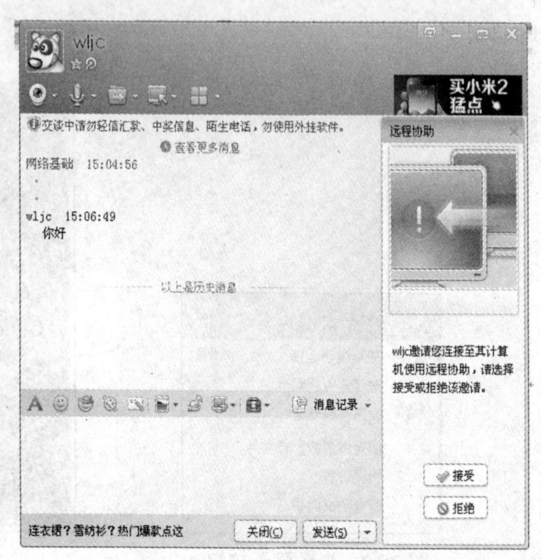

图 25-14　接收方同意远程协助

六、实验报告

根据实验情况完成实验报告，实验报告应包括以下内容。

1. 实验地点，实验人员，实验时间。
2. 实验内容：将实际观察到的情况做详细记录。
3. 实验分析。

（1）如何安装 QQ?

（2）如何注册 QQ?

（3）如何使用 QQ 收发消息？

（4）QQ 登录后任务栏上的小企鹅图标有什么用处呢？

（5）如何和好友进行语音和视频的聊天？

（6）如何使用 QQ 搜索好友？

4. 实验心得：写出对 QQ 的认识，以及使用 QQ 与朋友交流的经验。

实验 26
博客与微博的使用

一、实验目的

1. 学习建立自己的博客。
2. 学习建立自己的微博。

二、实验理论

1. 博客

Blog 的全名应该是 Web Log，中文意思是“网络日志”，后来缩写为 Blog，而博客（Blogger）就是写 Blog 的人。从理论上讲，博客是“一种表达个人思想，网络链接、内容按照时间顺序排列，并且不断更新的出版方式”。简单地说博客是一类人，这类人习惯于在网上写日记。

2. 博客的分类

博客可以分成两种：一种是个人创作，另一种是将个人认为有趣的有价值的内容推荐给读者。博客因其张贴内容的差异、现实身份的不同等分为政治博客、记者博客、新闻博客等。

3. 微博

微博，即微博客的简称，是一个基于用户关系的信息分享、传播以及获取平台，用户可以通过 WEB、WAP 以及各种客户端组建个人社区，以 140 字左右的文字更新信息，并且实现即时分享。

三、实验条件

1. 实验设备

接入 Internet 的计算机。

2. 实验软件

IE 浏览器。

四、实验内容

1. 申请自己的博客。
2. 对自己的博客进行设置。
3. 建立自己的微博。

五、实验步骤

给每个学生分配一台能上网的计算机，独立完成建立个人博客的实验内容，并写出实验报告。

这里以“新浪博客”为例，具体步骤如下。

1. **申请博客**

第 1 步　启动 IE 进入 IE 窗口，在“地址”中输入“http://blog.sina.com.cn/”登录并注册，如图 26-1 所示。

第 2 步　进入用户注册页面，按要求输入个人信息，并阅读“服务条款和声明”后，单击“完成注册”。

第 3 步　注册成功，如图 26-2 所示。

第 4 步　登录个人的博客主页，如图 26-3 所示。

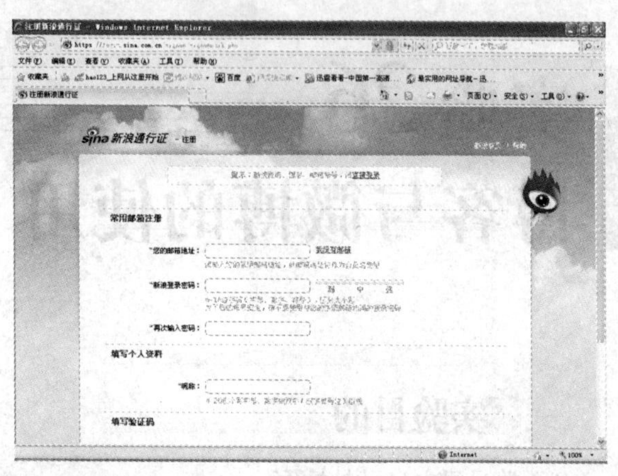

图 26-1　“新浪博客”网站

图 26-2　注册成功页面

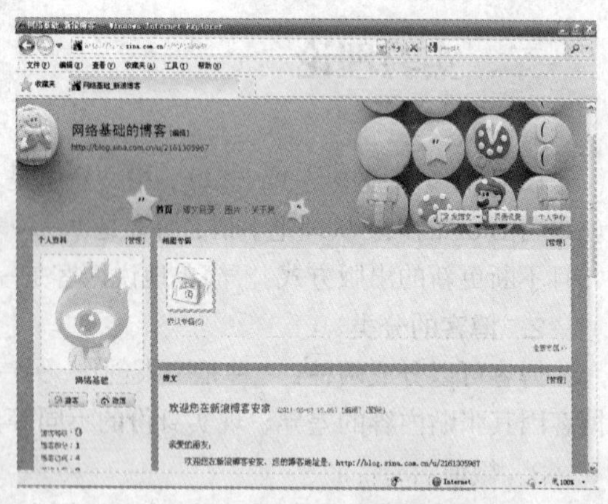

图 26-3　个人博客页面

2. **对博客进行设置**

第 1 步　首先给自己的博客设置一个风格，单击“风格主题”出现主题对话框，如图 26-4 所示，选择一个适合自己风格后，单击即应用主题。

图 26-4　应用主题

第 2 步　添加新的组件，单击“组件设置”如图 26-5 所示。选择想在网页上显示的模块，选择“复选钮”即可添加一个新的组件，如图 26-5 所示。

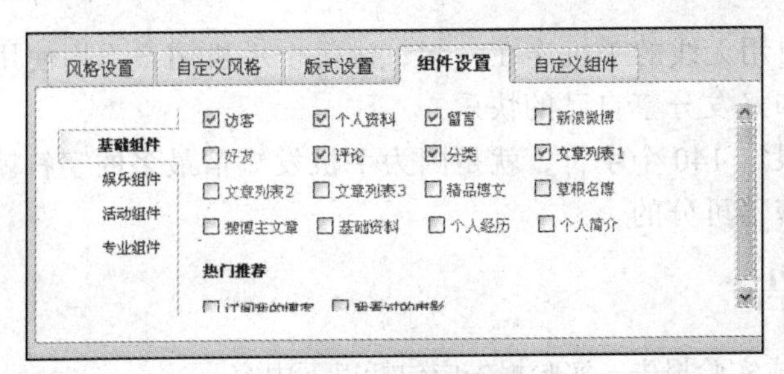

图 26-5　组件设置

第 3 步　单击“撰写新日志”后，出现写日志的页面，如图 26-6 所示。输入日志的内容后，单击“发表日志”即可。

在页面中，输入日志的标题、分类、内容，在内容中，可以对字体、字号、样式等进行设置，另外还可以添加图象、视频、表情、地图等。

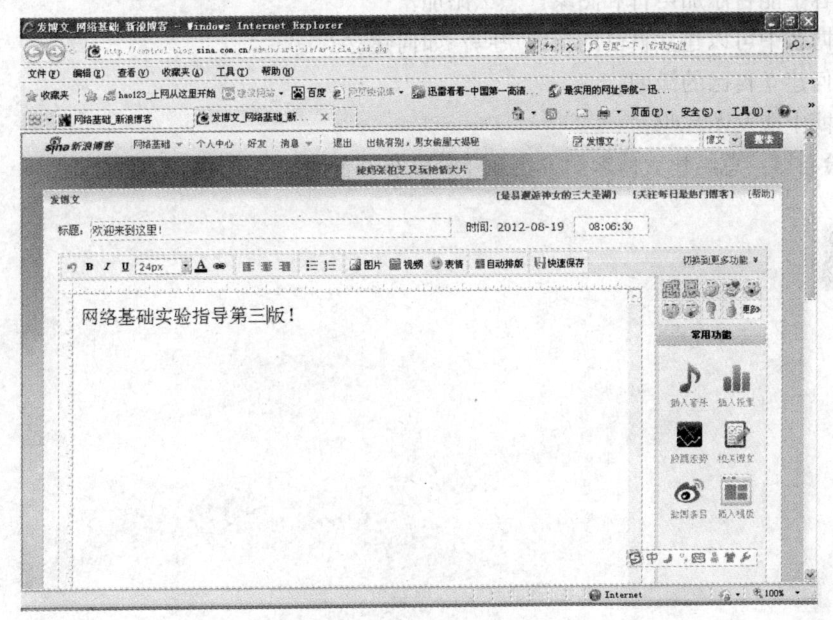

图 26-6　撰写新的日志页面

第 4 步　进入相册专辑页面，可以对照片进行上传编辑。

在博客中还有许多的功能，这里不一一介绍了，请同学们多实践多练习，为自己建立一个博客。

3. 微博

微博的注册方法和博客类似。首先，打开微博官方的注册页面，输入电子邮箱、密码后，进入注册的邮箱即可激活微博账号。

使用邮箱进入微博后，添加关注的用户后，就可以进入自己的微博了。

在微博中，可以即时地发表自己的留言了，可以添加表情、图片、视频、音乐等。还可以发起话题、投票等。

微博的主要发展运用平台应该是以手机用户为主，微博以电脑为服务器，以手机为平台，把每个手机用户用无线的手机连在一起，让每个手机用户不用使用电脑就可以发表自己的最新信息，并和好友分享自己的快乐。

微博之所以要限定140个字符，就是因为手机发短信最多的字符就是140个。可见微博的诞生与手机是密不可分的。

六、实验报告

根据实验情况完成实验报告，实验报告应包括以下内容。

1. 实验地点，实验人员，实验时间。
2. 实验内容：将实际观察到的情况做详细记录。
3. 实验分析。

（1）如何申请自己的博客？

（2）如何在博客中建立相册的专辑？

（3）如何在博客中上传自己的图片。

（4）博客中能否添加声音和图象？怎么添加？

（5）在博客中可以建立自己的新模块吗？如何建立？

（6）如何建立自己的微博？

（7）微博中能发图片吗？

4. 实验心得：总结建立博客的方法和经验以及设置博客的技巧。

实验 27 微信的使用

一、实验目的

1. 学习建立自己的微信。
2. 学会使用微信。

二、实验理论

1. 微信

微信是腾讯公司于 2011 年 1 月 21 日推出的一款通过网络快速发送语音短信、视频、图片和文字，支持多人群聊的手机聊天软件。用户可以通过微信与好友进行形式上更加丰富的类似于短信、彩信等方式的联系。微信软件本身完全免费，使用任何功能都不会收取费用，使用微信时产生的上网流量费由网络运营商收取。2012 年 9 月 17 日，微信注册用户过 2 亿。微信 logo 如图 27-1 所示。

图 27-1 微信 logo

微信支持智能手机中的 iOS、Android、Windows Phone、BlackBerry 和塞班等平台。

2. 微信的特点

（1）支持发送语音短信、视频、图片（包括表情）和文字。

（2）支持多人群聊（最高 20 人，100 人 、200 人群聊正在内测）。

（3）支持查看所在位置附近使用微信的人（LBS，基于位置定位服务功能）。

（4）支持腾讯微博、QQ 邮箱、漂流瓶、语音记事本、QQ 同步助手等插件功能。

（5）支持视频聊天 。

（6）微行情：支持即时查询股票行情。

三、实验条件

1. 实验设备

智能手机。

2. 实验软件

微信。

四、实验内容

1. 申请自己的微信。
2. 对自己的微信进行设置。
3. 使用微信进行通信。

五、实验步骤

每个学生准备一台能上网的手机，独立完成建立微信的实验内容，并写出实验报告。

1. 账号注册

微信可以通过 QQ 号直接登录注册或者通过邮箱账号注册。第一次使用 QQ 号登录时，微信会要求设置微信号和昵称。微信号是用户在微信中唯一的识别号，必须大于或者等于六位，注册成功后不可更改；昵称是微信号的别名，允许多次修改。其注册步骤如图 27-2 所示。

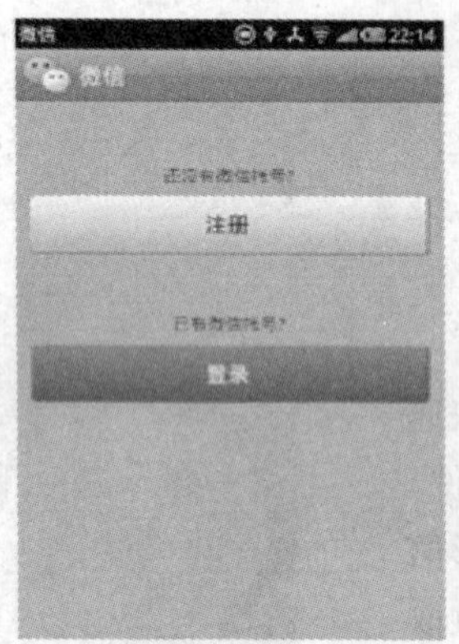

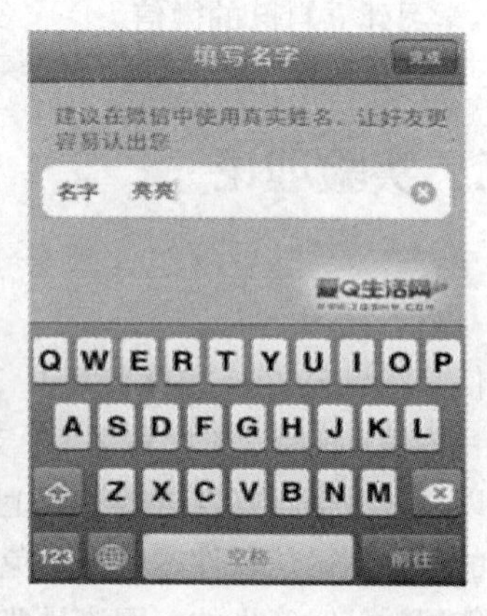

图 27-2　微信的注册步骤

2. 登录微信

登录微信首页后，会出现“微信”、“通讯录”、“朋友们”、“设置”4 个选项，如图 27-3 所示。其中，各项的功能大致如下。

图 27-3　微信登录后的界面

- 通讯录：显示了相关系统的插件和已添加成功的微信好友。
- 微信：支持文字、图片、表情、语音、视频等多种聊天形式。
- 朋友们：提供了多种查找微信好友的方法。
- 设置：个人资料的设置，包括姓名、微博等相关信息。

3. 添加好友

微信的聊天过程与 QQ 等软件相似，在开始聊天之前，一般也需要添加好友。在微信中提供了很多种添加好友的方法，如按微信号查找、扫描二维码、从 QQ 好友列表添加、从手机列表中添加等，如图 27-4 所示。

以上四种方式都是添加熟悉的好友的方法，另外，微信在主界面“朋友们”选项中，还提供了“附近人”及“摇一摇”的功能，使得与陌生人的聊天更加便利。其中“附近人”通过 GPS 定位，可以查看附近人的相关信息，包括姓名、地区和个性签名，同时也会记录查看人的地理位置信息；“摇一摇”，轻摇手机，微信会搜寻同一时刻摇晃手机的人，摇到的朋友，直接点击就可以聊天。

4. 微信聊天

在微信中，可以发送文字、语音及视频信息，如图 27-5 所示。在使用过程中，用户可以删除单条消息，也可以删除会话。在微信中，用户无法知道对方是否已读，因为微信团队认为“是否已读的状态信息属于个人隐私”，微信团队希望用户有一个轻松自由的沟通环境，因而不会将是否已读的状态进行传送。

图 27-4　添加好友

图 27-5　微信聊天功能

六、实验报告

根据实验情况完成实验报告，实验报告应包括以下内容。

1. 实验地点，实验人员，实验时间。
2. 实验内容：将实际观察到的情况做详细记录。
3. 实验分析。

（1）如何申请自己的微信？

（2）如何在微信中上传自己的图片？

4. 实验心得：总结微信的使用方法。

实验28 酷我音乐盒的使用

一、实验目的

1. 认识酷我音乐盒的功能。
2. 掌握酷我音乐盒的使用方法。

二、实验理论

1. 酷我音乐盒简介

酷我音乐盒是全球第一家集音乐的发现、获取和欣赏于一体的一站式个性化音乐服务平台，也是国内最大的云音乐平台之一。它运用世界最新的技术，为用户提供实时更新的海量曲库，一点即播的速度，完美的音画质量和一流的 MV、K 歌服务，是最贴合中国用户使用习惯、功能最全面、应用最强大的正版化网络音乐平台之一。

2. 名词与术语

（1）流式处理：一种传递内容的方法。位于某一服务器上的内容通过网络，以一种连续流的方式进行传输，然后由客户软件进行播放。通过对数据进行流式处理，播放器可以立即开始播放内容，而不必等到整个文件下载完毕。

（2）媒体库：是计算机上所有可用数字媒体内容的集合，包括计算机上的所有数字媒体文件以及指向以前播放过的内容链接。

（3）播放列表：是链接列表，包含计算机、网络或 Internet 上各种数字媒体文件的链接。

（4）云音乐：云音乐是一种无处不在的愉悦享受，用户无需将大量的喜欢的文件复制到其他终端，酷我音乐会替您收录，让您即时收听、分享。

3. 酷我音乐盒的主要功能

（1）一点即播的试听享受，整合海量音乐曲库，每日实时更新，给用户带来最新最完美的音乐体验。

（2）独有音频指纹技术通过旋律识别歌曲，令歌曲歌词匹配更精确。

（3）网络曲库华丽改版，细致分类不同类别歌曲、歌手，让您找歌更容易。

（4）全新推出随便听听，多频道多内容的选择，让您与喜欢的音乐不期而遇。

（5）酷我听听是酷我音乐盒的手机版本，它可以让您将在电脑上没听完的歌曲随身“带着走”“接着听”，享受到与电脑同样高品质的音乐，尽情享受云音乐带来的独特体验。

（6）酷我 K 歌是一款 K 歌必备的练唱工具，海量的歌曲库，超强的练唱图谱功能，最新 KTV 点唱榜单，带给你全新的 K 歌体验。

（7）酷我唱吧是酷我酝酿许久的新生产品，充分体现酷我支持音乐，专业做音乐的理念。

三、实验条件

1. 实验设备

接入 Internet 的计算机、声卡、音箱（或耳机）。

2. 实验软件

Windows XP/7、酷我音乐盒。

四、实验内容

1. 播放网络歌曲。
2. 播放本地歌曲。
3. 音频指纹识别技术。
4. 音乐录制。

五、实验步骤

给每个学生分配一台能上网的计算机，独立完成本次的实验内容，并写出实验报告。具体步骤如下。

1. 播放网络歌曲

（1）网络歌曲的选择

第 1 步　启动酷我音乐盒，打开操作的主界面。默认打开的是【曲库】选项卡，其中是软件服务器端推荐的目前最流行的各种音乐专辑和歌曲。在右侧的列表中默认显示的是当前最为流行的歌曲列表。如图 28-1 所示。

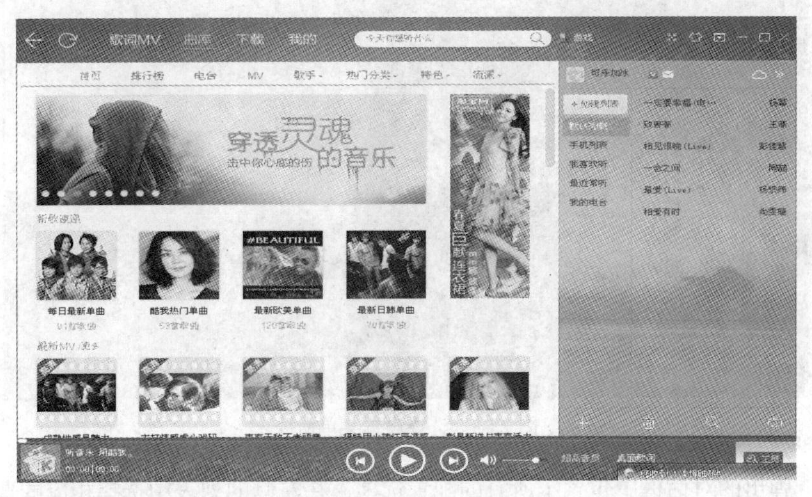

图 28-1　酷我的主界面

第 2 步　在【曲库】栏的下边还有【排行榜】、【电台】、【MV】、【歌手】、【热门分类】、【特色】和【流派】等按钮，单击相应的按钮，下面会显示相应按钮可提供的相应的服务。如单击【MV】按钮，则会显示所有可以播放的 MV，单击图标可观看歌曲的 MV。另外，在窗口右侧的列表中双击某个歌曲名称，在右侧会出现相应的选项图标，单击 MV 图标也可以播放。如图 28-2 所示。

图 28-2　MV 播放

（2）设置播放属性

第 1 步　单击窗口右上方的【设置】图标按钮，从如图 28-3 所示的菜单中选择设置菜单命令。

图 28-3　选择设置菜单命令

第 2 步　弹出的对话框中包含了所有的配置选项，在左侧的列表中选择相应的选项进行相应的设置。如图 28-4 所示。

2．播放本地歌曲

（1）创建本地歌曲列表

第 1 步　单击右侧窗口中的【创建列表】按钮，创建一个新的列表并重命名为“我的 MP3”。如图 28-5 所示。

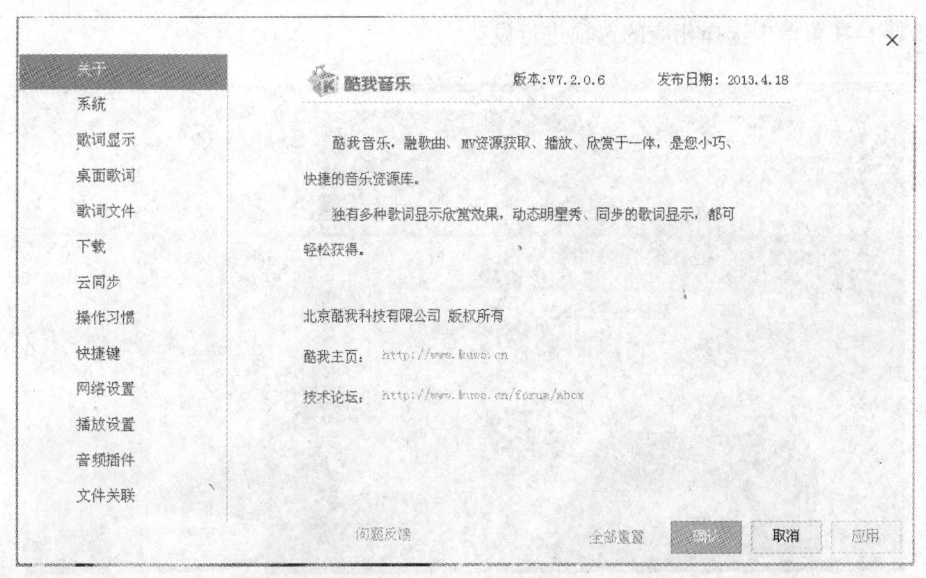

图 28-4　设置选项

图 28-5　创建自己的本地歌曲列表

第 2 步　选中自己创建的歌曲列表，然后单击下面的【添加本地歌曲】图标，弹出的菜单中，选择【添加本地歌曲文件】或【添加本地歌曲目录】菜单选项，将本地歌曲加入的自己的列表中。如图 28-6 所示。

第 3 步　设置完成后，在窗口右侧双击某个音乐文件就可以播放了。

（2）设置播放属性

第 1 步　选中列表中某个歌曲，单击鼠标右键，弹出如图 28-7 所示的快捷菜单。

第 2 步　在菜单中选择相应的选项进行设置。

图 28-6　添加本地歌曲

图 28-7　设置本地歌曲播放属性

3. 体验酷我的音频指纹技术

酷我独有音频指纹技术通过旋律识别歌曲，令歌曲歌词匹配更精确。音频指纹技术是酷我独有的音频处理技术。应用这项技术可以为每一首歌曲编制特征码，从而实现歌曲的精确匹配和识别。酷我公司应用该技术结合专门的索引算法建立了一套音频指纹数据库系统（简称音频指纹库），为广大互联网网民提供音乐识别服务。该技术目前处于国际领先地位。

第 1 步　从网上下载一首歌曲名为 www.tt90.com，选中该文件单击鼠标右键，在弹出的菜单中选择属性，在打开的对话框中选择【摘要】选项卡，如图 28-8 所示，查看这首歌曲的摘要信息。

第 2 步　打开酷我音乐盒的【设置】对话框，选中酷我音乐的指纹选项功能。如图 28-9 所示。

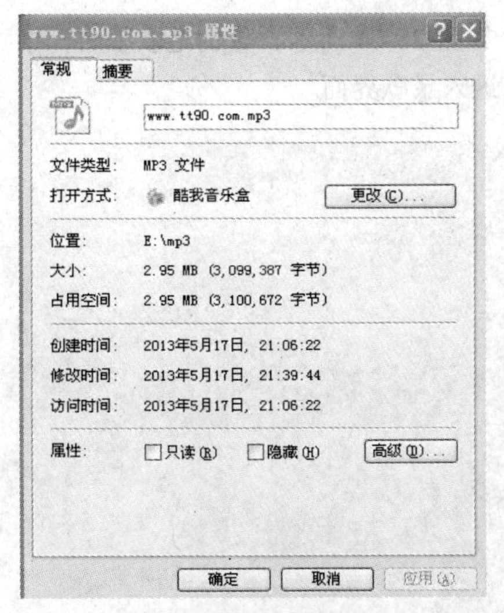

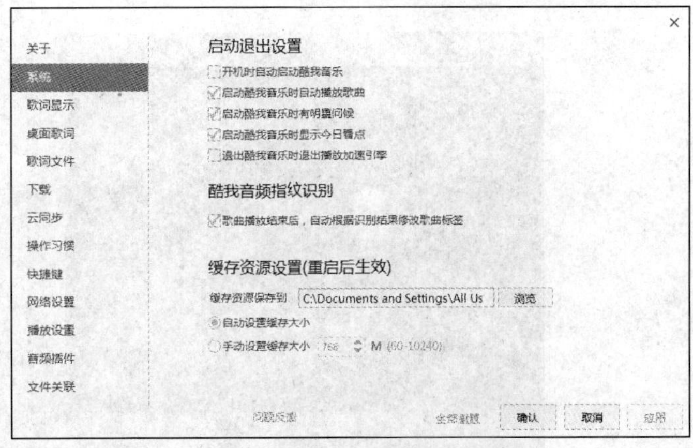

图 28-8　摘要选项卡

图 28-9　设置音频指纹识别功能

第 3 步　打开酷我音乐盒，在右侧的列表窗口中，将这首歌曲添加到"我的 MP3"本地列表中，然后再双击歌曲进行播放。在播放过程中，酷我音乐盒会同步进行音频指纹识别操作，不会影响到歌曲的正常播放。在识别结束后会在歌词窗口中给出"酷我识别结果"链接，单击它打开"Tag 信息修改"对话框，在"KooWo 识别结果"栏中即可看到从音频指纹库中反馈回来的正确信息了，确认无误后，单击"修改"按钮，酷我音乐盒会在播放完歌曲后将音乐文件修改成正确的信息。如图 28-10 所示。

4. 使用酷我音乐盒录制歌曲

第 1 步　打开酷我音乐盒，单击右下角的【工具】按钮，出现如图 28-11 所示的画面。

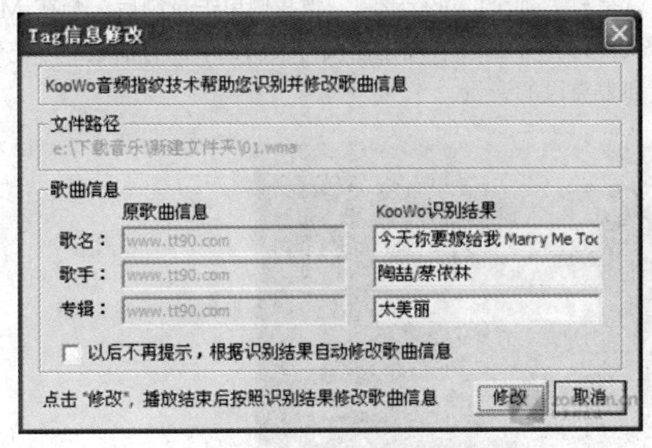

图 28-10　酷我音频指纹识别结果

图 28-11　打开音乐工具箱

第 2 步　单击工具栏中的【酷我 K 歌】，出现如图 28-12 所示的画面。

第 3 步　当你打开酷我 K 歌的页面以后在右边会发现一个框，如图 28-13 所示，里面显示点歌台、已点歌曲、我录的歌、酷我唱吧四个选项，其中【点歌台】是用来寻找我们想要的歌曲的，【已点歌曲】则是你在点歌台里面选择好的歌曲，【我录的歌】就是你在酷我 K 歌里面录制好的歌曲，【酷我唱吧】则是网友们把自己录制好的歌曲上传到网上，让大家一起分享的。

第 4 步　在点歌台里找到自己想要的歌曲，就能在已点歌曲里面看到，点歌后需要缓冲，当歌曲缓冲完成后，我们在歌曲的后面能看到这样几个信息，如图 28-14 所示，分别是歌手名，格式显示是 MV，还有就是播放，录制，单击选项中的录歌，进入录歌界面。

图 28-12　酷我 K 歌

图 28-13　酷我 K 歌右侧窗口

图 28-14　选中歌曲的信息

第 5 步　上面显示的信息很多，右上角的视频里面可以选择选用歌曲的 MV 画面还是自己的视频画面，画质则是选择清晰度，全屏就是放大到全屏进行录制。当我们单击录制后，会在 MV 画面左上角看到红色的 REC 标志，如图 28-15 所示，表示现在在执行录制，下面有播放、停止录制、切歌等选项，还可以调节音乐音量和麦克风的音量。

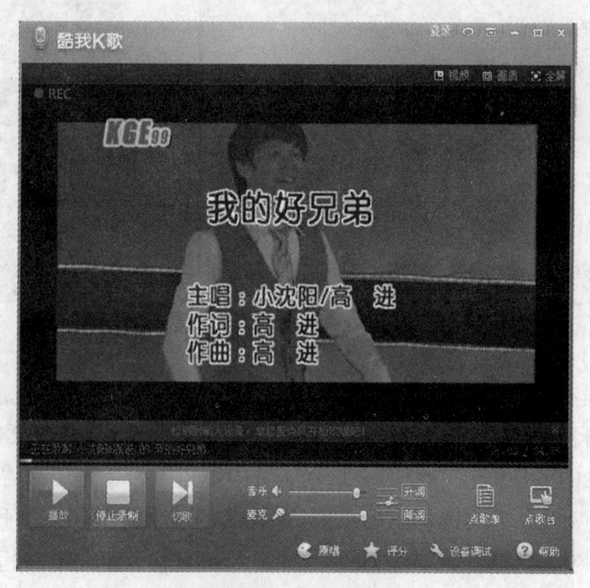

图 28-15　录歌界面

六、实验报告

根据实验情况完成实验报告，实验报告应包括以下内容。

1. 实验地点，实验人员，实验时间。

2. 实验内容：将实际观察到的情况做详细记录。

3. 实验分析。

（1）酷我音乐的特点有哪些？

（2）计算机中有一个音频文件，但是不在酷我音乐盒的默认列表中，能否将它直接添加到某个播放列表？

（3）如何删除媒体库中的播放列表？

（4）对计算机中一个基本信息不全的音频文件，使用音频指纹技术补全该文件的信息。

（5）选择一首歌曲，掌握录制歌曲的方法。

4. 实验心得：写出使用播放列表的好处和用酷我音乐盒播放网络歌曲以及录制歌曲的技巧和方法。

实验29 PPS的使用

一、实验目的

1. 了解PPS影音。

2. 学会安装和使用PPS。

二、实验理论

1. PPS简介

PPS全称为PPStream，它是一套完整的基于P2P技术的流媒体大规模应用解决方案，包括流媒体编码、发布、广播、播放和超大规模用户直播。能够为宽带用户提供稳定和流畅的视频直播节目。

PPS是目前全球最大的P2P视频服务运营商之一，一直在为上海文广、新浪网、TOM、CCTV、新传体育、凤凰网、21CN等媒体和门户提供P2P视频服务技术解决方案，也在网游领域与醉逍遥等多家运营商有着长期的互动合作。

PPS只要启动就会抢占所有网络资源，所以绝对会流畅，并且在退出后也会隐藏上传程序。

2. PPS的特点

（1）完全免费，下载即可看。

（2）具有灵活点播的功能，随点随看，时间自由掌握。

（3）操作简单，界面简洁明了。

（4）掌握全球最先进的P2P传输技术，同样运营视频点播网站，带宽只需要是正常的1/100。

（5）具有丰富的节目内容，可以完全满足您的点播需要。

（6）提高用户体验有PPS的蜘蛛网状P2P结构，您的点播服务可以辐射全球，不必为网通电信等ISP不通犯愁。

（7）看的人越多越流畅。

（8）支持多种文件格式。

三、实验条件

1. 实验设备

接入Internet的计算机、声卡、音箱（或耳机）。

2. 实验软件

Windows XP/7。

四、实验内容

1. 下载和安装 PPS。
2. PPS 的使用方法。

五、实验步骤

给每个学生分配一台能上网的计算机，独立完成本次的实验内容，并写出实验报告。具体步骤如下。

1. 下载 PPS 安装文件

如果计算机上安装有 360 软件管家，那么可以直接打开 360 软件管家在网络电视一栏下找到 PPS 影音单击下载，或到百度上搜索后进行下载，如图 29-1 所示。

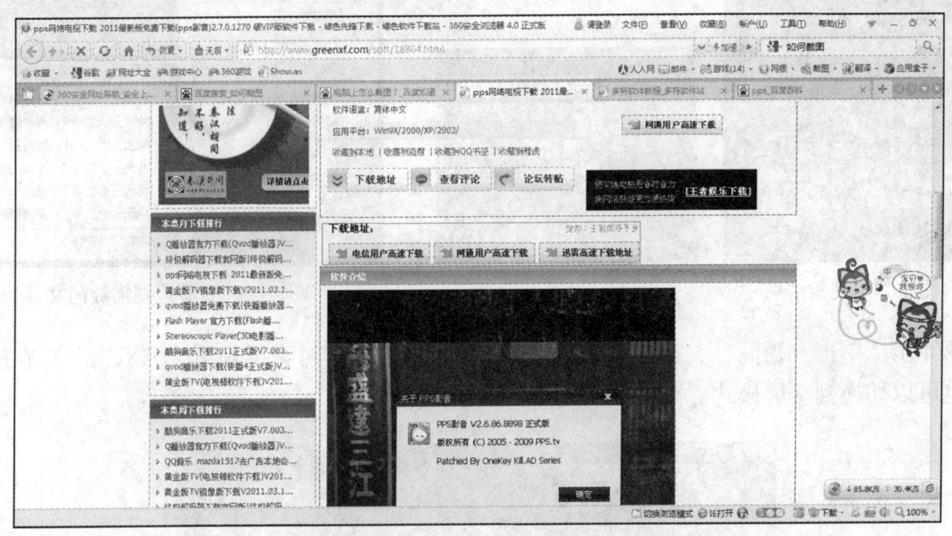

图 29-1　下载页面

2. 安装 PPS

安装很简单，按照提示一步步完成即可，然后单击运行则会出现如图 29-2 所示的画面。

图 29-2　PPS 操作界面

3. PPS 的使用方法

第 1 步　单击左上角的“在线”即可免费观看视频，下面的列表列出了当前比较好的最新的视频资源。如果你想搜你指定的视频则可在【电影、电视】栏上输入所找的视频并单击搜索标志，搜索结果将会出现在下面的列表框里，如图 29-3 所示，然后选中要观看的视频单击播放即可。

第 2 步　若想播放本地磁盘里的视频的话，直接单击“本地”找到相应资料即可，如图 29-4 所示。

第 3 步　单击“播放”再单击“最近播放”即可找到近期播放的文件，如图 29-5 所示。

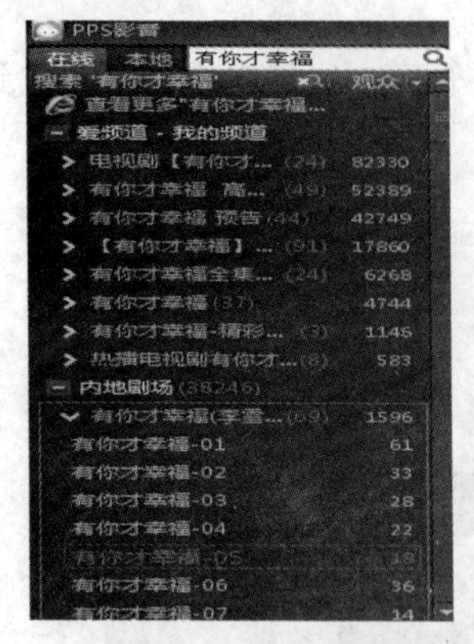

图 29-3　搜索结果

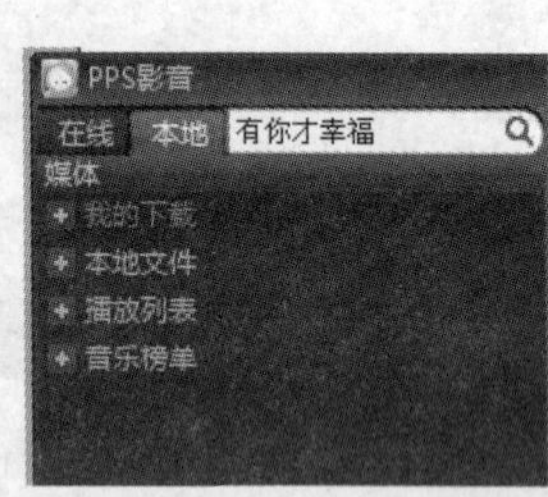

图 29-4　播放本地视频

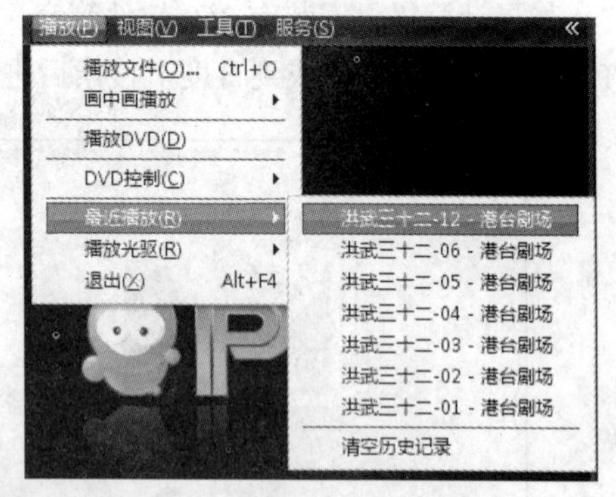

图 29-5　查看近期播放的文件

第 4 步　单击“视图”，在子菜单里单击“全屏播放”即可全屏观看，“双击”正在播放的视频也可以切换到全屏模式。如图 29-6 所示。

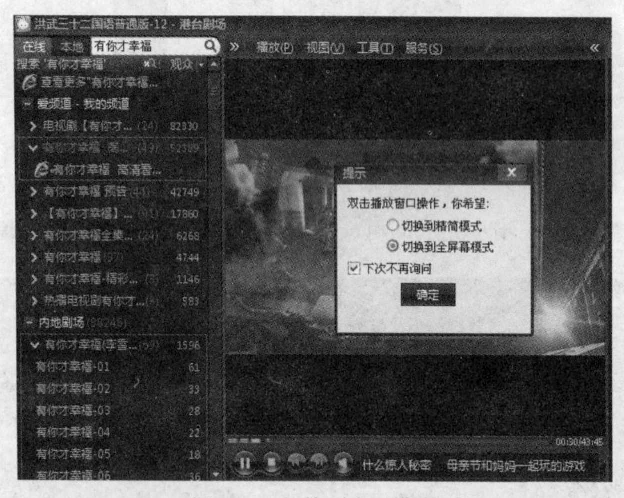

图 29-6　切换到全屏模式

第 5 步　在“工具”中可找到截图、画面比例、声道、音量等进行调整。如图 29-7 所示。

第 6 步　在右侧的列表栏里有在线视频、游戏、百科、历史播放、收藏、排行榜等，单击即可进入。如图 29-8 所示。

第 7 步　在播放框的左下角依次有播放/暂停、取消播放、音量三个图标，使用很方便，如图 29-9 所示。

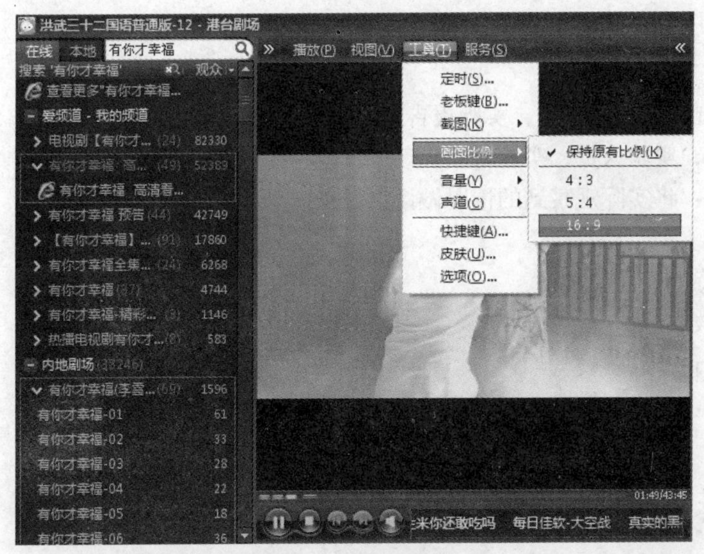

图 29-7　工具菜单选项

图 29-8　右侧列表栏

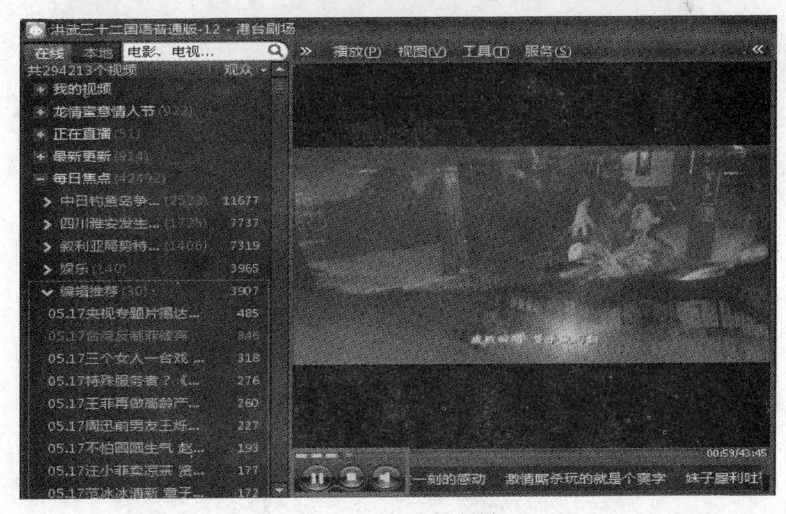

图 29-9　视频控制栏

六、实验报告

根据实验情况完成实验报告，实验报告应包括以下内容。

1. 实验地点，实验人员，实验时间。
2. 实验内容：将实际观察到的情况做详细记录。
3. 实验分析。

（1）PPS 的特点有哪些？

（2）如何播放本地的视频文件？

（3）如何进行视频搜索？

4. 实验心得：写出使用 PPS 播放影音的方法。

实验 30 网上欣赏音乐

一、实验目的

1. 认识网上音乐文件 MP3。
2. 学会使用 Winamp。
3. 掌握欣赏网上音乐的方法。

二、实验理论

1. 音乐文件 MP3

MP3 是 MPEG-1 Layer 3 的缩写，它是一种压缩格式的音乐文件。MP3 音乐的质量与普通 CD 基本相同，而文件大小却大大小于普通 CD 中的音乐文件。由于 MP3 的文件比较小，所以特别适合于 Internet。

2. Winamp

Winamp 是一种非常著名的、主要用于播放以 MP3 为主的音乐播放软件。Winamp 占用磁盘空间很小，但播放音质较好，在众多的音乐播放工具中一直享有“王者”地位。

可以访问 Winamp 的主页（http://www.winamp.com）下载该软件，获取该软件的相关资料以及插件、“皮肤”，另外也可以到各大下载网站去下载。

Winamp 的默认界面如图 30-1 所示，它由三部分组成：播放控制面板、均衡器面板、功能列表面板。这三部分相对独立，可以拆开分别放置在桌面的任意位置，除了播放控制面板必须显示以外，其他两个可以都关闭。

3. 音乐网站

音乐极限：http://www.chinamp3.com

九天音乐：http://www.9sky.com/

音乐 FBI：http://www.musicfbi.com

百度 MP3：http://mp3.baidu.com/

三、实验条件

1. 实验设备

接入 Internet 的计算机、声卡、音箱（或耳机）。

2. 实验软件

IE 浏览器、音乐播放软件 Winamp。

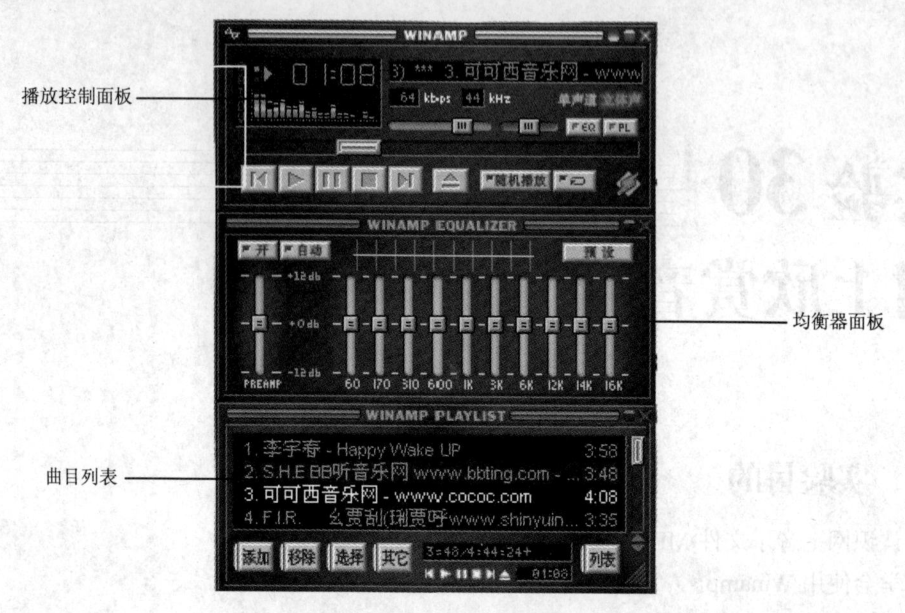

图 30-1 Winamp 的界面

四、实验内容

1. 在线播放 MP3。
2. 本地播放 MP3。
3. 使用 Winamp 播放 MP3。

五、实验步骤

给每个学生分配一台能上网的计算机，独立完成本次的实验内容，并写出实验报告。具体步骤如下。

音乐网站有很多，本实验以免费提供 MP3 的“百度 MP3”网站为例。

1. 在线播放 MP3

第 1 步 在 IE 中输入网站地址，登录访问的音乐网站，比如输入 http://mp3.baidu.com/。

第 2 步 找到要播放的 MP3。可以通过网站提供的“歌手列表→“歌手名”→“歌名”的方式找，也可以使用网站的搜索引擎直接查找。

第 3 步 单击歌名，进入该歌曲的网页。

第 4 步 播放。大部分网站都提供在线播放器，比如“百度 MP3”网站，如图 30-2 所示，单击播放器的播放按钮即可；如果没有，计算机会自动启动 Windows Media Player 播放器。

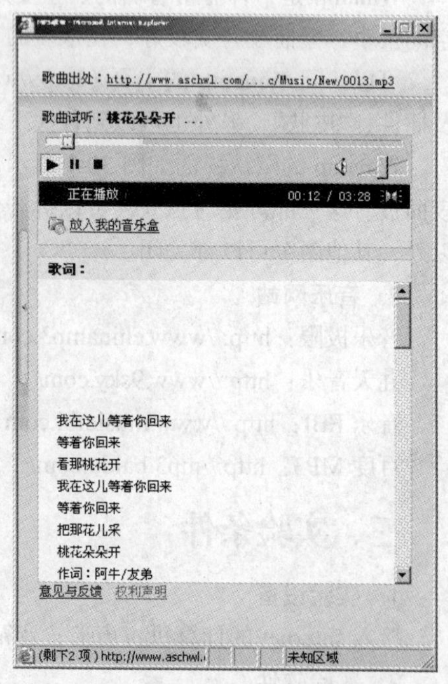

图 30-2 在“百度 MP3”网站在线播放 MP3

Windows Media Player 播放器必须在播放文件类型中选择了 MP3 文件。选择方法是：单击“工具”→“选项”→“文件类型”命令，在“选项”对话框的文件类型中，选择“MP3 格式声音”。

2. 本地播放 MP3

如果想多次播放或不是宽带上网（网速太慢会影响播放效果），最好选择下载后本地播放。

第 1 步　登录访问的音乐网站。

第 2 步　找到要播放的 MP3。

第 3 步　进入选中歌曲的网页。

第 4 步　右击“歌曲出处”，如图 30-3 所示。选择“目标另存为”，选择下载的位置后，单击“保存”开始下载，完成后如图 30-4 所示。

第 5 步　在自己计算机上双击 MP3 文件，自动启动播放器开始播放；或是先启动播放器，然后在播放器中选择要播放的 MP3 文件，进行播放。

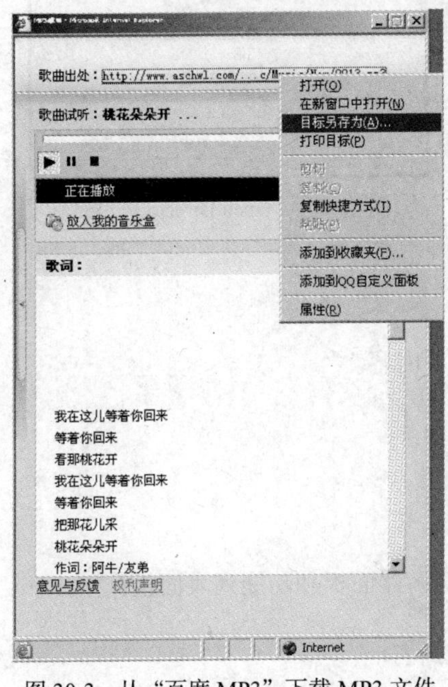

图 30-3　从“百度 MP3”下载 MP3 文件

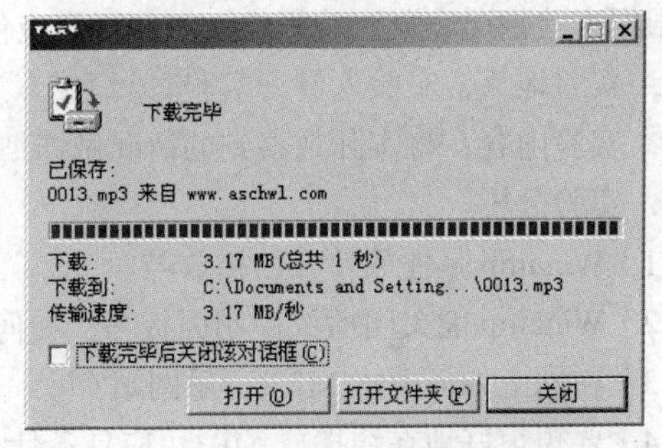

图 30-4　下载完成

可以播放 MP3 文件的播放器有 Windows Media Player、Winamp、RealPlayer 等。

3. 使用 Winamp 播放 MP3

（1）播放单个 MP3 文件

第 1 步　进入“我的电脑”窗口。

第 2 步　打开要播放的 MP3 文件所在的文件夹，双击该文件。

第 3 步　弹出选择应用程序对话框，选中 Winamp，单击“确定”按钮，开始播放。

（2）播放多个 MP3 文件

使用播放器欣赏音乐时，更多的是连续播放多个曲目，这就要用到曲目列表面板。

第1步　双击桌面上的Winamp图标打开Winamp，或从“开始”菜单中打开。

第2步　单击播放控制面板上的“PL”按钮，打开曲目列表面板，如图30-5所示。

第3步　单击曲目列表面板左下方的“add/添加”按钮，选择“Add directory/目录”命令，打开“Open Directory”窗口，如图30-6所示；选择存放有MP3文件的文件夹，单击“确定”按钮。这样就将该文件夹中的所有MP3文件添加到了曲目列表中。

第4步　单击播放控制面板上的播放按钮开始欣赏音乐。

这时，可以通过标准播放按钮对播放进行控制，如暂停、播放下一曲、停止等。

图30-5　曲目列表面板

图30-6　“Open Directory”窗口

六、实验报告

根据实验情况完成实验报告，实验报告应包括以下内容。

1. 实验地点，实验人员，实验时间。
2. 实验内容：将实际观察到的情况做详细记录。
3. 实验分析。

（1）Winamp是播放什么的播放器？

（2）Winamp能关闭播放控制面板吗？如何关闭均衡器面板和功能列表面板？

（3）在网上如何搜索MP3音乐网站？

（4）要想很好地在线播放MP3，应具备什么条件？

（5）比较Windows Media Player和Winamp播放MP3的效果和功能。

（6）比较在线播放和本地播放同一首MP3曲目的效果。

（7）如何能提高下载MP3文件的速度？

（8）Winamp播放多个MP3文件时，播放顺序如何指定？

（9)购买一张MP3碟欣赏音乐和从网上下载相当数量的MP3曲目欣赏音乐的成本,哪种大?与哪些因素有关？。

4. 实验心得：写出欣赏MP3音乐的方法和技巧以及达到最佳效果的手段和工具。

实验 31 使用 Skype 在网上打电话

一、实验目的

1. 了解 Skype 的各种应用功能。
2. 使用 Skype 打电话。

二、实验理论

1. Skype 简介

Skype 是一种使用最新对等技术的免费程序，它为世人提供了价格适中、质量出色的语音通信，是最受欢迎的网络电话软件之一。Skype 电话不光占领 PC 机市场，还有手机版 Skype 和 Skype 专用电话机，让你尽享 Skype 的清晰音质。其运行界面如图 31-1 所示。

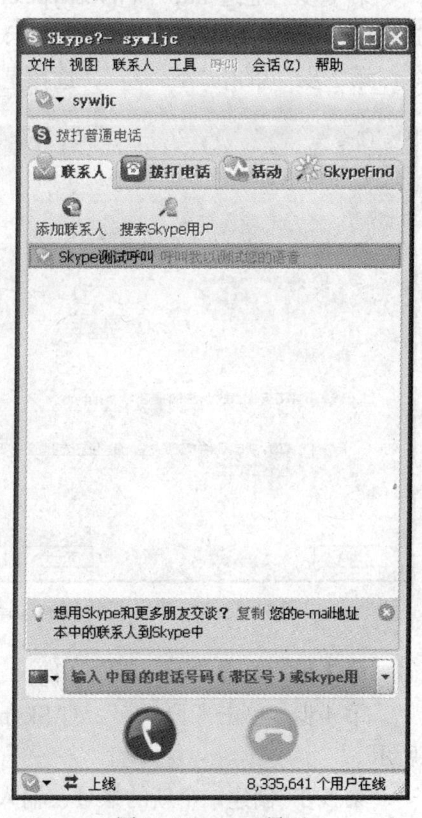

图 31-1 Skype 界面

2. Skype 的优点

大多数网络电话应用程序不能在防火墙和 NAT（网络地址转换）设备后面使用。几乎所有的宽带用户都使用 NAT 或防火墙，因此他们无法使用网络电话应用程序。Skype 不是一种常规的网络电话应用程序，它是一种对等电话技术，Skype 几乎可以在任何防火墙和 NAT 后面使用，Skype 的优点如下。

（1）较高的网络通话完成率。

（2）出色的音质。

（3）极为简单易用。

（4）绝对安全的沟通 。

Skype 是可以任意下载、传播和免费使用的开放式软件。下载 Skype 最好的地方，就是它的大本营——www.skype.com。用户可以在 Skype 主页中找到“下载”链接，打开该页面后，会看到里面提供了不同版本的 Skype。用户同样可以从其他一些软件下载站点找到它。

三、实验条件

1. 实验设备

接入 Internet 的计算机、音箱或耳机、麦克风、声卡。

2. 实验软件

Windows XP/7、IE 浏览器、Skype。

四、实验内容

1. 完成 Skype 的下载、安装及注册。
2. 使用 Skype 打电话。
3. 使用 Skype 进行视频聊天。

五、实验步骤

给每个学生分配一台能上网的计算机，每个学生在各自的计算机中完成本次实验内容，并写出实验报告。具体步骤如下。

1. Skype 的下载、安装及注册

第 1 步　通过 http://www.skype.com 下载最新的 Skype 安装程序。执行所下载的安装程序，选择语言及许可协议，如图 31-2 所示。

第 2 步　单击“下一步”，选择是否安装 Google 工具栏，如图 31-3 所示。

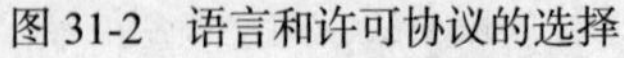
图 31-2　语言和许可协议的选择

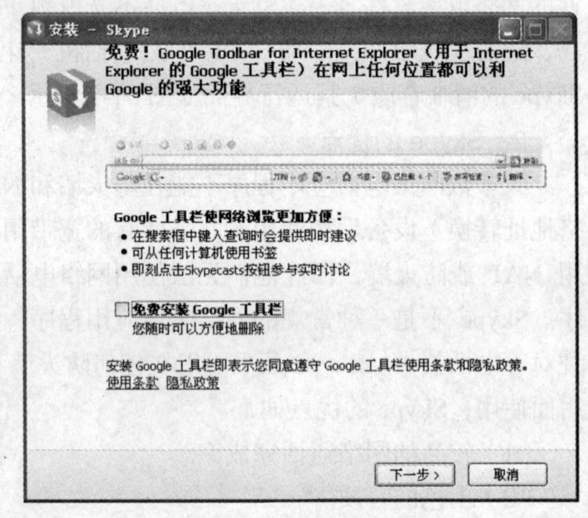

图 31-3　是否安装 Google

第 3 步　单击“下一步”，Skype 开始安装，如图 31-4 所示。

第 4 步　单击“下一步”，对 Skype 组件进行选择，安装完成后，单击“开始使用”，如图 31-5 所示。

第 5 步　创建一个新的账号，输入用户名、密码，选择接受许可协议，如图 31-6 所示。单击“下一步”，输入电子邮箱，选择国家地区、城市后，单击“登录”。

第 6 步　新账号创建好之后，开始对 Skype 进行设备的安装测试。安装测试的步骤共 4 步，如图 31-7 所示。

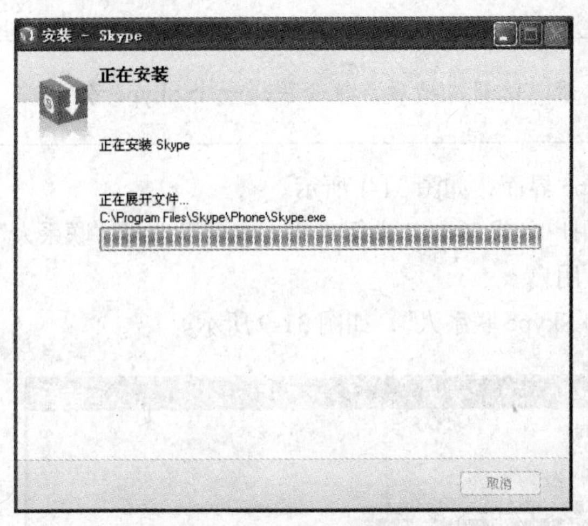

图 31-4　安装进程

图 31-5　组件的选择

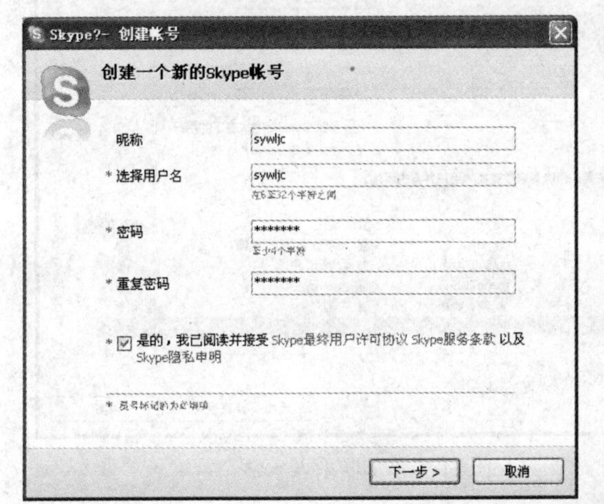

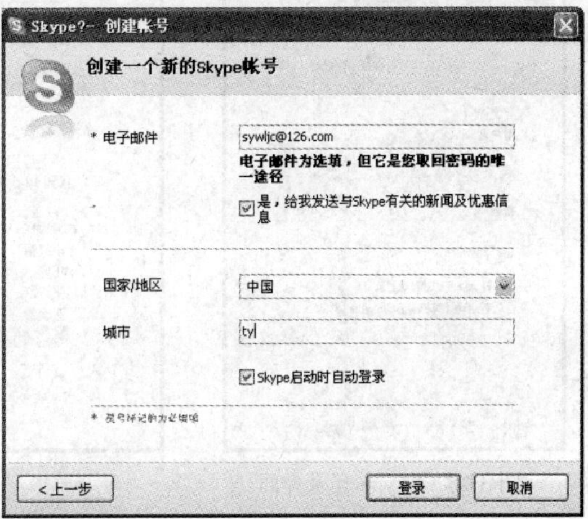

图 31-6　创建新的账号

图 31-7　对音频的测试

2. 使用 Skype 添加联系人

第 1 步　启动 Skype 程序，输入 Skype 号码及 Skype 密码，单击“登录”按钮，如图 31-8 所示。

如果你是一个新用户，请先进行注册，注册成功后，就会获得一个Skype号码。

第2步　通过Skype用户登录后，打开Skype界面，如图31-1所示。

第3步　选择"添加联系人"，输入他们的用户名或E-mail进行查找。也可以选择"联系人"菜单下的"搜索Skype用户"按钮去查找Skype用户。

第4步　选择要添加人的信息，单击"添加 Skype联系人"，如图31-9所示。

图31-8　Skype登录界面

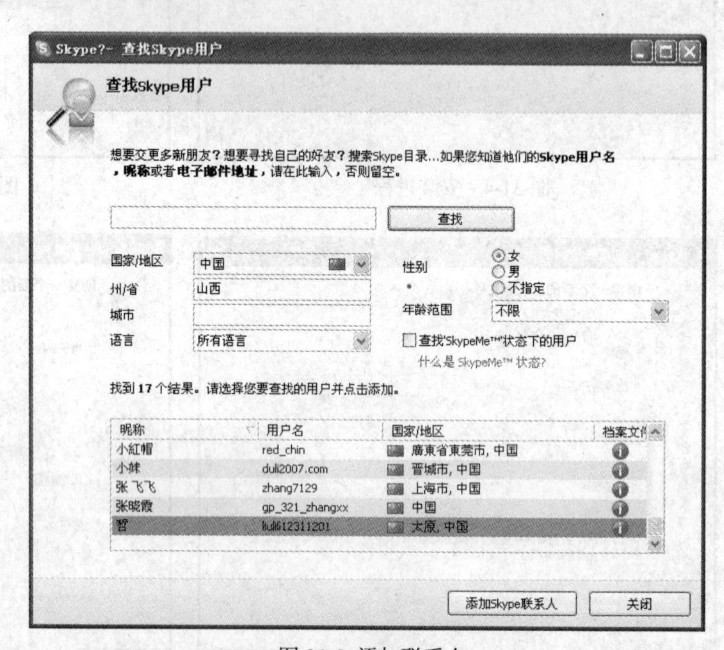

图31-9　添加联系人

添加联系人的时候，还可以选择"联系人"菜单下的导入联系人。

3. 使用Skype拨打电话

第1步　选择要拨打电话的地区，输入区号和号码后，单击"呼叫"按钮，如图31-10所示。

第2步　对方就会听到电话的声音，单击接受后，两个人之间就可以进行通话了。

第3步　当要结束通话的时候，单击"挂断"按钮。

4. Skype开多人语音会议

Skype还提供了超级视频的功能。

第1步 选择"工具"菜单下的"语音会议"，出现"发起语音会议"对话框。

第2步 选择要进行语音会议的人，单击"添加"，如图31-11所示。

第3步 单击"开始"，即可以进行多人的语音会议。

5. Skype视频

视频是Skype 2.0的新增功能，您可以在和好友通话的同时，让对方看到您的音容笑貌。

第1步　首先请插好摄像头，装好摄像头驱动；然后，登录Skype，单击"工具"菜单下的

"选项"，单击"视频"选项，弹出 Skype 视频设置对话框，如图 31-12 所示。

图 31-10　使用 Skype 拨打电话

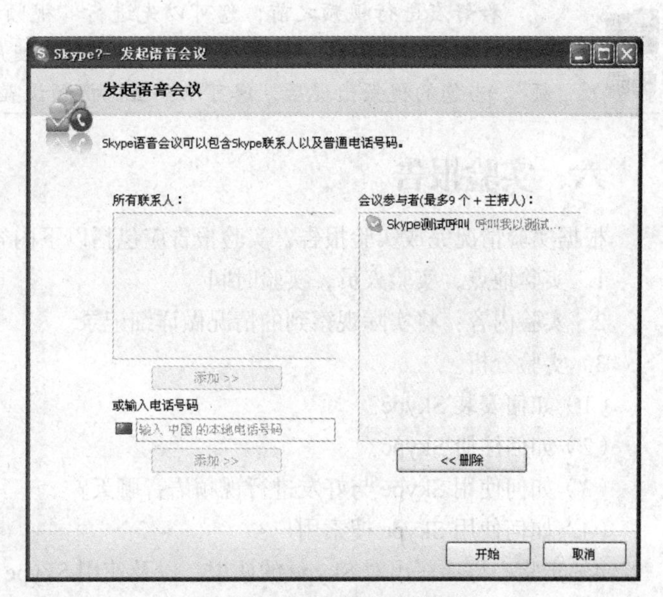

图 31-11　多人语音会议

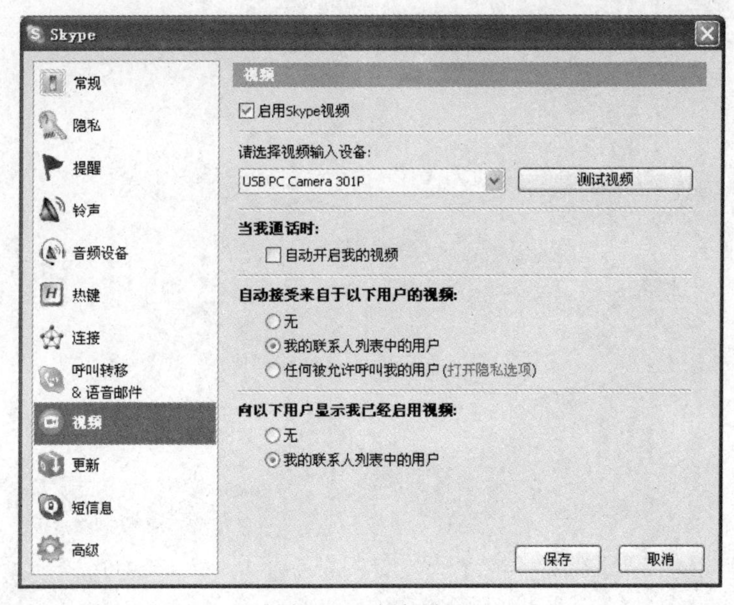

图 31-12　视频设置

第 2 步　"启用 skype 视频"，如果不选此项，那么，就是说您没有启用视频功能，下面几项将变为灰色，无法设置，您的好友无法看到您的视频。

第 3 步　"当我通话时自动开启我的视频"，如果不选此项，那么，和好友通话时不会向好友显示视频，但是，需要显示视频时，可以手动开启。

第4步　“自动接受来自于我的联系人列表中的用户的视频”，如果选“无”，那么将不会看到任何好友的视频。

第5步　“向我的联系人列表中的用户显示我已经启用视频”，如果选“无”，那么任何人都不会知道您已经开启了视频。

和好友进行视频之前，您可以先进行“视频测试”。测试前请先确保没有任何其他的软件在使用摄像头，如果有，请先退出正在使用摄像头的软件，然后再单击“测试视频”。当您的视频出现后，您可以单击“视频设置”来调节图像的亮度等具体参数。

六、实验报告

根据实验情况完成实验报告，实验报告应包括以下内容。

1. 实验地点，实验人员，实验时间。
2. 实验内容：将实际观察到的情况做详细记录。
3. 实验分析。

（1）如何安装 Skype?

（2）如何注册 Skype?

（3）如何使用 Skype 与好友进行视频语音聊天?

（4）如何使用 Skype 搜索用户?

4. 实验心得：写出对 Skype 的认识，以及使用 Skype 与朋友交流的经验。

实验32 电子支付与网上银行

一、实验目的

1. 了解电子支付的概念，掌握个人支付工具的使用。
2. 了解网上银行的概念，通过网上银行的网站访问，掌握网上银行的基本功能和业务范围。

二、实验理论

1. 电子支付

电子支付在中国的发展始于网上银行业务，随后各大银行的网上缴费、移动银行业务和网上交易等逐渐发展起来。电子支付市场每年都以高于30%的速度在成长，作为电子商务核心的支付环节正在加速电子化，网上支付、移动支付、电话支付等多种支付形式的出现使得电子商务企业的发展如虎添翼。

2. 网上银行

网上银行又称网络银行、在线银行，是指银行利用Internet技术，通过Internet向客户提供开户、销户、查询、对账、行内转账、跨行转账、信贷、网上证券、投资理财等传统服务项目，使客户可以足不出户就能够安全便捷地管理活期和定期存款、支票、信用卡及个人投资等。可以说，网上银行是在Internet上的虚拟银行柜台。

网上银行又被称为"3A银行"，因为它不受时间、空间限制，能够在任何时间(Anytime)、任何地点(Anywhere)，以任何方式(Anyhow)为客户提供金融服务。

3. 网上业务介绍

（1）基本网上银行业务：商业银行提供的基本网上银行服务包括：在线查询账户余额、交易记录，下载数据，转账和网上支付等。

（2）网上投资：由于金融服务市场发达，可以投资的金融产品种类众多，国外的网上银行一般提供包括股票、期权、共同基金投资等多种金融产品服务。

（3）网上购物：商业银行的网上银行设立的网上购物协助服务，大大方便了客户网上购物，为客户在相同的服务品种上提供了优质的金融服务或相关的信息服务，加强了商业银行在传统竞争领域的竞争优势。

（4）个人理财助理：个人理财助理是国外网上银行重点发展的一个服务品种。各大银行将传统银行业务中的理财助理转移到网上进行，通过网络为客户提供理财的各种解决方案，提供咨询建议，或者提供金融服务技术的援助，从而极大地扩大了商业银行的服务范围，并降低了相关的服务成本。

（5）企业银行：企业银行服务是网上银行服务中最重要的部分之一。其服务品种比个人客户的服务品种更多，也更为复杂，对相关技术的要求也更高，所以能够为企业提供网上银行服务是商业银行实力的象征之一，一般中小网上银行或纯网上银行只能部分提供，甚至完全不提供这方面的服务。企业银行服务一般提供账户余额查询、交易记录查询、总账户与分账户管理、转账、在线支付各种费用、透支保护、储蓄账户与支票账户资金自动划拨、商业信用卡等服务。此外，还包括投资服务等。部分网上银行还为企业提供网上贷款业务。

（6）其他金融服务除了银行服务外，大商业银行的网上银行均通过自身或与其他金融服务网站联合的方式，为客户提供多种金融服务产品，如保险、抵押和按揭等，以扩大网上银行的服务范围。

三、实验条件

1. 实验设备

接入 Internet 的计算机、声卡、音箱。

2. 实验软件

IE 浏览器。

四、实验内容

1. 了解电子支付的概念。
2. 了解目前常用的支付方式和支付工具。
3. 选择一种支付工具进行实战应用，从而了解支付工具的使用流程。
4. 了解网上银行的概念。
5. 选择 2 个网上银行的站点，进行分析比较，了解网上银行站点的主要业务功能和使用方法。

五、实验步骤

给每个学生分配一台能上网的计算机，完成实验内容，并写出实验报告。具体步骤如下。

1. 利用搜索引擎了解电子支付的概念。

电子支付：所谓电子支付，是指从事电子商务交易的当事人，包括消费者、厂商和金融机构，通过信息网络，使用安全的信息传输手段，采用数字化方式进行的货币支付或资金流转。

2. 了解目前常用的支付方式和支付工具。

（1）支付方式

① 支付宝：支付宝网站(www.alipay.com)是国内先进的网上支付平台，由阿里巴巴公司创办，致力于为网络交易用户提供优质的安全支付服务。

② 贝宝：贝宝是由上海网付易信息技术有限公司与世界领先的网络支付公司——PayPal 公司通力合作为中国市场度身定做的网络支付服务。

③ 快钱：快钱公司是独立第三方支付企业，最早推出基于 E-mail 和手机号码的综合电子支付服务。

④ 云网：北京云网公司成立于 1999 年 12 月，云网目前拥有国内极其完善的银行卡在线实时支付平台和 5 年的数字商品电子商务运营经验。

⑤ 网汇通：中国提供互联网现金汇款、支付的服务提供商，集联天下公司与中国邮政紧密合作，提供“网汇通”业务的数据处理和经营。

⑥ 财付通：作为在线支付工具，在 B2C、C2C 在线交易中，起到了信用中介的作用，同时为 CP、SP 提供了在线支付通道以及统一的计费平台。

⑦ 拉卡拉：北京拉卡拉信息咨询有限公司（BeiJing Lakala Billing Service Co.，Ltd）是联想投资、金山投资等多家著名公司参与投资组建的专业化电子账单支付平台运营公司。

⑧ 货到付款：一般大型 B2C 或者大城市的快递都支持货到付款功能，是新手买家喜欢的付款方式。

⑨ 银行、邮局汇款/转账：这个最简单最原始的支付方式，相当麻烦，一般比较初级的买家用这种方式。

⑩ 余额支付：这是 B2C 商场里常用的方式，经常账号充值后还有余额在账号中。

（2）支付工具

① Alipay（支付宝）：阿里巴巴集团旗下第三方支付工具。使用极其广泛，涵盖面广。目前还未明示收费标准，都是免费的。

② NPS：位于毗邻香港的中国改革开放前沿阵地深圳市的知名第三方电子支付企业（由深圳市全动科技有限公司开发运营）。其在国内同类付费的在线支付工具中，是最具性价比的，定位于中小型企业及个人团体。NPS 支持消费者在网站使用国际信用卡进行在线支付，购买商家的商品或服务。全面支持 VISA、MasterCard、JCB 等国际信用卡。它有如下的五大优势:

- 通用：NPS 外卡支付网关全面支持覆盖全球的国际 VISA 卡，消费者凡持有境外发行的有 VISA 标志的信用卡，即可实现支付。
- 方便：通过互联网实现支付，在全球任何地方任何时间消费都能付款。
- 实时：消费者付款、商家收款，款项实时同步。
- 简单：网关接入简易安全。
- 低成本：通过网络轻松完成收款流程，免去高昂成本投入。

③ Paypal：大多数客户的首选，省时又经济。共分以下三种账户类型。

- Personal Account: 网上购物。收发款项，但不支持信用卡。
- Premier Account: 以个人名义经营网上商城的用户。
- Business Account: 以公司或者团体的名义经营网上商城的用户。

④ Paymate：澳大利亚和新西兰的个人和商行网上出售，以及 37 个国家的客户用于购买的支付工具。共分五种账户类型：Standard，Economy，Professional，Premier，eBussiness。除 Standard 没有月费以外，其他的都需要支付月费和 transaction fee。

⑤ Authorize.net：主要支持信用卡和电子支票。共有两种账户类型：Merchant 和 Reseller。

⑥ Clickbank：支持在 Clickbank 的 Marketplace 上面出售电子产品或者零售图书的网上商家。专业性、专门性较强。

⑦ Nochex：支持中小型网上商城。

⑧ 2CheckOut：美国较为流行，涵盖的货物种类较多。

⑨ SECPay：英国最大的在线支付工具。

3. 支付宝的使用流程

（1）申请支付宝（https://www.alipay.com）实名认证的操作流程：登录支付宝账户（账户类型：个人账户），在“我的支付宝”首页，请点击“申请认证。如图 32-1 所示。

（2）进入支付宝实名认证的介绍页面，请单击“立即申请”继续。如图 32-2 所示。

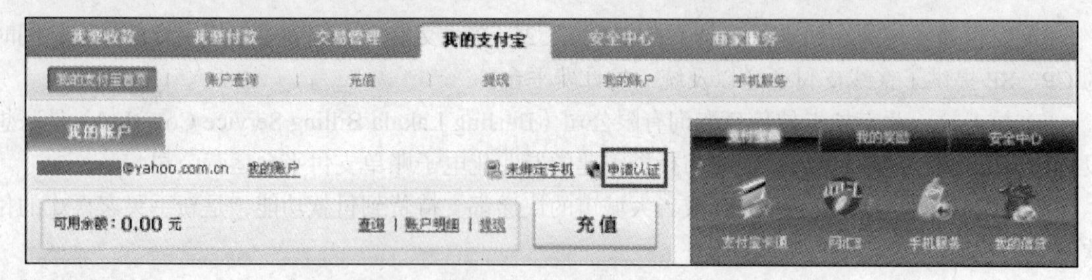

图 32-1 支付宝首页

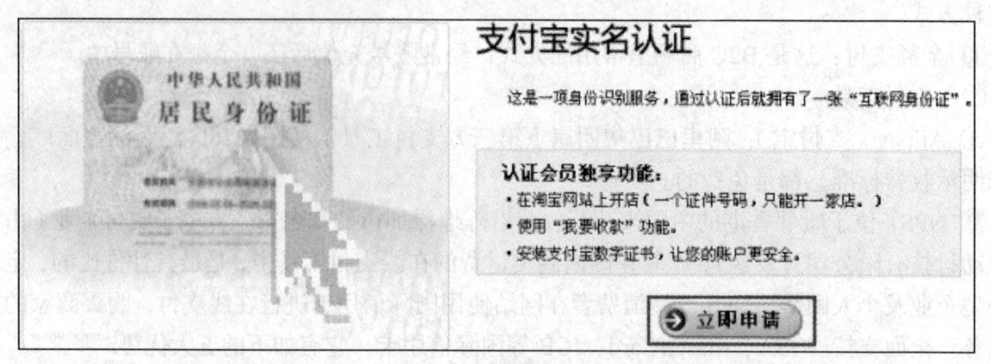

图 32-2 实名认证页面

（3）仔细阅读支付宝实名认证服务协议后，单击“我已经阅读并同意接受以上协议”按钮，才可以进入支付宝实名认证。如图 32-3 所示。

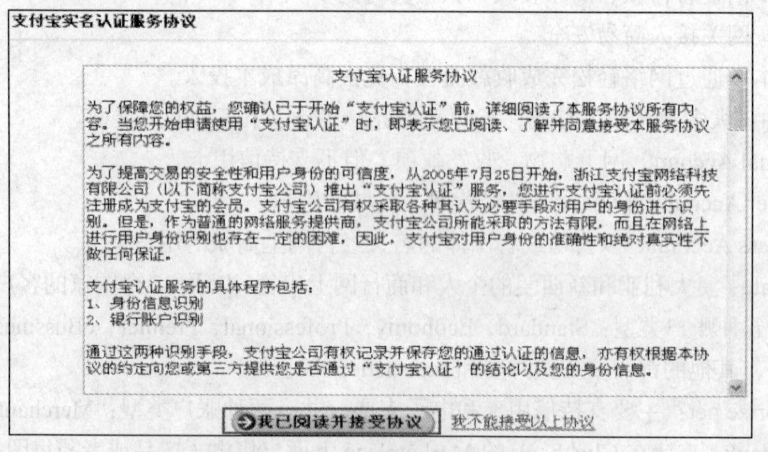

支付宝实名认证服务协议

支付宝认证服务协议

为了保障您的权益，您确认已于开始“支付宝认证”前，详细阅读了本服务协议所有内容。当您开始申请使用“支付宝认证”时，即表示您已阅读、了解并同意接受本服务协议之所有内容。

为了提高交易的安全性和用户身份的可信度，从2005年7月25日开始，浙江支付宝网络科技有限公司（以下简称支付宝公司）推出“支付宝认证”服务，您进行支付宝认证前必须先注册成为支付宝的会员。支付宝公司有权采取各种其认为必要手段对用户的身份进行识别。但是，作为普通的网络服务提供商，支付宝公司所能采取的方法有限，而且在网络上进行用户身份识别也存在一定的困难，因此，支付宝对用户身份的准确性和绝对真实性不做任何保证。

支付宝认证服务的具体程序包括：
1、身份信息识别
2、银行账户识别

通过这两种识别手段，支付宝公司有权记录并保存您的通过认证的信息，亦有权根据本协议的约定向您或第三方提供您是否通过“支付宝认证”的结论以及您的身份信息。

我已阅读并接受协议　我不能接受以上协议

图 32-3 实名认证服务协议

（4）您有两种进行实名认证的方式可选，请选择其中一种，单击“立即申请”。如通过“支付宝卡通”来进行实名认证，单击“立即申请”按照提示步骤来申请开通。如图 32-4 所示。

（5）请正确填写您的身份证件号码及真实姓名，单击“提交”继续。如图 32-5 所示。

（6）请正确填写“您的个人信息”和“您的银行账户信息”，填写银行账户信息时，如发现填写的个人信息与银行信息不相符，请“点此更换身份信息”进行修改。如果您的真实姓名中包含生僻字，请在银行开户名的下面的输入框中填写您的银行开户名。如图 32-6 所示。

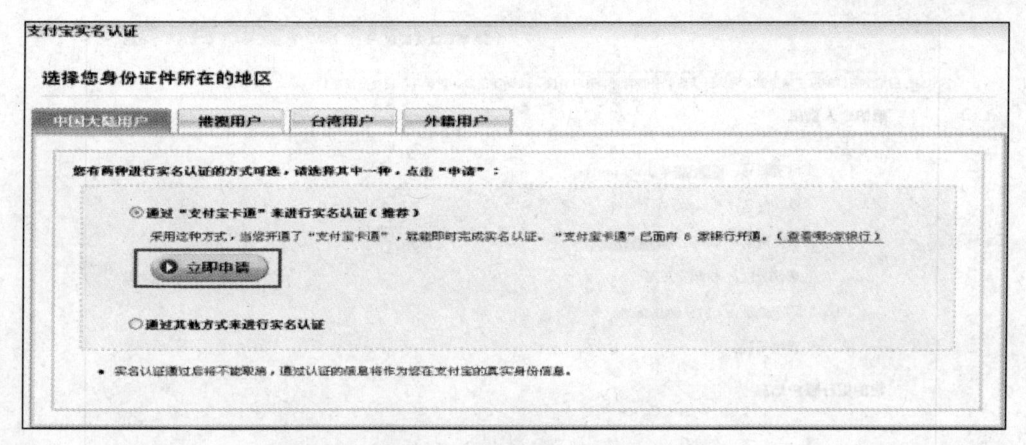

图 32-4 选择实名认证方式

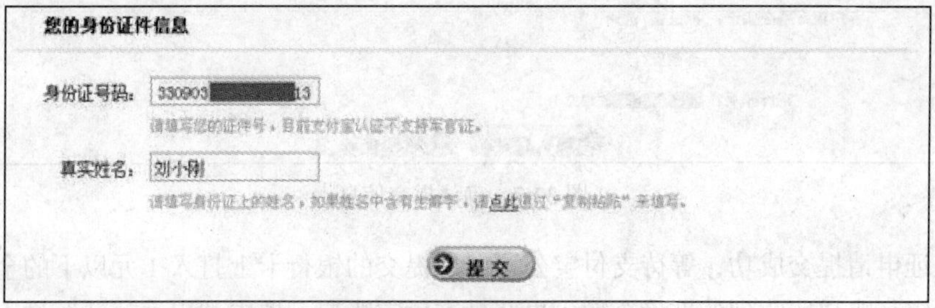

您的身份证件信息

身份证号码：330903██████13

请填写您的证件号，目前支付宝认证不支持军官证。

真实姓名：刘小刚

请填写身份证上的姓名，如果姓名中含有生僻字，请点此通过“复制粘贴”来填写。

提交

图 32-5 填写身份信息

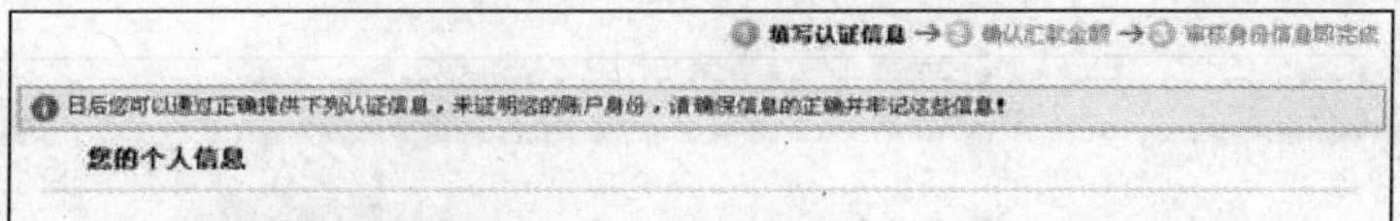

填写认证信息 → 确认汇款金额 → 审核身份信息即完成

日后您可以通过正确提供下列认证信息，来证明您的账户身份，请确保信息的正确并牢记这些信息！

您的个人信息

支付宝账号：█████@yahoo.com.cn

真实姓名：刘小刚

证件号码：330903██████13

详细地址：杭州文三路

固定电话：0571 - 88156688 -

手机号码：

请至少填写固定电话和手机号码中的其中一项。

您的银行账户信息 － 该银行账户仅用于认证您的身份，您仍可以使用其它银行账户进行充值和提现！

银行开户名：刘小刚

必须使用以刘小刚为开户名的银行账户进行认证。如您没有该名的银行账户，点此更换身份证件

开户银行名称：招商银行

开户银行所在省份：浙江省

开户银行所在城市：杭州(*)

开户行支行名称：

您可以拨打银行客服电话查询您的银行账户所对应的分行名称。

个人银行账号：██████4711

请再输入一遍：██████4711

提交

图 32-6 填写个人信息和账户信息

（7）请核对您所填写的“您的个人信息”和“您的银行账户信息”，确认无误请点“确认提交”保存填写的信息。如图 32-7 所示。

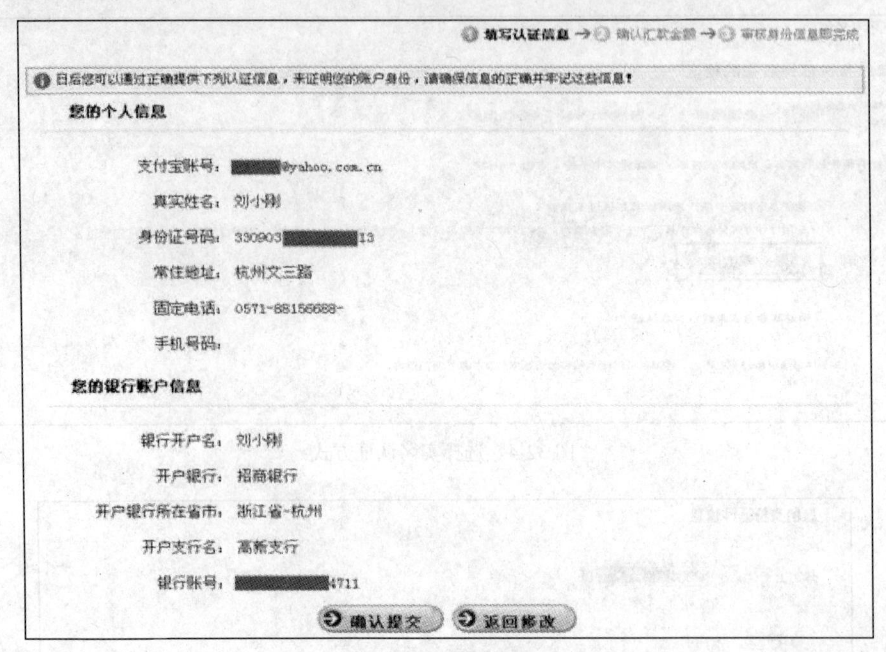

图 32-7　确认提交信息

（8）认证申请提交成功，等待支付宝公司向您提交的银行卡上打入 1 元以下的金额，并请在 2 天后查看银行账户所收到的准确金额，再登录支付宝账户，单击“申请认证”进入后输入所收到的金额。如图 32-8 所示。

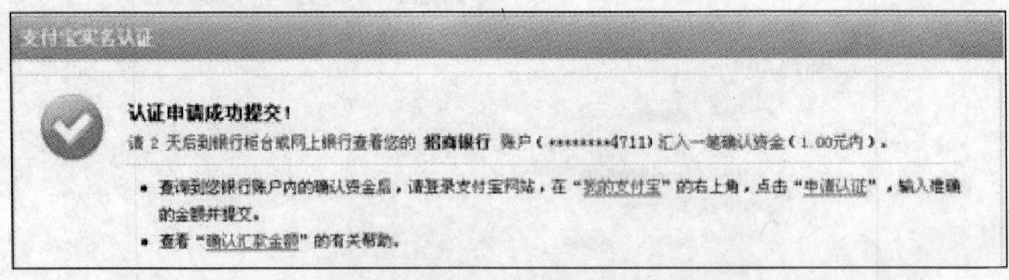

图 32-8　认证申请提交成功

4．网上银行

网上银行的使用方法（以工行为例）如下。

开通网银之前本人需持身份证(未成年人持户口簿)到工行先申请一张借记卡，年费 10 元，但如果卡内达不到 300 元的日均余额，每季度会收取 3 元的小额账户管理费，工行的网银年费是 12 元，但目前免收。若申请 U 盾，华虹有 60 元和 68 元两种，捷德和金邦达 76 元，动态口令卡工本费 2 元。

第 1 步　在工行柜台开通网上银行及在线支付功能，否则在登录网上银行之后，只能做查询，不能对外转账和在线支付.

第 2 步　登录 http://www.icbc.com.cn/index.jsp 后，单击“个人网银登录”，首次登录网上银行时，页面会提示你安装安全控件，必须单击安装。

第 3 步　在首次登录网上银行之后，需要更改网上银行登录密码，设置成字母与数字的组合

第 4 步　在首次登录网上银行之后，还要设置一个“预留验证信息”，那是在以后做在线支付

时，验证客户身份用的，为的是提高在线支付的安全性。

第 5 步　在网上银行系统中，可以方便地在卡卡之间、卡折之间进行转账及对外汇款，还可以将卡内活期账户存款转为定期存款，电子速汇、跨行汇款更方便客户转账汇款，还有基金、黄金、期货、证券等业务，功能非常丰富。

第 6 步　在网上银行对外转账等涉及卡内资金划转时，需要输入“动态口令卡”的数字编码来验证，提高交易安全性。使用口令卡进行 B2C、在线缴费、对外转账汇款等交易时，单笔交易限额 1 000 元，日累计交易限额 5 000 元；如果申请了 U 盾，在支付交易时，要插入 U 盾，使用 U 盾没有口令支付限额的限制，还可以提高网银交易的安全性。

六、实验报告

根据实验情况完成实验报告，实验报告应包括以下内容。

1. 实验地点，实验人员，实验时间。
2. 实验内容：将实际观察到的情况做详细记录。
3. 实验分析。

（1）如何申请支付宝？

（2）如何开通网上银行？

（3）如何提高电子支付的安全性？

4. 实验心得：写出使用支付宝进行网上支付的好处。

实验 33 网上购物

一、实验目的

1. 了解网上购物的基本流程，掌握网上购物的操作方法。
2. 了解常见的电子商务物流渠道。

二、实验理论

电子商务的交易过程大致可以分为以下 4 个阶段。

① 交易前的准备。

② 交易谈判和签订合同。

③ 办理交易进行前的手续。

④ 交易合同的履行和索赔。

不同类型的电子商务交易，虽然都包括上述 4 个阶段，但其流程是不同的。对于 Internet 商业来讲，大致可以归纳为两种基本的流程：网络商品直销的流程和网络商品中介交易的流程。

（1）网络商品直销过程可以分为以下 6 个步骤。

① 消费者进入互联网，查看在线商店或企业的主页。

② 消费者通过购物对话框填写姓名、地址、商品品种、规格、数量和价格。

③ 消费者选择支付方式，如信用卡、电子货币或电子支票等。

④ 在线商店或企业的客户服务器检查支付方服务器，确认汇款额是否认可。

⑤ 在线商店或企业的客户服务器确认消费者付款后，通知销售部门送货上门。

⑥ 消费者的开户银行将支付款项传递到消费者的信用卡公司，信用卡公司负责发给消费者收费清单。

（2）网络商品中介交易。

网络商品中介交易是通过网络商品交易中心，即虚拟网络市场进行的商品交易。在这种交易过程中，网络商品交易中心以互联网为基础，利用先进的通信技术和计算机软件技术，将商品供应商、采购商和银行紧密地联系起来，为客户提供市场信息、商品交易、仓储配送、货款结算等全方位的服务。

三、实验条件

1. 实验设备

接入 Internet 的计算机、声卡、音箱（或耳机）。

2. 实验软件

IE 浏览器。

四、实验内容

登录当当书店、卓越网、淘宝网和窝窝团等网购网站体验网上购物，并了解网购物流支持情况。

五、实验步骤

给每个学生分配一台能上网的计算机，独立完成本次的实验内容，并写出实验报告。具体步骤如下。

1. 在当当网和卓越网试买图书《炼金术士》，如图 33-1、33-2 所示。

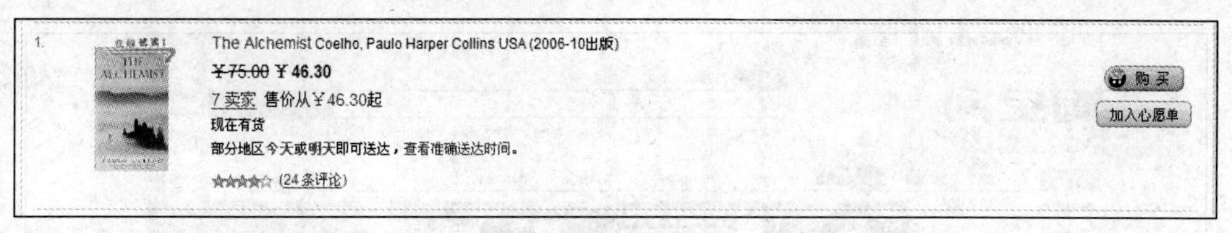

图 33-1　卓越网报价

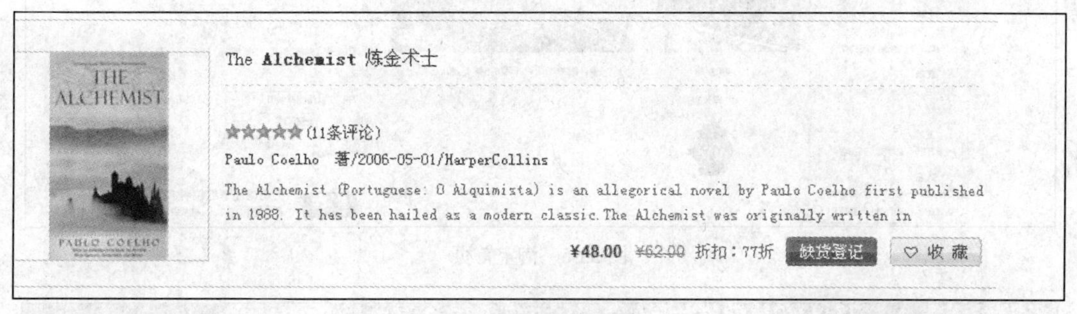

图 33-2　当当网报价

选择卓越网试购买图书。

第 1 步　添加到购物车，如图 33-3 所示。

图 33-3　添加到购物车

第 2 步　选择付款方式进行购买，如图 33-4 所示。

2. 登录淘宝网和天猫商城，比较其功能及服务的不同。

（1）登录首页界面，可以感觉到淘宝网更集市化，而天猫商城比较正规，产品层次高一些。如图 33-5、33-6 所示。

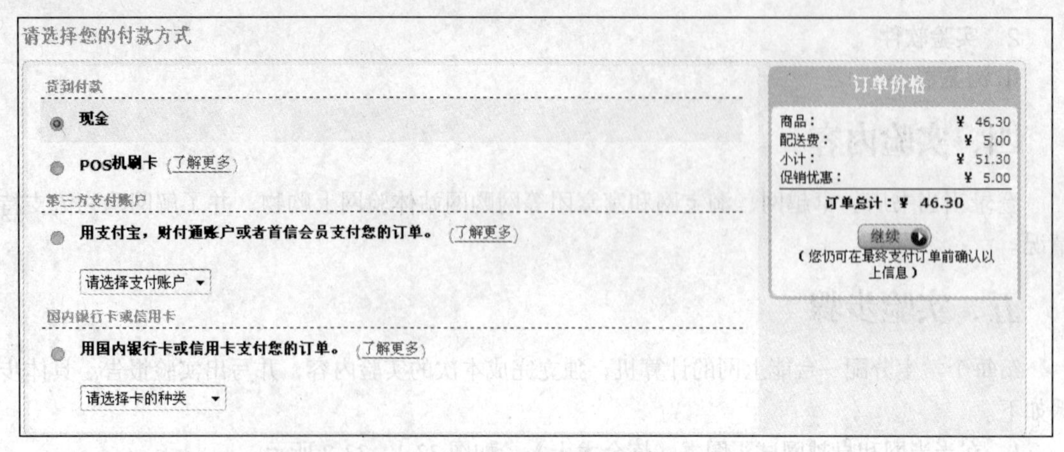

图 33-4 选择付款方式

图 33-5 淘宝首页

图 33-6 天猫首页

（2）两者商品分类的标准不同，淘宝上除了各种商品外，还有一些娱乐和互动的项目。进淘宝就像逛地下商场，东西五花八门，什么都有；而天猫更像一个百货商店，东西分类都比较规范，感觉就让人要放心一些。如图 33-7、33-8 所示。

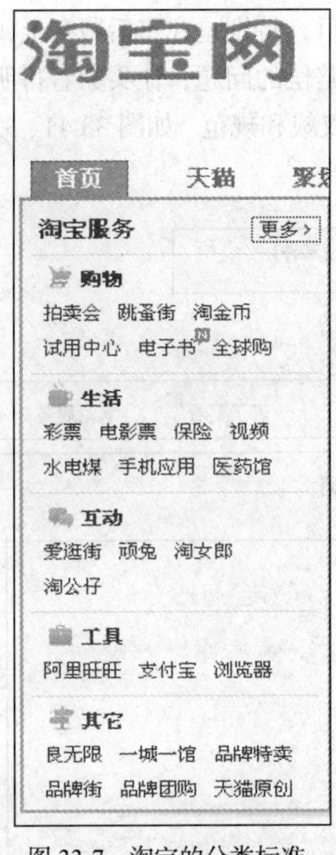

图 33-7　淘宝的分类标准

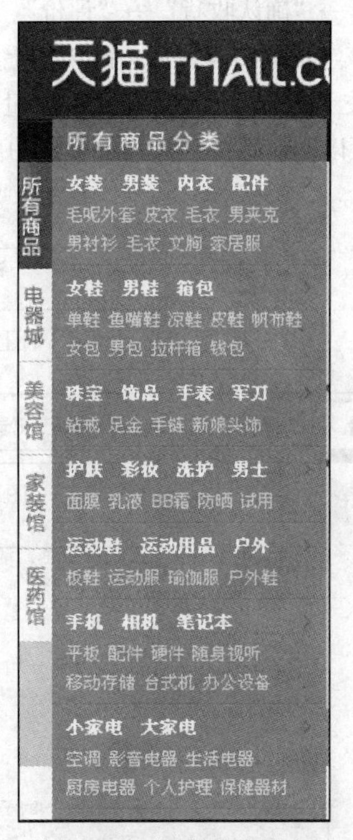

图 33-8　天猫的分类标准

（3）以下是淘宝和天猫在搜索女装时的不同界面，对比可以看出天猫上的分类更加有条理，顾客可以根据自己的偏好选择不同的品牌以及衣服款式等，如图 33-9、33-10 所示。

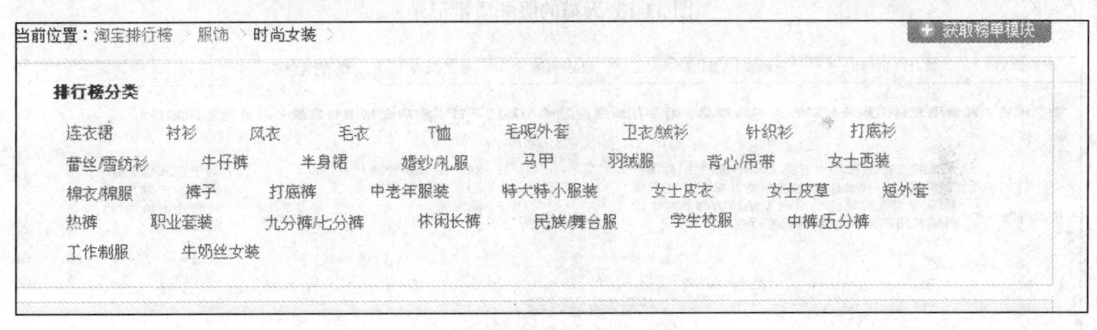

图 33-9　淘宝搜索出的女装页面

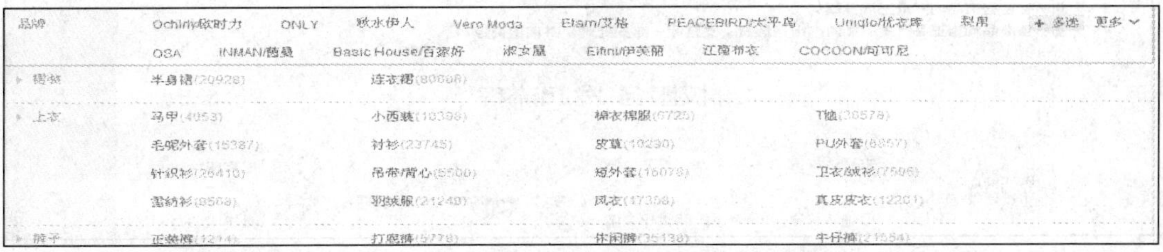

品牌　Ochirly/欧时力　ONLY　秋水伊人　Vero Moda　Etam/艾格　PEACEBIRD/太平鸟　Uniqlo/优衣库　+多选　更多
OSA　INMAN/茵曼　Basic House/百家好　淑女屋　Eifini/伊芙丽　江南布衣　COCOON/可可尼

裙装　半身裙(20928)　连衣裙(80608)

上衣　马甲(4053)　小西装(10398)　棉衣棉服(6725)　T恤(38578)
毛呢外套(15387)　衬衫(23745)　皮草(10290)　PU外套(6857)
针织衫(26410)　吊带/背心(5500)　短外套(16078)　卫衣/绒衫(7506)
雪纺衫(8508)　羽绒服(21249)　风衣(17358)　真皮皮衣(12201)

裤子　正装裤(1214)　打底裤(5778)　休闲裤(35138)　牛仔裤(21554)

图 33-10　天猫搜索出的女装页面

（4）通过在淘宝和天猫上选择不同的商品，并模拟交易流程，我发现两者在购买过程上带来的用户体验是相似的，都是“选择商品”→“放入购物车”→“确认商品”→“确认收货地址”→“付款”→“确认收货”→“评价”。两者不同之处在于，淘宝上选择一件物品点击进入后，得到的关于该宝贝的内容详情，跟天猫上相比，要少三个项目，特别是在售后服务上，天猫上列明了详细的关于产品与描述不符、有质量问题等怎么退货和赔偿的问题，让买家看得明白，买起来更放心。可以明显感受到天猫上提供的商品以及服务更加权威和规范。如图33-11、33-12、33-13、33-14所示。

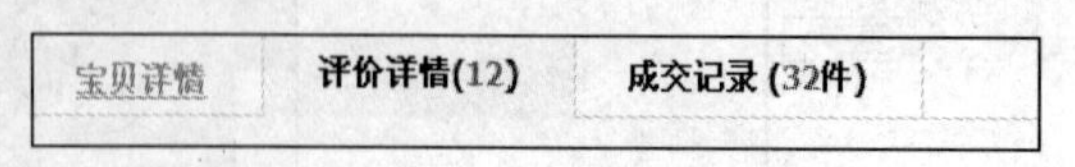

图33-11　淘宝的商品详情

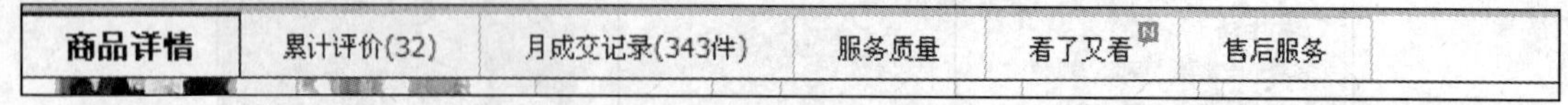

图33-12　天猫的商品详情

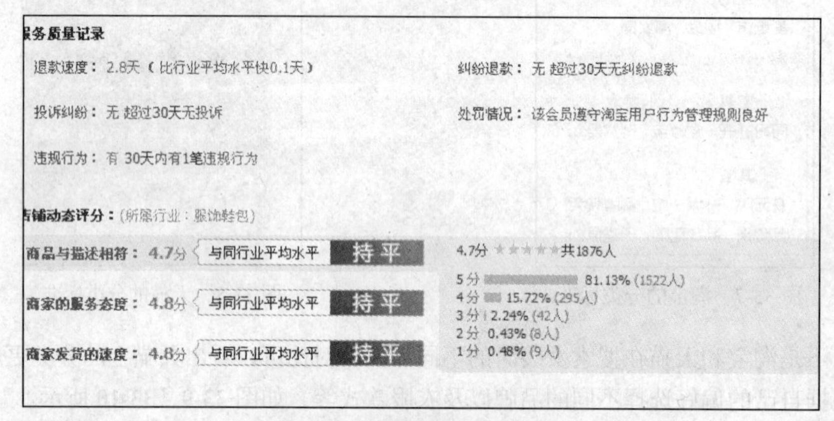

图33-13 天猫的服务质量记录

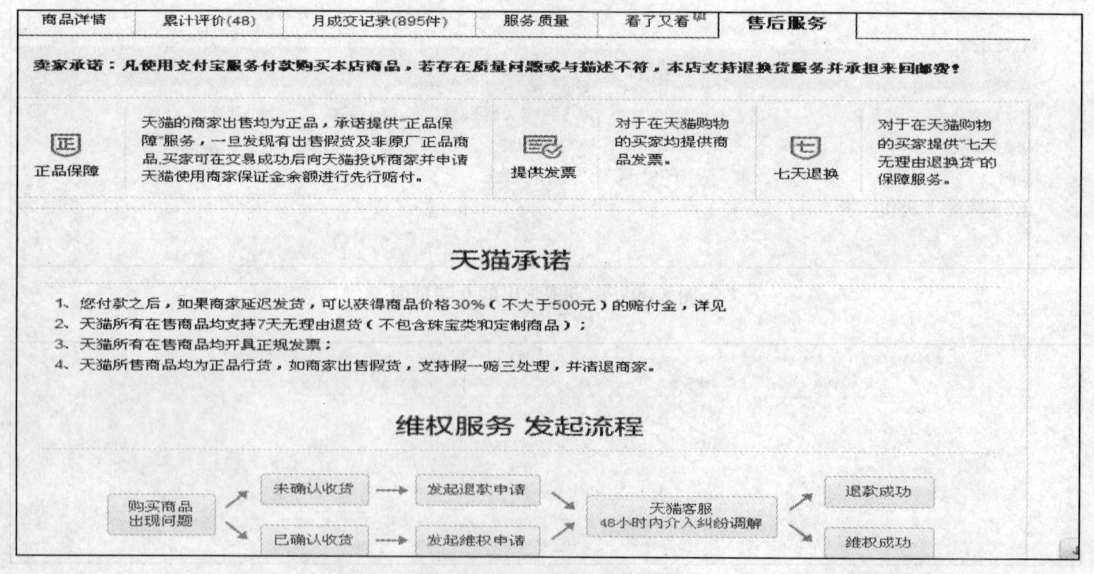

图33-14　天猫的售后服务

3. 登录窝窝团、24 券、58 团购等团购网站，体验团购流程。

我们选择 58 团购网来进行这个模拟操作。

（1）登录 58 团购网首页，如图 33-15 所示。

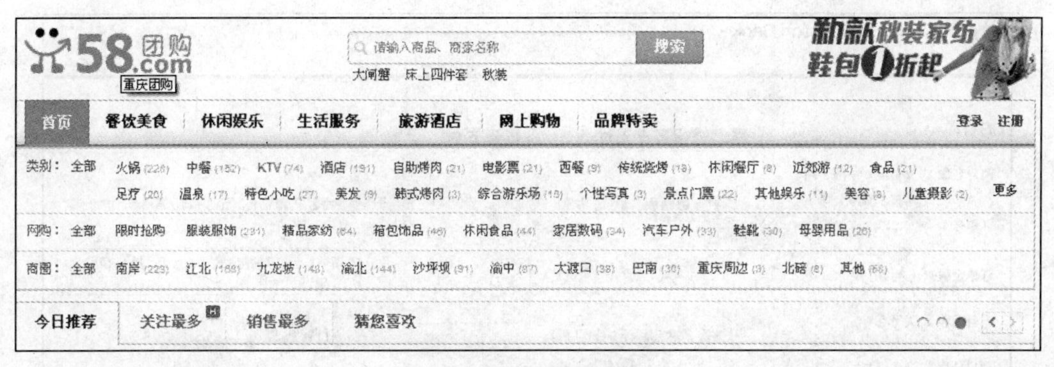

图 33-15　58 团购网首页

（2）选择其中一个商品进行购买，登录进入单击抢购，如图 33-16 所示。

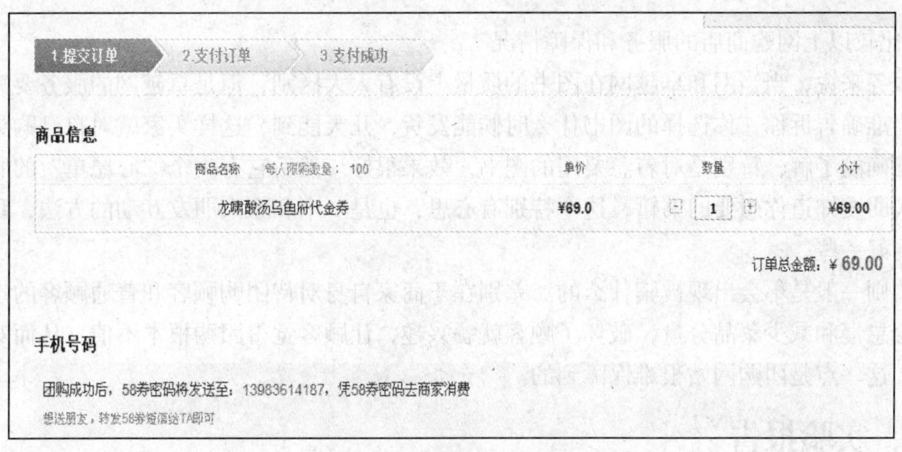

图 33-16　选择商品进行购买

（3）选择适合自己的支付方式，如图 33-17 所示。

图 33-17　选择支付方式

（4）然后输入银行卡号，按步骤操作。输入手机号码后四位，将收到验证码，输入验证码，付款成功，操作完成后，手机收到团购券号和验证码，以及部分商家信息。然后团购结束，就餐时出示该短信即可。如图 33-18 所示。

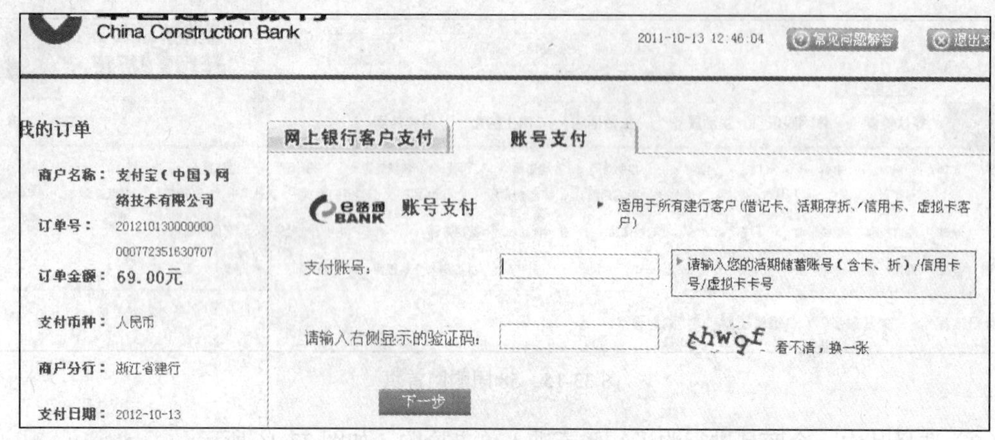

图 33-18　完成支付

4. 比较以上网购商店的服务和保障情况

就服务来说，当当网和卓越网在图书的质量上没有太大区别，但是卓越网的服务要完善些，比如它会准确告诉你，你选择的图书什么时候能发货，几天能到，这样买家就对自己购买的商品有比较准确的了解，特别是对着急要用的图书，效果很好。然后它有一个“心愿单”的服务，可以让家人朋友知道你想要的书籍，这个特别有心思，也是一个和家人朋友互动的方法，我觉得要比当当网好一些。

团购则一般是不会出现被骗什么的。差别在于商家自身对待团购顾客和普通顾客的态度。有些商家会怠慢和减少菜品分量，破坏了顾客就餐兴趣，让顾客觉得团购根本不值，从而对团购失去兴趣。这一点是团购网站很难保障到的。

六、实验报告

根据实验情况完成实验报告，实验报告应包括以下内容。

1. 实验地点，实验人员，实验时间。
2. 实验内容：将实际观察到的情况做详细记录。
3. 实验分析。

（1）如何进行网上购物？简述购物流程。

（2）如何进行团购？它目前还存在哪些问题？

4. 实验心得：比较网上购物与现实购物的优缺点。